"十四五"高等职业教育装备制造类新形态系列教材

机械制造工艺

李海霞　唐晓莲◎主　编
王苏宁◎副主编
魏恒远◎主　审

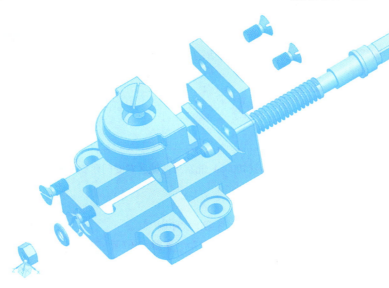

中国铁道出版社有限公司
CHINA RAILWAY PUBLISHING HOUSE CO., LTD.

内 容 简 介

本书以职业岗位需求为目标，遵循知识结构必需、够用的教学原则编写而成。全书共分10章，内容主要包含金属切削加工基本知识，车削加工，铣削加工，刨削加工，磨削加工，钻削、镗削与拉削加工，机械加工工艺基本知识，机械加工质量分析，机械装配基础知识，特种制造技术。

本书适合作为高等职业院校装配制造类专业学生的教材，也可供成人教育、自学考试及社会培训教学使用。

图书在版编目（CIP）数据

机械制造工艺 / 李海霞，唐晓莲主编 . —北京：中国铁道出版社有限公司，2023.8

"十四五"高等职业教育装备制造类新形态系列教材

ISBN 978-7-113-30174-3

Ⅰ.①机… Ⅱ.①李… ②唐… Ⅲ.①机械制造工艺-高等职业教育-教材 Ⅳ.①TH16

中国国家版本馆 CIP 数据核字（2023）第 069369 号

书　　名：机械制造工艺

作　　者：李海霞　唐晓莲

策　　划：曾露平　　　　　　编辑部电话：（010）63551926

责任编辑：曾露平

封面设计：刘　颖

责任校对：刘　畅

责任印制：樊启鹏

出版发行：中国铁道出版社有限公司（100054，北京市西城区右安门西街8号）

网　　址：http://www.tdpress.com/51eds/

印　　刷：番茄云印刷（沧州）有限公司

版　　次：2023年8月第1版　2023年8月第1次印刷

开　　本：787 mm×1 092 mm　1/16　印张：18.25　字数：467 千

书　　号：ISBN 978-7-113-30174-3

定　　价：49.80 元

版权所有　侵权必究

凡购买铁道版图书，如有印制质量问题，请与本社教材图书营销部联系调换。电话：（010）63550836
打击盗版举报电话：（010）63549461

前　　言

党的二十大报告强调，教育要以立德树人为根本任务，坚持科技自立自强，加快建设科技强国。高等职业教育的发展目标是培养适合社会需要的技术技能型人才，同时还应具有一定的理论基础，以便今后能适应社会的发展和企业科技进步的要求，实现自我提升。无论是课程建设还是教材建设都应遵循这一目标。

本书主要介绍了车、铣、刨、磨等机加工的基本技能，包括机械加工工艺与加工质量以及特种加工技术的基础知识。通过本书的学习和实践，学生掌握机械加工工艺和加工质量方面的基础知识，为后续专业技术课程的学习和今后的工作，奠定扎实的专业知识基础。

本书的编写指导思想是，从高等职业教育的现实情况出发，一是强调实践性，侧重学生基本实践技能的培养；二是注重理论性和系统性，力求建立一个比较扎实、全面的知识平台，以利于学生今后能适应各个领域的工作，并不断提高自己的专业技术水平；三是注重教材的直观性，用大量的插图形象、直观地表述机械制造方面的基础知识和基本加工方法，每章都附有思考与训练题；四是注重教材的适应性，以适应当前课程改革对教材的需求和变化。

本书由南京科技职业学院李海霞、唐晓莲任主编，南京信息职业技术学院王苏宁任副主编，南京机电职业技术学院李路娜、南京科技职业学院王悦参与编写。具体编写分工如下：李路娜编写第1章，李海霞编写第2、8、10章，唐晓莲编写第3、4、7章，王苏宁编写第5、6章，王悦编写第9章。全书由李海霞统稿，南京科技职业学院魏恒远主审。

在本书编写过程中，参考了一些国内外的优秀教材，特向所有参考教材的作者表示诚挚的感谢。

限于编者水平，书中难免存在疏漏和不足之处，敬请同行和广大读者批评指正。

编　者
2023年3月

目 录

绪　　论 ··· 1
第 1 章　金属切削加工基本知识 ·· 7
　1.1　机床的类型与组成 ··· 7
　1.2　机床的传动 ·· 12
　1.3　切削运动和切削要素 ·· 20
　1.4　刀具几何参数与平面参考系 ··· 24
　1.5　金属切削过程 ··· 28
　1.6　金属切削基本规律的应用 ·· 36
　思考与训练 ·· 46
第 2 章　车削加工 ·· 47
　2.1　车削加工基本知识 ··· 47
　2.2　车床 ··· 51
　2.3　车刀的安装及刃磨 ··· 53
　2.4　车床附件及工件装夹 ·· 58
　2.5　车削加工操作方法 ··· 65
　思考与训练 ·· 78
第 3 章　铣削加工 ·· 79
　3.1　铣削加工概述 ··· 79
　3.2　铣床 ··· 83
　3.3　铣床附件及工件装夹 ·· 86
　3.4　铣刀及安装 ·· 91
　3.5　常用铣削方法 ··· 94
　思考与训练 ·· 102
第 4 章　刨削加工 ·· 103
　4.1　刨削加工概述 ·· 103
　4.2　刨床 ·· 105
　4.3　刨刀及工件装夹 ··· 108
　4.4　常用刨削方法 ·· 111
　思考与训练 ·· 114
第 5 章　磨削加工 ·· 115
　5.1　磨削加工概述 ·· 116

5.2　砂轮 ………………………………………………………………………… 121
　　5.3　外圆磨削 ……………………………………………………………………… 130
　　5.4　内圆磨削 ……………………………………………………………………… 138
　　5.5　平面磨削 ……………………………………………………………………… 142
　　思考与训练 ………………………………………………………………………… 147

第6章　钻削、镗削与拉削加工 …………………………………………………… 148
　　6.1　钻孔、扩孔、锪孔与铰孔 …………………………………………………… 148
　　6.2　镗削与拉削 …………………………………………………………………… 158
　　思考与训练 ………………………………………………………………………… 165

第7章　机械加工工艺基本知识 …………………………………………………… 166
　　7.1　机械加工概述 ………………………………………………………………… 167
　　7.2　零件的结构工艺性分析 ……………………………………………………… 176
　　7.3　毛坯选择 ……………………………………………………………………… 181
　　7.4　基准与定位基准的选择 ……………………………………………………… 184
　　7.5　工艺路线的拟定 ……………………………………………………………… 190
　　7.6　加工余量的确定 ……………………………………………………………… 196
　　7.7　工艺尺寸链 …………………………………………………………………… 200
　　7.8　机械加工生产率和技术经济分析 …………………………………………… 208
　　思考与训练 ………………………………………………………………………… 214

第8章　机械加工质量分析 ………………………………………………………… 217
　　8.1　机械加工精度 ………………………………………………………………… 217
　　8.2　加工误差的综合分析 ………………………………………………………… 238
　　8.3　机械加工表面质量 …………………………………………………………… 247
　　8.4　机械加工中的振动 …………………………………………………………… 253
　　思考与训练 ………………………………………………………………………… 257

第9章　机械装配基础知识 ………………………………………………………… 260
　　9.1　概述 …………………………………………………………………………… 260
　　9.2　典型连接装配方法 …………………………………………………………… 264
　　9.3　轴承的装配 …………………………………………………………………… 268
　　9.4　传动机构的装配 ……………………………………………………………… 270
　　9.5　部件装配与总装配 …………………………………………………………… 273
　　思考与训练 ………………………………………………………………………… 274

第10章　特种制造技术 ……………………………………………………………… 275
　　10.1　数控电火花线切割加工 …………………………………………………… 275
　　10.2　电解加工 …………………………………………………………………… 280
　　10.3　3D打印技术 ………………………………………………………………… 282
　　思考与训练 ………………………………………………………………………… 285

参考文献 ……………………………………………………………………………… 286

绪 论

1. 制造技术的发展现状

现代制造技术或先进制造技术是 20 世纪 80 年代提出来的，但它的工作基础已经历了半个多世纪。机械制造业是为国民经济和国防建设提供装备，为人民日常生活提供耐用消费品的装备产业。

至今，机械制造业已经成为我国工业中具有相当规模和一定技术基础的较大产业之一。人类的制造技术大体上可以分为三个阶段。

(1) 手工业生产阶段

起初，制造主要靠工匠的手艺完成，加工方法和工具都比较简单，多靠手工、畜力或极简单的机械，如凿、劈、锯、碾和磨等加工，制造的手段和水平比较低，为个体和小作坊生产方式；有简单的图样，也可能只有构思，基本是体力与脑力结合，设计与制造一体，技术水平取决于制造经验，基本上适应了当时人类发展的需求。

(2) 大工业生产阶段

由于经济发展和市场需求，以及科学技术的进步，制造手段和水平有了很大的提高，形成了大工业生产方式。生产发展与社会进步使制造进行了大分工，首先是设计与工艺分开了，单元技术急速发展又形成了设计、装配、加工、监测、试验、供销、维修、设备、工具和工装等直接生产部门和间接生产部门，加工方法丰富多彩。除传统加工方法，如车、钻、刨、铣等方法外，非传统加工方法，如电加工、超声波加工、电子束加工、离子束加工、激光束加工等新方法均有了很大发展。同时，出现了以零件为对象的加工流水线和自动生产线，以部件或产品为对象的装配线，适应了大批量生产的需求。

这一时期从 18 世纪开始至 20 世纪中叶发展很快，奠定了现代制造技术的基础，对现代工业、农业、国防工业的成长和发展影响深远。由于人类生活水平的不断提高和科学技术的日新月异，产品更新换代的速度不断加快，因此，快速响应多品种单件小批生产的市场需求就成了一个突出问题。

(3) 虚拟现实工业生产阶段

要快速响应市场需求，进行高效的单件小批生产，可借助于信息技术、计算机技术、网络技术，采用集成制造、并行工程、计算机仿真、虚拟制造、动态联盟、协同制造、电子商务等举措,将设计与制造高度结合,进行计算机辅助设计、计算机辅助工艺设计和数控加工,使产品在设计阶段就能发现在制造中的问题,进行协同解决。同时,可集全世界的制造资源进行全世界范围的合作生产,缩短产品上市时间,提高产品质量。这一阶段充分体现了体脑高度结合,对手工业生产阶段的体脑结合进行了螺旋式的提升和扩展。

虚拟现实工业生产阶段采用功能强大的软件,在计算机上进行系统完整的仿真,从而可以避免在生产制造时才能发现的一些问题及其造成的损失。因此,它既是虚拟的,又是现实的。

2. 制造技术的发展趋势

机械制造技术的发展主要沿着"广义制造"的方向发展,可以分为四个方面,即现代设计技术、现代成形和改型技术、现代加工技术、制造系统和管理技术。当前发展的重点是创新设计、并行设计、现代成形与改型技术、材料成形过程仿真和优化、高速和超高速加工、精密工程与纳米技术、数控加工技术、集成制造技术、虚拟制造技术、协同制造技术和工业工程。

当前确定了十大重点发展领域和五大工程,利好先进装备制造业。十大重点领域为新一代信息通信技术产业、高档数控机床和机器人、航空航天装备、海洋工程装备及高技术船舶、轨道交通装备、节能与新能源汽车、电力装备、新材料、生物医药及高性能医疗器械、农业机械装备。五项重点工程包括国家制造业创新中心建设、智能制造、工业强基、绿色制造、高端装备创新。每一个重点领域和重点工程的发展都与制造技术密切相关,离不开制造技术的支撑和发展。

而世界范围内的制造技术的发展,以制造强国德国为例,早在2013年就提出了"工业4.0"的概念,用来形容第四次工业革命,人们在这一阶段可以通过应用信息通信技术和互联网将虚拟系统与物理系统相结合,进而完成各行各业的产业升级。美国通用电气公司也提出了与"工业4.0"相类似的"工业互联网"概念,它将智能设备、人和数据连接起来,并以智能的方式利用这些可以交换的数据。

当前我国已是一个制造大国,要形成我国自己的世界制造中心就必须掌握先进制造技术和核心技术,要有很高的制造技术水平,才能在技术方面不受制于人,才能从制造大国发展成制造强国。要做到这一点,就要提倡自力更生、自强不息、发奋图强的爱国主义精神。因此,要把握时机,迎接挑战,变被动为主动,不断进行探索与实践。

3. 制造技术的重要性

制造技术的重要性从以下四个方面可以体现。

(1) 社会的发展离不开制造技术

现代制造技术是当今世界各国研究和发展的主题,在市场经济繁荣的今天,它占据着十分重要的地位。

人类的发展过程就是一个不断制造的过程,在发展初期,为了生存制造了石器工具,以便于狩猎。此后,相继出现了陶器、青铜器、铁器和一些简单的机械。例如,刀、剑、弓、箭等兵器,锅、盆、罐等用具,犁、磨、水车等农用工具,这些工具的制造过程都很简单,都是围绕生活必需和存亡征战的,制造资源、规模和技术水平都很有限。随着社会的发展,制造技术涵盖的领域和规模不断扩大,技术水平也不断提高,向文化、艺术和工业方向发展。到了资本主义社会和社会主义社会,出现了大工业生产,使得人类的物质生活和文明有了很大的提高,对精神和物质有了更高的要求,科学技术有了更快、更新的发展,从而与制造技术的关系就更为密切。蒸汽机制造技术的问世带来了工业革命和大工业生产,内燃机制造技术的出现和发展促进了现代汽车、火车和舰船的问世,喷气涡轮发动机制造技术促进了现代喷气客机和超音速飞机的发展,集成电路制造技术的进步促进了现代计算机水平的提升,纳米技术的出现开创了微型机械的先河。因此,人类的活动与制造密切相关,人类活动的水平受到了制造水平的极大约束,宇宙飞船、航天飞机、人造卫星及空间工作站等制造技术的出现,使人类走出了地球,走向了太空。

(2)制造技术是科学技术物化的基础

从设想到现实,从精神到物质,是靠制造来转化的,制造是科学技术物化的基础,科学技术的发展反过来又提高了制造水平。信息技术的发展被引入制造技术,使制造技术产生了革命性的变化,出现了制造系统和制造科学,从此制造就以系统的新概念问世。它由物质流、能量流和信息流组成,物质流是本质,能量流是动力,信息流是控制,制造技术与系统论、方法论、信息论、控制论和协同论相结合就形成了新的制造学科,即制造系统工程学(图0-1)。制造系统是制造技术发展的新里程碑。

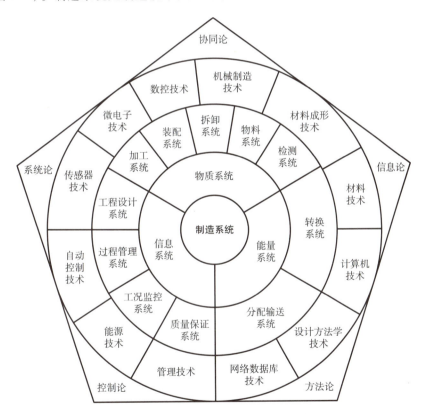

图 0-1 制造系统工程学的体系结构

(3)制造技术是所有工业的支柱

制造技术的涉及面非常广,冶金、建筑、水利、机械、电子、信息、运载、农业等各个行业都需要制造业的支持。例如,冶金行业需要冶炼、轧制设备;建筑行业需要塔吊、挖掘机和推土机等工程机械。因此,制造业是一个支柱产业,在不同的历史时期有不同的发展重点，但需要制造技术的支持是永恒的。当然，各个行业有其本身的主导技术，如农业需要生产粮、棉等农产品，有很多的农业生产技术，像现代农业就少不了农业机械的支持，制造技术必然成为其重要组成部分。因此，制造技术既有普遍性、基础性的一面，又有特殊性、专业性的一面；制造技术既有共性，又有个性。

（4）国力的体现，国防的后盾

一个国家的国力主要体现在政治实力、经济实力、军事实力上，而经济和军事实力与制造技术的关系十分密切，只有在制造上是一个强国，才能在军事上是一个强国，因此必须有自己的军事工业。有了国力和国防才能够有国际地位，才能立足于世界。

4. 机械制造工艺的主要任务

机械制造业是一切制造业之母。只有机械制造业本身的设备技术、基础零部件质量提高了，才有可能制造出为其他行业服务的高质量的设备和零部件，才能制造出高质量的各种产品。"机械制造，工艺为本"，工艺水平不够，就不可能生产出有生命力的、高质量的产品，这是通过对机械制造工业发展的分析，对机械制造过程的实践经验总结出的一条重要规律。只有充分认识这一规律，抓住机械制造工艺这一根本，才能使我国机械工业在国内外市场竞争中以雄厚的工艺实力和应变能力，以质优价廉的产品尽快地立足于领先者的行列。

我国机械工业各部门间的工艺水平差别比较大，当前机械工艺工作的主要任务如下：

（1）提高产品质量

提高产品零部件的加工精度和装配精度，是提高产品性能指标和使用可靠性的基础手段。目前的情况是，许多产品就设备条件和技术水平而言完全可以满足精度要求，而往往由于工艺混乱或执行不力而严重影响质量，甚至使用时出现事故。

（2）不断开发新技术

信息技术等各种现代科学技术的发展对机械制造工艺提出了更高、更新的要求，体现了机械制造业作为高新技术产业化载体在推动整个社会技术进步和产业升级中不可替代的基础作用。企业必须不断开发新的机械制造工艺技术和方法，提高科研开发和产品创新能力，及时调整产品结构，积极应对市场需求的变化，才能改变企业生产技术陈旧，新工艺、新材料开发应用迟缓，热加工工艺落后的局面，使机械制造工艺技术随着新的技术和新的产业发展而共同进步，并充分体现先进制造技术向智能化、柔性化、网络化、精密化、绿色化和全球化方向发展的总趋势和时代特征。

（3）提高生产专业化水平

对多数企业来说，生产专业化仍是提高劳动生产率和经济效益的有效途径。实行专业化生产可以采用先进的专用装置，充分发挥设备和工人的潜力。企业的多品种生产，应置于高技术的基础上，应尽快改善企业"大而全，小而全"的状况，大、中、小企业之间应努力形成专业化协作的产业结构：大、中、小企业在行业市场中占位层次明确，大企业集团大而强，从事规模化经营，小企业小而专，为大企业搞专业化配套，形成以大带小、以小促大的战略格局。

（4）节约材料，降低成本

经济效益最大化是企业一直以来追求的目标，从工艺上采取措施是降低成本的有效手段。例如，采用先进的铸、锻技术，能节省大量的材料和减少机加工工时，使产品系列化、部件通用化、零件标准化，能大幅度降低生产成本。目前，采用各种技术措施来节约材料和能源消耗，提高经济效益，是具有很大潜力的。

5. 机械制造工艺课程的主要内容

机械装备都是由零部件组成的，机械零件如轴、套、箱体、活塞、连杆、齿轮等，都是采用不同的材料经冷热加工后达到图样规定的结构、几何形状和质量要求，然后经过装配成组件、部件，最终总装成满足性能要求的产品。不同的机械产品，其用途和零件结构差别较大，但它们的制造工艺有异曲同工之处。从传统的专业划分，机械制造工艺所研究的对象主要是机械零件的冷加工和装配工艺中具有的共同规律。加工工艺对保证和提高产品质量、提高生产率、节约能源和降低原材料消耗，取得更大的技术经济效益，以及改善企业管理具有重要的作用。机械制造工艺的好坏，应从"优质、高产、低耗"（即质量、生产率、经济性）三个指标来衡量。

围绕机械制造工艺的三个指标，本课程中安排的教学内容如下：

① 金属切削加工方法。分别介绍了车削、铣削、刨削、磨削、扩孔和铰孔的加工方法以及相关基本知识以及刀具介绍和安装。

② 金属切削加工基础知识。分析了切削运动和切削要素，介绍了刀具几何参数以及金属切削过程。

③ 零件机械加工工艺过程制订，论述了制订的指导思想、内容、方法和步骤。分析了余量、工艺尺寸链等问题，并阐述了成组技术、数控加工技术和计算机辅助工艺过程设计等先进制造技术内容。同时以实例分析制订工艺过程。

④ 加工质量。保证产品质量是制造的灵魂，考虑加工质量首先涉及各种零件加工质量的保证问题。为此，本书在第7章安排机械加工工艺规程制订的内容，阐述编制工艺规程的原则、步骤和方法，介绍工艺技术人员在完成一台机械的零件加工工艺过程的全面分析和方案比较以后，如何以工艺文件的方式填写下来，供生产准备和车间组织和指导生产之用。

⑤ 分析了影响加工精度的因素、质量的全面控制、加工误差的统计分析及提高加工精度的途径；强调了误差的检测与补偿和加工误差综合分析实例。在表面质量部分，分析了影响表面质量的因素及其控制，阐述了表面改型处理及防治机械振动的方法等问题。

⑥ 介绍了三种特种制造技术。

本课程的特点可以归纳为以下几点：

① "机械制造工艺"是一门专业课，随着科学技术和经济的发展，课程内容上需要不断地更新和充实。由于制造工艺是非常复杂的，影响因素很多，本课程在理论上和体系上正在不断完善和提高。

② 本课程的实践性很强，与生产实际的联系十分密切，有实践知识才能在学习时理解得比较深入和透彻，因此要注意实践知识的学习和积累。

③ 本课程具有工程性，有不少设计方法方面的内容，需要从工程应用的角度去理解和掌握。

④ 掌握本课程的知识内容要有习题、课程设计、实验、实习等各环节的相互配合，每个环节都是重要的，不可缺少的，各教学环节之间应密切结合和有机联系，形成一个整体。

⑤ 每一门课程都有先修课程的要求，在学习"机械制造工艺"时应具备"金属工艺学""金工实习""互换性与技术测量基础"等知识。

6. 本课程的学习方法

本课程的学习方法应根据个人的情况而定，这里只提出一些基本方法供参考。

① 注意掌握基本概念，如工件在加工时的定位、尺寸链的产生、加工精度和加工表面质量等。有些概念的建立是很不容易的。

② 注意学习一些基本方法，如工艺尺寸链和装配尺寸链的方法、制订零件加工工艺过程和机器装配工艺过程的方法、机床夹具设计方法等，并通过设计等环节来加深理解和掌握。

③ 注意和实际结合，要向实际学习，积累实际知识。

④ 要重视与课程有关的各教学环节的学习，使之产生相辅相成的效果。

第1章 金属切削加工基本知识

知识图谱

1.1 机床的类型与组成

知识点

- 机床的分类；
- 通用机床的编号方法与识别；
- 机床的组成。

技能点

- 典型机床的型号及含义；
- 通用机床的基本结构。

金属切削机床是切削加工使用的主要设备。为了适应不同的加工对象和加工要求，需要多品种、多规格的机床，为了便于区别、使用和管理，须对机床进行分类和编制型号。

1.1.1 机床的分类

机床传统的分类方式，是按机床加工性质和所使用的刀具进行的，目前我国将机床分为车床、钻床、镗床、磨床、齿轮加工机床、螺纹加工机床、铣床、刨插床、拉床、锯床、其他机床和特种加工机床共12类(见表1-1)。

表1-1 通用机床分类代号

类别	车床	钻床	镗床	磨床	齿轮加工机床	螺纹加工机床	铣床	刨插床	拉床	其他机床	锯	特种加工机床
代号	C	Z	T	M	Y	S	X	B	L	Q	G	D
读音	车	钻	镗	磨	牙	丝	铣	刨	拉	其他	割	电

此外，根据机床的其他特征还可以进一步分类。

1. 按加工精度分类

按照加工精度的不同，机床可分为普通精度机床、精密机床、高精密机床3类。大部分车床、磨床、齿轮加工机床都有3个相对精度等级，在机床型号中用汉语拼音字母P(普通精度，在型号中可省略)、M(精密级)、G(高精度级)表示。

2. 按通用性程度分类

按通用性程度，机床又可分为通用机床、专用机床和专门化机床3类。

（1）通用机床：这类机床可以加工多种工件、完成多种工序，使用范围较广，如卧式车床、万能升降台铣床等。通用机床由于功能较多，结构往往比较复杂，生产率低。因此主要适用于单件、小批量生产或配置在机修车间使用。

（2）专用机床：这类机床是用于加工某些工件的特定工序的机床，如机床主轴箱专用镗床等。专用机床结构比通用机床简单，它的生产率比较高，自动化程度往往也比较高，所以专用机床通常用于成批及大批量生产。

（3）专门化机床：这类机床用于加工形状相似而尺寸不同工件的特定工序的机床，如曲轴车床、凸轮轴磨床等。专门化机床的特点介于通用机床和专用机床之间，既有加工尺寸的通用性，又有加工工序的专用性，生产率较高，适用于成批生产。

3. 按自动化程度分类

按自动化程度，可分为手动机床、机动机床、半自动机床和自动机床。

4. 按机床重量分类

按机床重量，可分为仪表机床、中小型机床(一般机床，质量在10 t以下)、大型机床(质量为10~30 t)、重型机床(质量为30~100 t)和超重型机床(质量大于100 t)。

5. 按控制方式分类

自动控制类机床按其控制方式，可分为仿形机床、数控机床、加工中心等，在机床型号中分别用汉语拼音字母 F、K、H 表示。

1.1.2 通用机床的编号方法

机床型号的编制是采用汉语拼音字母和阿拉伯数字按一定规律组合排列，我国现行机床型号是根据国家标准 GB/T 15375—2008《金属切削机床 型号编制方法》编制的。普通机床型号的表示方法如下：

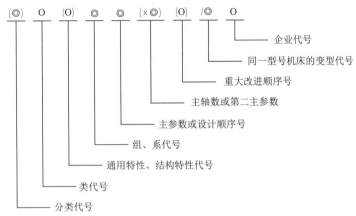

注：① 有"○"符号的，为大写的汉语拼音字母；
　　② 有"◎"符号的，为阿拉伯数字；
　　③ 有"( )"的代号或数字，当无内容时，则不表示；若有内容，则不带括号。

1. 机床的类、组、系的划分及其代号

机床的类代号用大写的汉语拼音字母表示（见表 1-1），并按名称读音。需要时，每类可分为若干分类，分类代号用阿拉伯数字表示，放在类代号之前，第 1 类的"1"可省略，例如，磨床类机床又有 M、2M、3M 3 个分类。每个机床可划分为 10 个组，每个组又可划分为 10 个系。在同一类机床中，主要布局或使用范围基本相同的机床，即为同一组。在同一组机床中，其主要参数相同、主要结构及布局形式相同的机床，即为同一系。

表 1-2 所示为车床的分组及代号，表 1-3 为落地及卧式车床组的系别代号。

表 1-2　车床的分组及代号

组别代号	0	1	2	3	4	5	6	7	8	9
组别	仪表车床	单轴自动车床	多轴自动半自动车床	回轮、转塔车床	曲轴及凸轮轴车床	立式车床	落地及卧式车床	仿形及多刀车床	轮、轴、辊、锭及铲齿车床	其他车床

表 1-3　落地及卧式车床组的系列及其代号

组别代号	6					
系列代号	0	1	2	3	4	5
系　别	落地车床	卧式车床	马鞍车床	无丝杠车床	卡盘车床	球面车床

2. 机床的特性代号

（1）通用特性代号。机床通用特性代号如表1-4所示。通用特性代号用汉语拼音字首（大写）表示，列在代号之后。例如CK6140中，"K"表示该车床具有程序控制特性。

表1-4　机床的通用特性代号

通用特性	高精度	精密	自动	半自动	数控	加工中心（自动换刀）	仿形	轻型	加重型	简式或经济型	柔性加工单元	数显	高速
代号	G	M	Z	B	K	H	F	Q	C	J	R	X	S
读音	高	密	自	半	控	换	仿	轻	重	简	柔	显	速

（2）结构特性代号。为了区别主参数相同而结构不同的机床，在型号中增加了结构特性代号。结构特性代号在不同的型号中可以有不同的含义。若某机床既有通用特性，又具有结构特性，则结构特性代号应排在通用特性代号之后。如CA6140中"A"是结构特性代号，表示CA6140与C6140车床主参数相同，但结构不同。

（3）主参数代号。机床以什么尺寸作为主参数有统一的规定。主参数代表机床的规格，反映了机床的加工能力和特性，是确定其他参数、设计机床结构和用户选用机床的主要依据。对于通用机床以及专门化机床，主参数通常以机床的最大加工尺寸表示，只有在不适于用工件最大加工尺寸表示时，才采用其他尺寸或物理量来表示。

主参数代号代表主参数折算系数，排在组、系代号之后。表1-5列出了常用机床的主参数及其折算系数。

表1-5　常用机床主参数及其折算系数

机床名称	主 参 数	主参数折算系数	机床名称	主 参 数	主参数折算系数
单轴自动车床	最大棒料直径	1/1	平面磨床	工作台面宽度	1/10
转塔车床	最大车削直径	1/10	端面磨床	最大砂轮直径	1/10
立式车床	最大车削直径	1/100	齿轮加工机床	最大工件直径	1/10
卧式车床	床身上最大回转直径	1/10	龙门铣床	工作台面宽度	1/100
摇臂钻床	最大钻孔直径	1/1	卧式升降台铣床	工作台面宽度	1/10
立式钻床	最大钻孔直径	1/1	立式升降台铣床	工作台面宽度	1/10
卧式铣镗床	镗轴直径	1/10	龙门刨床	最大刨削宽度	1/100
坐标镗床	工作台面宽度	1/10	牛头刨床	最大刨削长度	1/10
外圆磨床	最大磨削直径	1/10	插床	最大插削长度	1/10
内圆磨床	最大磨削孔径	1/10	拉床	额定拉力	1/1

第二主参数（多轴机床的主轴数除外）一般不予表示，它是指最大加工模数、主轴数、最大工件长度等。在型号中表示的第二主参数，一般折算成两位数为宜。

CA6140型卧式车床，型号中的代号及数字含义如下：

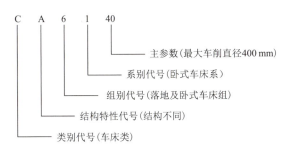

（4）机床重大改进顺序号。当机床的性能及结构有重大改进时，按其设计改进的次序用字母 A、B、C……表示，写在机床型号的末尾。例如，M1432A 中"A"表示第一次重大改进后的万能外圆磨床，最大磨削直径为 320 mm。

（5）其他特性代号。其他特性代号置于辅助部分之首。其中，同一型号机床的变型代号一般应放在其他特性代号之首位。

其他特性代号主要用以反映各类机床的特性。例如，对于数控机床，可用它来反映不同控制系统；对于普通机床，可以反映同一型号机床的变型等。

其他特性代号可用汉语拼音字母表示，也可以用阿拉伯数字表示，还可用两者结合表示。

（6）企业代号。企业代号包括生产厂及研究机构单位代号，置于辅助部分尾部，用"-"分开，若辅助部分仅有企业代号，则不可加"-"。

例如，Z3040×16/S2 的含义如下：

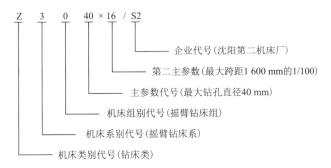

1.1.3　机床的组成

各类机床通常都由下列基本部分组成。

1. 动力源

动力源为机床提供动力（功率）和运动的驱动部分，例如各种交流电动机、直流电动机和液压传动系统的液压泵和液压电动机等。机床的几个运动可以共用一个动力源，也可以每个运动有单独的动力源。

2. 传动系统

传动系统包括主传动系统、进给传动系统和其他运动的传动系统，例如变速箱、进给箱等部件，有些机床主轴组件与变速箱合在一起成为主轴箱。

3. 支承件

用于安装和支承其他固定的或运动的部件，承受其重力和切削力，例如床身、底座、立柱等。支承件是机床的基础构件，也称为机床大件或基础件。

4．工作部件

工作部件主要包括以下部分：

（1）与主运动和进给运动有关的执行部件，如主轴及主轴箱、工作台及其溜板或滑座，刀架及其溜板以及滑枕等安装工件或刀具的部件。

（2）与工件和刀具有关的部件或装置，如自动上下料装置、自动换刀装置、砂轮修整器等。

（3）与上述部件或装置有关的分度、转位、定位机构和操纵机构等。不同种类的机床，由于其用途、表面形成运动和结构布局的不同，这些工作部件的构成和结构差异很大。

5．控制系统

控制系统用于控制各工作部件的正常工作，主要是电气控制系统，有些机床局部采用液压或气动控制系统，数控机床则是数控系统。

6．其他系统

其他系统主要包括冷却系统、润滑系统、排屑系统和自动测量装置等。

1.2 机床的传动

知识点

- 机床上常用的机械传动；
- 机床常用的变速机构与换向机构；
- 机床的液压传动。

技能点

- 常用变速机构的调整；
- 常用换向机构的操作。

1.2.1 机床常用的机械传动

机床常用的传动方式有机械传动、电传动、液压传动和气压传动等，而最常用的为机械传动，其次是液压传动。

由于机床的原动力绝大部分是来自电动机，而机床的主运动和进给运动根据实际情况，须提出不同的运动方式和运动速度，为此机床需要采用不同的传动方式，例如带传动、齿轮传动、蜗轮-蜗杆传动、齿轮-齿条传动、丝杠-螺母传动等。每一对传动元件称为一个传动副。

1．带传动

带传动是利用传动带与带轮之间的摩擦作用，将主动带轮的转动传到另一个从动带轮上去(见图1-1)。带传动有平带传动和V带传动之分，一般常用V带传动。

如不计传动带与带轮之间的相对滑动，则主动轮与从动轮的圆周速度以及传动带的速度是相等的，即 $v_1 = v_2 = v_带$。

因为

$$v_1 = \frac{\pi d_1 n_1}{1\,000} \ (\text{m/min}) \tag{1-1a}$$

$$v_2 = \frac{\pi d_2 n_2}{1\,000} \ (\text{m/min}) \tag{1-1b}$$

所以

$$i_{12} = \frac{n_1}{n_2} = \frac{d_2}{d_1} \tag{1-2a}$$

式中 d_1，d_2——主动轮和从动轮的直径，mm；

n_1，n_2——主动轮和从动轮的转速，r/min；

i ——传动比，为主动轮与从动轮的转速之比。

从式(1-2a)可知，带传动的传动比等于主动轮直径与从动轮直径之比，或带轮转速与其直径成反比。

如考虑到带与带轮之间的滑动，则传动比应乘以滑动系数 η，η 一般取 0.98。

带传动的优点是传动平稳、轴间间距较大、结构简单、制造维护方便；过载时带打滑，不致损害机械装置；但缺点是传动比不准确，且摩擦损失较大，传动效率较低。

2. 齿轮传动

齿轮传动是机床上应用最多的一种传动方式。齿轮的种类很多，有直齿轮、斜齿轮、圆锥齿轮等，最常用的是直齿圆柱齿轮，如图 1-2 所示。

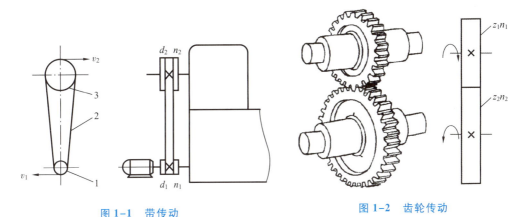

图 1-1　带传动

1—主动轮；2—传动带；3—从动轮

图 1-2　齿轮传动

齿轮传动中，主动轮转过一个齿，从动轮也转过一个齿。设 z_1、n_1 为主动轮的齿数和转速，z_2、n_2 为从动轮的齿数和转速，即 $z_1 n_1 = z_2 n_2$。故传动比为

$$i_{12} = \frac{n_1}{n_2} = \frac{z_2}{z_1} \tag{1-2b}$$

从上式(1-2b)可知，齿轮传动的传动比等于主动齿轮与从动齿轮齿数之比，或齿轮转速与其齿数成反比。

齿轮传动的优点是结构紧凑，传动比准确，可传递较大的圆周力，传递效率高，但齿轮制造较复杂，制造精度不高时传动不平稳，有噪声。

3. 蜗轮-蜗杆传动

蜗轮-蜗杆传动中，是以蜗杆为主动件，将运动传给蜗轮，如图1-3所示。这种传动方式只能是蜗杆带动蜗轮转动，反之则不可能。

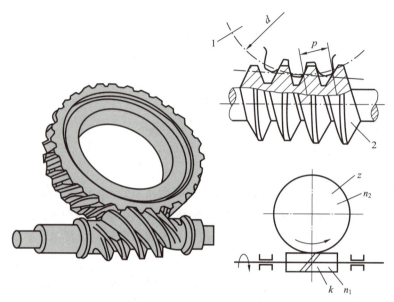

图 1-3　蜗轮-蜗杆传动

1—蜗轮；2—蜗杆

设蜗杆的头数为 k，转速为 n_1；蜗轮的齿数为 z，转速为 n_2，则传动比为

$$i_{12} = \frac{n_1}{n_2} = \frac{z}{k} \tag{1-2c}$$

蜗轮-蜗杆传动的优点是可以获得较大的传速比，（因为 k 比 z 小很多），而且传动平稳，无噪声，结构紧凑。但传动效率低，需要良好的润滑条件。

4. 齿轮-齿条传动

齿轮-齿条传动可以将旋转运动变为直线运动（齿轮为主动），也可以将直线运动变为旋转运动（齿条为主动），如图1-4所示。车床上的纵向进给就是通过这种方式实现的。此时齿轮轴线的移动速度 v 为

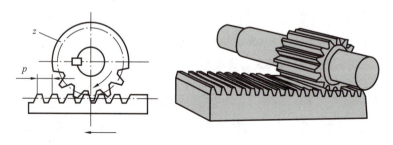

图 1-4　齿轮齿条传动

$$v = \frac{pzn}{60} = \frac{\pi mzn}{60} \text{ (mm/s)} \tag{1-3}$$

式中　z——齿轮齿数；
　　　n——齿轮转速，r/min；
　　　p——齿条齿距，$p = \pi m$，mm；
　　　m——齿轮、齿条模数，mm。

齿轮—齿条传动的效率较高，但制造精度不高时传动的平稳性和准确性较差。

5. 螺杆传动

螺杆传动也称丝杠－螺母传动，如图 1-5 所示，这种传动可把旋转运动变为直线移动。常用于机床进给运动的传动机构中。若将螺母沿轴向剖分成两半，即形成对开螺母，可随时闭合和打开，从而使运动部件运动或停止。车削螺纹时的纵向进给运动就是采用这种方式。

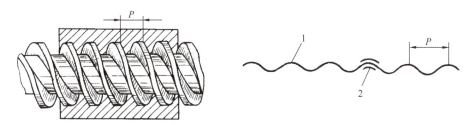

图 1-5　螺杆传动
1—螺杆（丝杠）；2—螺母

螺杆传动时，若螺杆（又称丝杠）旋转，螺母不转，则它们之间沿轴线方向的相对移动速度为

$$v = \frac{nP}{60} \text{ (mm/s)} \tag{1-4a}$$

式中　n——螺杆转速，r/min；
　　　P——单头螺杆螺距，mm。

用多头螺杆传动时

$$v = \frac{knP}{60} \text{ (mm/s)} \tag{1-4b}$$

式中　k——螺杆螺纹头数。

螺杆传动的优点是传动平稳，无噪声，可以达到较高的传动精度，但传动效率较低。

1.2.2　常用变速机构与换向机构

1. 定比传动机构

定比传动机构，即具有固定传动比或固定传动关系的传动机构，也称为传动副。机床上常用的传动副有带传动、齿轮传动、蜗轮-蜗杆传动、齿轮-齿条传动和丝杠-螺母传动等，它们的传动比不变。

2. 常用变速机构

变速机构，即改变机床部件运动速度的机构。为了能够采用合理的切削速度和进给量，机床传动应采用无级变速。但机械无级变速机构成本较高，在机床上一般很少采用，而是采用齿轮变速机构，获得一定的速度系列，即有级变速。机床上常用的变速机构有塔轮变速机构、滑移齿轮变速机构、离合器-齿轮变速机构、摆动齿轮变速机构等。

(1) 塔轮变速机构。塔轮变速机构也称带传动变速机构，如图1-6所示，两个塔形带轮1、3分别固定在轴Ⅰ和轴Ⅱ上，传动带2可以在塔形带轮上移换3个不同的位置，使轴Ⅰ和轴Ⅱ之间变换三种不同的传动比。当轴Ⅰ以一种转速转动时，轴Ⅱ可以获得三种不同的转速。这种变速机构结构简单、传动平稳，可起过载保护作用，但结构尺寸较大，变速不太方便，主要用于高速机床、小型机床以及简单机床的主运动中。

(2) 滑移齿轮变速结构。图1-7为三联滑移齿轮变速结构，轴Ⅰ上装有三个固定齿轮z_1、z_2、z_3，三联滑移齿轮以花键与轴Ⅱ相连，当它移动到左、中、右三个不同的啮合位置时，使传动比不同的齿轮副z_1/z_1'、z_2/z_2'、z_3/z_3'依次啮合，以获得三种不同的传动比。对应轴Ⅰ的每一种转速，轴Ⅱ都可获得三种不同的转速。滑移齿轮块上的齿轮数，一般为2和3，也有极少数的为4。这种变速机构结构紧凑，传动比准确、传动效率高、变速方便，运用较广泛，但不能在转动过程中变速。

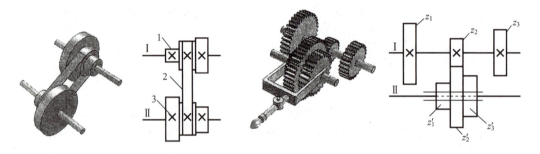

图1-6　塔轮变速机构
1、3—塔轮；2—传动带

图1-7　三联滑移齿轮变速机构

(3) 离合器变速机构。如图1-8所示，齿轮z_1和z_2固定在轴Ⅰ上，分别与空套在轴Ⅱ上的齿轮z_1'和z_2'始终保持啮合。双向离合器4用花键与轴Ⅱ链接。当离合器4左移或右移与齿轮z_1'和z_2'啮合时，轴Ⅰ的运动分别经齿轮副z_1/z_1'、z_2/z_2'带动轴Ⅱ转动，使轴Ⅱ获得两种不同的转速。离合器变速机构变速方便，变速时齿轮不用移动，可采用斜齿轮传动，使传动平稳，在齿轮尺寸较大时，操纵力较小。例如，采用摩擦式离合器，可以在运动中变速，但各对齿轮副总是处于啮合状态，磨损较大，传动效率低。这种离合器主要用于重型机床以及采用斜齿轮传动的变速机构和自动、半自动机床。

(4) 摆动齿轮变速机构。如图1-9所示，在轴Ⅰ上装有多个模数相同、齿数不同的齿轮1，称为塔齿轮。摆动架4能绕轴Ⅱ摆动并带动滑移齿轮3沿轴向移动，在摆动架的中间轴上装有与滑移齿轮3啮合的空套摆动齿轮2，将摆动架移动到不同的位置，并做相应摆动，轴Ⅱ上的滑移齿轮通过中间齿轮2与轴Ⅰ上不同齿数的齿轮啮合，从而获得多种传动比。这种机构外形尺寸小，传动比准确，传动效率高；但结构刚度较低，一般只用于车床的进给箱中。

(5) 配换齿轮变速机构。配换齿轮变速机构又称挂轮变速机构，常用的有一对和两对配换齿轮形式。一对配换齿轮变速机构如图1-10（a）所示，轴Ⅰ和轴Ⅱ上装有一对可以拆

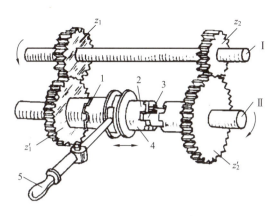
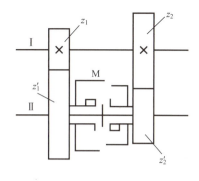

图 1-8 离合器变速机构

1—离合器左爪；2—离合器右爪；3—键；4—离合器；5—手柄

卸的配换齿轮 A 和 B，在保持配换齿轮齿数和不变的情况下，相应地改变齿轮 A 和 B 的齿数，以改变其传动比，可实现输出轴的变速。两对配换齿轮变速机构如图 1-10(b)所示，配换齿轮 a 和 b 分别装在位置固定的轴 I 和轴 II 上，挂轮架 IV 可绕轴 II 摆动，中间轴 III 在挂轮架上可作径向调整移动，并用螺栓紧固在任意径向位置上。齿轮 c 和 b 空套在中间轴上，当调整中间轴的径向位置使齿轮 c、d 正确啮合后，则可摆动挂轮架使齿轮 a 和 b 也处于正确的啮合位置，因此，通过改变配换齿轮 a、b、c、d 的齿数，可获得所需要的传动比。配换齿轮变速机构结构简单、紧凑，但调整变速麻烦、费时、费力。一对配换齿轮变速机构刚度较好，常用于不需要经常变速的齿轮加工机床、半自动机床和自动机床等主传动系统。两对配换齿轮变速机构由于装在挂轮架上的中间轴 III 刚度较差，一般只用于进给运动和需要保持准确运动关系的传动链中。

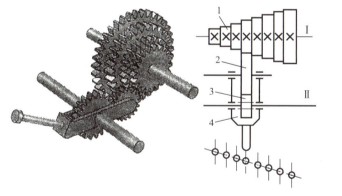

图 1-9 摆动齿轮变速机构

1—塔齿轮；2—空套摆动齿轮；3—滑移齿轮；4—摆动架

图 1-10 配换齿轮变速机构

3. 换向机构

换向机构，即变换机床运动部件运动方向的机构。为了满足不同的加工需要，机床主传动部件和进给部件往往需要正、反向运动。机床运动的换向可以直接利用电动机反转，也可以利用齿轮换向机构。常用的换向机构有三星齿轮换向机构、中间机构、锥齿轮换向机构等。

（1）三星齿轮换向机构。如图 1-11 所示，手柄置于 a、b、c 这三个位置，可分别获得正转、停止、反转三种状态。当手柄处于 a 位置时，轴Ⅰ的运动经齿轮副 z_1/z_3、z_3/z_4 带动轴Ⅱ正转；当手柄处于 c 位置时，轴Ⅰ的运动经齿轮副 z_1/z_2、z_2/z_3、z_3/z_4 带动轴Ⅱ反转。此机构的特点是结构简单紧凑，制造方便，缺点是刚性差，只能传递小功率，一般用于辅助运动系统中。

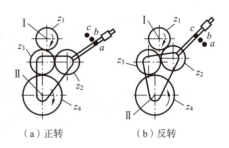

(a) 正转　　　(b) 反转

图 1-11　三星齿轮换向机构

（2）中间齿轮换向机构。如图 1-12 所示，图 1-12（a）为滑移齿轮换向机构，花键轴Ⅱ上装有齿数为 z_2、z_4 的双联滑移齿轮，在图示位置时，轴Ⅰ的运动经齿轮副 z_1/z_2'、z_2'/z_2 带动轴Ⅱ正转；轴Ⅰ与轴Ⅱ旋转方向相同；当双联滑移齿轮右移，z_4 与 z_3 啮合时，轴Ⅰ的运动经齿轮副 z_3/z_4 带动轴Ⅱ反转；轴Ⅰ与轴Ⅱ旋转方向相反。

图 1-12（b）为离合器齿轮换向机构，轴Ⅱ上装有离合器 M，当离合器左移时，轴Ⅰ的运动经齿轮副 z_1/z_2'、z_2'/z_2 带动轴Ⅱ正转；轴Ⅰ与轴Ⅱ旋转方向相同；当离合器右移时，轴Ⅰ的运动经齿轮副 z_3/z_4 带动轴Ⅱ反转；轴Ⅰ与轴Ⅱ旋转方向相反。

中间齿轮换向机构应用最广泛，无论在主体运动还是辅助运动系统中都有运用，这种机构可实现快速反转，减少机床回程时的空运转损失。

（3）锥齿轮换向机构。如图 1-13 所示，轴Ⅰ上装有离合器 M，当离合器右移时，轴Ⅰ的运动经齿轮副 z_2/z_3 带动轴Ⅱ转动；轴Ⅰ与轴Ⅱ旋转方向相同；当离合器左移时，轴Ⅰ的运动经齿轮副 z_1/z_2 带动轴Ⅱ转动；轴Ⅰ与轴Ⅱ旋转方向相反。

锥齿轮换向机构通常用于垂直轴间的换向，在齿轮加工机床、镗床及铣床中运用较多。

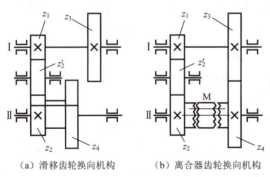

(a) 滑移齿轮换向机构　　(b) 离合器齿轮换向机构

图 1-12　中间齿轮换向机构

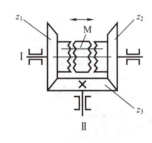

图 1-13　锥齿轮换向机构

4. 操纵机构

操纵机构，即用来实现机床运动部件变速、换向、启动、停止、制动及调整的机构。包括手柄、手轮、杠杆、凸轮、齿轮-齿条、丝杠-螺母、拨叉、滑块及按钮等。

5. 箱体及其他装置

箱体用以支承和连接各机构，并保证它们的相互位置精度。为了保证传动机构的正常工作，还要设开停装置、制动装置、润滑与密封装置等。

1.2.3　机床的液压传动

1. 磨床工作台液压传动系统

图 1-14 为磨床工作台液压传动系统原理图。磨床工作台液压传动系统原理如

图1-14(a)所示，液压泵17在电动机的带动下旋转，将液压油由油箱16经过滤器18抽出再输出，经手动换向阀4、节流阀12、换向阀11进入液压缸9的左腔，推动活塞6和工作台8向右移动，液压缸9右腔的液压油经换向阀11排回油箱。工作台行至终点时，上面的右挡块10拨动换向阀杆5将换向阀11转换成如图1-14(b)所示位置，液压油进入液压缸9的右腔，推动活塞6和工作台8向左移动，液压缸9左腔的液压油经换向阀11排回油箱。当工作台8左移至终点时，左挡块7拨回换向阀杆到图1-14(a)所示位置，工作台再次右移。

工作台8的移动速度由节流阀12调节，当节流阀12开大时，进入液压缸9的液压油增多，工作台的移动速度增大；当节流阀关小时，进入液压缸的液压油减小，工作台的移动速度减小。液压泵17输出的液压油除了进入节流阀以外，其余的打开溢流阀2流回油箱。如果将手动换向阀转换成如图1-14(c)所示状态，液压泵输出的液压油经手动换向阀4流回油箱，这时工作台停止运动，液压系统处于卸荷状态。

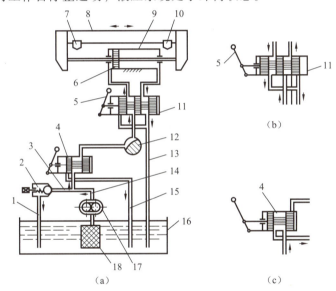

图1-14 磨床工作台液压传动系统原理图

1、13、15—回油管；2—溢流阀；3、14—压力油管；4—手动换向阀；
5—换向阀杆；6—活塞；7—左挡块；8—工作台；9—液压缸；10—右挡块；
11—换向阀；12—节流阀；16—油箱；17—液压泵；18—过滤器

2. 机床液压传动系统简介

1) 机床液压传动系统的组成

液压传动是以液压油作为传递动力的介质。机床液压传动系统主要由以下几部分组成。

(1) 动力元件。如图1-14中的液压泵17，其作用是将电动机输入的机械能转变为液体的压力能，它是一种能量转换装置。

(2) 执行机构。如图1-14中的液压缸9，其作用是把油泵输入的压力油的运动转变为工作部件的机械运动，也是一种能量转换装置。

(3) 控制元件。如图1-14中的节流阀12、换向阀11、溢流阀2等各种阀类，其作用是控制和调节油液的压力、流量(速度)及流动方向，以满足工作需要。

（4）辅助装置。如图 1-14 中的油箱 16、回油管 1、13、15，压力油管 3、14，过滤器 18 等，其作用是保证液压系统正常工作。

（5）工作介质。如液压油，在机床中通常采用矿物油，它是传递能量的介质。

2）液压传动系统的特点

与机械传动相比较，液压传动有以下优点：

（1）易于在较大范围内实现无级变速。

（2）传动平稳，便于实现频繁的换向。

（3）能自动实现过载保护，且装置简单。

（4）便于采用电液联合控制，实现自动化。

（5）机件在油中工作，润滑条件好，寿命长。

（6）液压元件易于实现系列化、标准化、通用化。

但由于液压油有一定的可压缩性，并有泄漏现象，所以液压传动不适合做定比传动。

1.3 切削运动和切削要素

> **知识点**
> - 零件表面的成形运动；
> - 切削运动与切削要素。

> **技能点**
> - 切削要素与切削层参数的运用。

1.3.1 零件表面的成形运动

机械加工的主要任务是获得符合使用要求的零件表面。机械零件的各种表面都可看作是一条线（称为母线）沿着另一条线（称为导线）运动的轨迹。母线和导线统称为形成表面的发生线。直接参与切削过程，形成工件表面的刀具与工件之间的相对运动称为表面成形运动。被加工零件都是由平面、圆柱面、圆锥面、螺旋面、渐开线表面等各种成形表面组成，如图 1-15 所示，这些几何表面都可看作是母线 1 沿着导线 2 运动所形成。

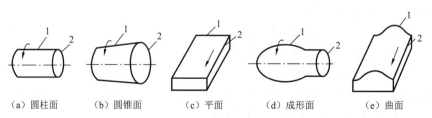

(a) 圆柱面　　(b) 圆锥面　　(c) 平面　　(d) 成形面　　(e) 曲面

图 1-15　组成零件的不同几何表面

1—母线；2—导线

1.3.2 切削运动

切削加工过程中，切削工具和工件之间的相对运动称为切削运动。切削运动分为主运动和进给运动。

1. 主运动

主运动是切下金属层所必需的最基本的运动，是切削运动中速度最快、消耗功率最大的运动。对于各种加工方法而言，主运动往往只有一个。

2. 进给运动

进给运动是使工件上的金属层不断投入切削，从而加工完整表面的运动，又称为走刀运动。与主运动相比，进给运动的速度一般较低，消耗的功率也较小，且往往不具有唯一性的特点。

根据工件表面形状成形的需要切削运动可以是旋转运动，也可以是直线的或曲线的；可以是连续的，也可以是间歇的；可以由刀具和工件分别完成，也可以由刀具和工件同时动作，或交替完成。如图1-16所示，车削外圆时，工件的旋转运动为主运动，车刀的连续直线运动为进给运动；磨外圆时，砂轮的旋转运动为主运动，工件的旋转运动和连续直线运动为进给运动；钻孔时，麻花钻的旋转运动为主运动，麻花钻的连续直线运动为进给运动；刨平面时，刨刀的往复直线运动为主运动，工件的间歇直线运动为进给运动；车手柄时，工件的旋转运动为主运动，车刀的连续曲线运动为进给运动。

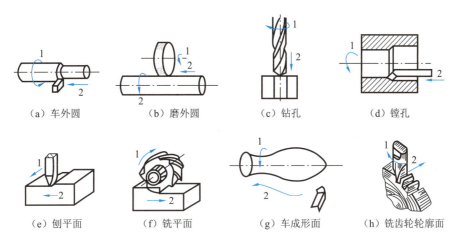

（a）车外圆　　（b）磨外圆　　（c）钻孔　　（d）镗孔

（e）刨平面　　（f）铣平面　　（g）车成形面　　（h）铣齿轮轮廓面

图1-16　主运动与进给运动

1—主运动；2—进给运动

1.3.3 切削要素

切削加工过程中所涉及的工艺参数，统称为切削要素。切削要素主要包括切削表面、切削用量及切削层参数。

1. 切削表面

在切削过程中，工件上存在三个变化的表面，如图1-17所示。

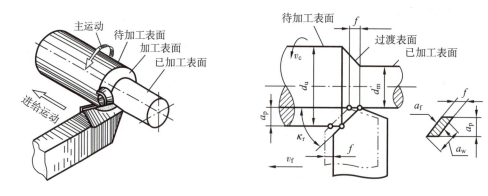

图 1-17 车外圆时的切削运动

(1) 待加工表面。待加工表面是工件上即将被切除的表面。

(2) 已加工表面。已加工表面工件上已切去被切削层而形成的新表面。

(3) 过渡表面(加工表面)。工件上正被加工的表面,介于已加工表面和待加工表面之间。

车削时的切削运动、进给运动和切削用量三要素的标注方法如图 1-18 所示。

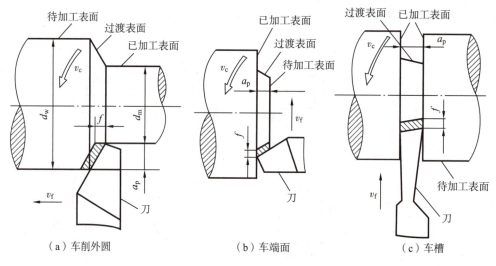

图 1-18 切削运动和加工表面

2. 切削用量

切削速度、进给量和背吃刀量统称为切削用量,又称为切削用量三要素。

(1) 切削速度 v_c。单位时间内工件与刀具沿主运动方向相对移动的距离,即主运动的线速度,单位为 m/s。

主运动为旋转运动时,切削速度为

$$v_c = \frac{\pi d n_w}{60 \times 1\,000} \tag{1-3}$$

式中　d——工件待加工表面直径或刀具的最大直径，mm；

　　　n_w——工件或刀具的转速，r/min。

主运动为往复直线运动时，其平均切削速度为

$$v'_c = \frac{2Ln_r}{60 \times 1\,000} \quad (1-5)$$

式中　L——往复运动的行程长度，mm；

　　　n_r——主运动每分钟的往复次数，次/min。

（2）进给量 f。进给量指主运动每转一圈或每一行程时，刀具在进给运动方向上相对于工件的位移量，单位是 mm/r 或 mm/次。对于铣削加工，有每转进给量 f（mm/r）、每齿进给量 f_z（mm/齿）和每分钟进给量，即进给速度 v_f（mm/min），其中

$$v_f = nf = nzf_z \quad (1-6)$$

式中　n——主运动转速，r/min；

　　　z——刀具齿数。

（3）背吃刀量 a_p。背吃刀量是指刀具切削刃与工件的接触长度在垂直于主运动的方向上的投影，单位为 mm。背吃刀量又称切削深度。对于车削外圆，背吃刀量为工件上已加工表面与待加工表面间的距离（见图 1-17），即

$$a_p = \frac{1}{2}(d_w - d_m) \quad (1-7)$$

式中　d_w——工件待加工表面的直径，mm；

　　　d_m——工件已加工表面的直径，mm。

3. 切削层参数

在主运动一个切削循环过程中，刀具从工件上所切除的金属层称为切削层。在车削中，工件旋转一周，主切削刃所切除的金属如图 1-19 所示阴影四边形部分。切削层参数有 3 个，它们通常在切削层尺寸平面即垂直于切削速度 v_c 的平面内进行测量。

（1）切削层公称厚度 h_D（mm）。切削层公称厚度是指相邻两过渡表面间的距离。h_D 反映了切削刃单位长度上的切削负荷。

（2）切削层公称宽度 b_D（mm）。沿过渡表面测量的切削层尺寸。b_D 反映了切削刃参加切削的长度。

（3）切削层公称横截面积 A_D。在给定瞬

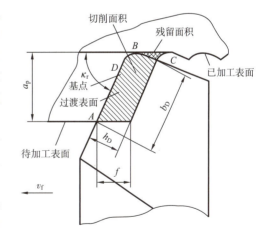

图 1-19　车外圆时的切削层参数

间，切削层在切削层尺寸平面里的实际横截面积（mm²），一般可以采用下式进行近似计算。

$$A_D \approx h_D b_D = fa_p \quad (1-8)$$

由于残留面积的存在，实际的切削层公称横截面积略小于式（1-8）计算的值。

1.4 刀具几何参数与平面参考系

> **知识点**
> - 刀具结构与切削部分组成要素;
> - 刀具平面参考系与刀具几何角度;
> - 刀具材料性能与应用范围。

> **技能点**
> - 刀具的熟练选择与应用;
> - 刀具几何角度的运用。

1.4.1 刀具结构与几何参数

金属切削刀具的种类很多,其形状、结构各不相同,但是它们的基本功能都是在切削过程中用刀刃从工件上切下多余的金属。因此,各种切削刀具在结构上都具有共同的特性,尤其是切削部分(见图 1-20)。车刀是最基本、最典型的切削刀具,其他各种刀具都可以看成是车刀的演变或组合。例如,孔加工刀具中的麻花钻可以看成是两把车刀,多齿铣刀上的一个刀齿就可以看成是一把车刀等。因此,常常把车刀的切削部分作为刀具的基本切削单元。

1. 车刀切削部分的组成

图 1-21 所示的外圆车刀切削部分的组成要素及其定义如下:

(1) 前刀面:刀具上切屑流过的表面,以 A_γ 表示。

(2) 主后刀面:刀具上与工件过渡表面相对的表面,以 A_α 表示。

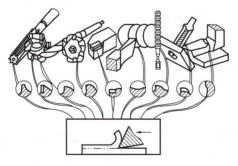

图 1-20 各种刀具的切削部分

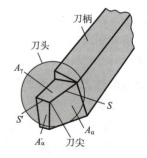

图 1-21 外圆车刀的组成

(3) 副后刀面:刀具上与工件已加工表面相对的表面,用 A'_α 表示。

(4) 主切削刃:前刀面与主后刀面相交而得到的刃边(或棱边),用 S 表示,它承担主要的切削工作。

(5) 副切削刃:前刀面与副后刀面相交而得到的刃边,用 S' 表示,它配合主切削刃完成切削工作,负责最终形成工件的已加工表面。

(6) 刀尖:主切削刃与副切削刃连接处的那部分切削刃。实际刀具的刀尖并非绝对的尖锐，而是一小段倒角或圆弧。

2. 车刀切削部分的几何角度

刀具几何角度是确定刀具切削部分的几何形状与切削性能的重要参数，它是由刀具前、后面和切削刃与假定参考坐标平面的夹角所建成的。用以确定刀具几何角度的参考坐标系有两种：一类称为<u>刀具静止角度参考系</u>，它是刀具设计计算、绘图标注、制造刃磨及测量时用来确定刀刃、刀面空间几何角度的定位基准，用它定义的角度称为刀具的标注角度(或静止角度)；另一类称为<u>刀具工作角度参考系</u>，它是确定刀具切削刃、刀具在切削运动中相对于工件的几何位置的基准，用它定义的角度称为刀具的工作角度。

1.4.2 刀具平面参考系

刀具静止角度参考系最常用的是主剖面参考系，又称正交平面参考系。主剖面参考系由基面 P_r、切削平面 P_s、正交平面 P_o 三个坐标平面组成，如图 1-22 所示。

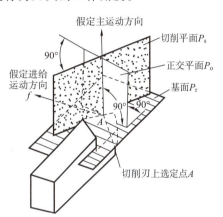

图 1-22　刀具静止角度参考系的平面

1. 刀具的主要参考面

(1) <u>基面 P_r</u>。通过主切削刃上选定点，并与该点切削速度方向相垂直的平面。车刀的基面可以理解为与车刀底面平行的平面。

(2) <u>切削平面 P_s</u>。通过主切削刃上某一点，与该点处工件过渡表面相切的平面，即由该点切削速度方向和主切削刃选定点的切线构成的平面。

(3) <u>正交平面 P_o</u>。通过主切削刃上选定点，并同时垂直于基面和切削平面的平面。该平面对于标注刀具角度而言是一个剖面，因此又称为主剖面。

除主剖面参考系外，还有法剖面参考系、假定工作平面—背平面参考系等。

2. 车刀的标注角度

刀具的标注角度是标注在图样上供刀具设计、制造、测量、刃磨时所必须的角度。主剖面参考系中刀具的标注角度主要有 5 个，如图 1-23 所示。

(1) <u>前角 γ_o</u>。前角 γ_o 为正交平面内测量的刀具角度，是前刀面在正交平面的投影与基面之间的夹角，反映了前刀面的倾斜程度。根据前刀面相对于基面的位置，前角有正、负和零值之分，其符号规定如图 1-23 所示。当前刀面处于基面下方时，前角为正；当前刀面与基面平行时，前角为零；当前刀面处于基面上方时，前角为负。

(2) <u>后角 α_o</u>。后角 α_o 也在正交平面内测量。后角是主后刀面在正交平面的投影与切削平面之间的夹角，反映了主后刀面的倾斜程度。

(3) <u>主偏角 κ_r</u>。主偏角是在基面内测量的刀具角度。它是主切削刃在基面上的投影与进给运动方向的夹角。主偏角为正值。

(4) <u>副偏角 κ_r'</u>。副偏角也在基面内测量，它是副切削刃在基面上的投影与进给运动方向的夹角。副偏角为正值。

(5) <u>刃倾角 λ_s</u>。刃倾角是在切削平面内测量的刀具角度。它是主切削刃在切削平面上的投影与基面间的夹角。刃倾角有正值、负值和零，其符号规定如图 1-23 所示。当主切削刃与基面平行时，λ_s 为零；当刀尖为主切削刃上最高点时，λ_s 为正；当刀尖为主切削刃上最低点时，λ_s 为负。

上述 5 个角度是刀具上的基本角度。

此外，从上述基本角度还派生出来几个角度。

(1) 楔角 β_o。在正交平面内测量的前刀面 A_r 与主后刀面 A_α 之间的夹角，它是前角与后角的派生角度。有 $\beta_o = 90° - (\alpha_o + \gamma_o)$，即前角、后角和楔角之和等于 $90°$。

(2) 刀尖角 ε_r。它是主、副切削刃在基面上投影之间的夹角，在基面 P_r 上测量，有 $\varepsilon_r = 180° - (\kappa_r + \kappa_r')$。

(3) 余偏角 φ_r。它是主切削刃在基面上的投影与进给运动的垂直方向之间的夹角，是在基面 P_r 上测量的，余偏角和主偏角互为余角，即 $\varphi_r = 90° - \kappa_r$。

3. 刀具的工作角度

刀具静止角度参考系是在假定安装条件下以主运动方向确定基面的情况下得到的参考系，但刀具在实际使用时，这样的参考系所确定的刀具角度往往不能确切地反映切削加工的真实情形。只有用合成切削运动方向 v_e 来确定参考系，才符合切削加工的实际。因此，只考虑主运动的假定条件是不周详的，还必须考虑进给运动速度的影响。同样，刀具实际安装位置也影响工作角度的大小。由此可见，刀具工作角度参考系同标注角度参考系的唯一区别是 v_e 取代 v、用实际进给运动方向取代假定进给运动方向。

通常进给运动速度远远小于主运动速度，即合成切削速度方向和主运动方向相差不大，所以在一般安装条件下，刀具的工作角度，近似地等于标注角度。这样，在大多数场合下可以不考虑工作角度和标注角度的差异。当二者差异较大时，例如，车削螺纹或丝杠时纵向走刀较快等情况下，就应考虑实际工作角度。

(1) **进给运动对刀具角度的影响**。图 1-24 所示为切断时的工作前角 γ_{oe} 与工作后角 α_{oe}，当考虑横向进给运动时，切削刃相对工件的运动轨迹为阿基米德螺旋线，此时工作基面 P_{re} 和工作切削基面 P_{se} 相对 P_r 和 P_s 相应地转动一个 μ 角。

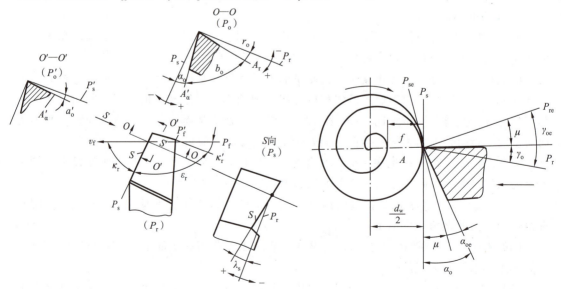

图 1-23　车刀主剖面参考系的标注角度　　图 1-24　横向进给时的工作角度

（2）刀刃与工件中心不等高的影响。如图1-25所示，当切断车刀的刀尖（刀刃上的选定点）A高于或低于工件中心时，A点外的工作基面P_{re}已不再平行于刀杆的底面（不考虑进给运动的影响），而是垂直于A点的主运动v_c的方向。A点处的工作切削平面P_{se}为A点处圆周的切平面（与主运动方向v_c重合）。

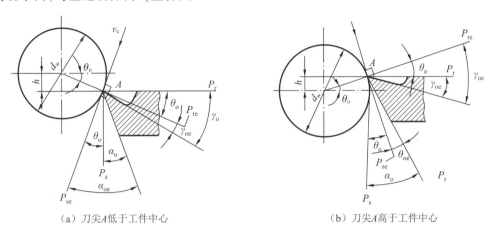

（a）刀尖A低于工件中心　　　　　（b）刀尖A高于工件中心

图1-25　刀刃上选定点与工件中心不等高时的工作角度

1.4.3　刀具材料

1. 刀具材料应具备的性能

在切削过程中，刀具要承受很大的切削力（压力、摩擦力）和高温下的切削热，同时还要承受冲击负荷和振动，因此刀具切削部分的材料应具备以下性能要求：

（1）高的硬度和耐磨性：一般刀具的切削部分的硬度，要高于工件硬度一倍至几倍。硬度愈高，刀具愈耐磨。经常使用的刀具硬度都在60 HRC以上。

（2）高的热硬性：指刀具材料在高温下仍能保持切削所需硬度的性能。热硬性是刀具材料的重要性能。

（3）高的耐磨性：刀具长时间工作仍能保持锋利的性能。

（4）足够的强度和韧性：刀具材料应具备足够的抗弯强度和冲击韧性，以承受切削过程中的冲击和振动，并维持刀具不断裂和不崩刃。

（5）良好的工艺性：以便于制造出各种形状的刀具，刀具材料还应具备良好的工艺性，如热塑性（锻压成形）、切削加工性、磨削加工性、焊接性及热处理工艺性等。

2. 刀具材料简介

当前使用的刀具材料有：碳素工具钢、合金工具钢、高速钢（以上3种材料工艺性能良好）、硬质合金（采用粉末冶金法制成，然后再用磨削加工）、陶瓷材料（加压烧结而成，然后用磨削加工）、立方氮化硼和人造金刚石（高温高压下聚晶而成，多用于特殊材料的精加工）等。其中以高速钢和硬质合金用得最多。常用刀具材料的主要性能和应用范围如表1-6所示。

表 1-6 常用刀具材料的主要性能和应用范围

种类	硬度	热硬温度/℃	抗弯强度/$\times 10^3$ MPa	常用牌号		应用范围
碳素工具钢	60~64 HRC（81~83 HRA）	200	2.5~2.8	T8A T10A T12A		用于手动刀具，如丝锥、板牙、铰刀、锯条、锉刀、錾子、刮刀等
合金工具钢	60~65 HRC（81~83.6 HRA）	250~300	2.5~2.8	9CrSi CrWMn		用于手动或低速机动刀具，如：丝锥、板牙、铰刀、拉刀等
高速钢	62~70 HRC（82~87 HRA）	540~600	2.5~4.5	$W_{18}Cr_4V$ $W_6Mo_5Cr_4V_2$		用于各种刀具，特别是形状复杂的刀具，如钻头、铣刀、拉刀、齿轮刀具、车刀、刨刀、丝锥、板牙等
硬质合金	89~94 HRA（74~82 HRC）	800~1 000	0.9~2.5	钨钴类	YG8 YG6 YG3	切铸铁	用于车刀刀头、刨刀刀头、铣刀刀头；其他如钻头、滚刀等多镶片使用，特小型钻头、铣刀做成整体使用
				钨钛钴类	YT30 YT15 YT5	切钢	

1.5 金属切削过程

知识点

- 切屑形成过程及积屑瘤的产生；
- 切削力和切削功率；
- 切削热和切削温度；
- 刀具磨损和耐用度。

技能点

- 切削种类积屑瘤的分析判断；
- 切削热和切削温度的影响分析；
- 刀具耐用度的正确选择。

金属切削过程是指用切削刀具从工件表面切除多余材料，获得符合一定形状、尺寸精度和表面质量要求的零件的过程。在切削过程中伴有多种物理现象产生，例如切削力、切削热、积屑瘤、表面变形强化和残余应力等。了解这方面知识，有助于提高加工质量、提高劳动生产率、降低生产成本等。

1.5.1 切屑的形成和积屑瘤

1. 切屑的形成

(1) 切削过程。切削过程实际上就是切屑形成的过程(见图 1-26)。

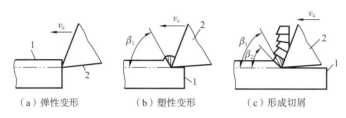

(a) 弹性变形　　(b) 塑性变形　　(c) 形成切屑

图 1-26　切削(切屑形成)过程

1—工件；2—刀具

切削加工时，当刀具接触工件后，工件上被切去切层受到挤压而产生弹性变形；随着刀具继续切入，应力不断增大，当应力达到工件材料的屈服点时，切削层开始塑性变形，沿滑移角 β_1 的方向滑移，刀具再继续切入，应力达到材料的断裂极限，被切层就沿着挤裂角 β_2 的方向产生裂纹，形成屑片。当刀具继续前进时，新的循环又重新开始，直到整个切层被切完为止。

所以当切削过程就是切削层材料在刀具切削刃和前角的作用下，经挤压、产生剪切滑移变形而成为切屑的过程。由于工件材料、刀具的几何角度、切削用量等不同，将形成不同形状的切屑。

(2) 切屑的种类。常见的切屑种类分为 4 种，如图 1-27 所示。

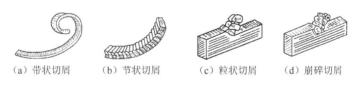

(a) 带状切屑　　(b) 节状切屑　　(c) 粒状切屑　　(d) 崩碎切屑

图 1-27　切屑的种类

① 带状切屑。用较大的前角和较高的切削速度、较小的进给量和背吃刀量，加工塑性好的钢材时易产生这类切屑。带状切屑的变形小，切削力较平稳，已加工表面在粗糙度低，但切屑会连绵不断地缠在工件上，应采取断屑措施。

② 节状切屑。用较小的前角，较低的切削速度、较大的进给量和背吃刀量，加工中等硬度的钢材时易产生这类切屑。此时切削力度波动较大，工件表面较粗糙。

③ 粒状切屑。整个剪切面上都超过材料的破裂强度，采用较小的前角、较低的切削速度和较大的进给量和背吃刀量，加工塑性钢材时，易产生这种切屑。

④ 崩碎切屑。加工铸铁、青铜等脆性材料，切削层几乎不经过塑性变形就产生脆性崩裂，从而形成不规则的屑片。此时，切削过程具有较大的冲击振动，已加工表面粗糙。

在生产中常通过改变切削条件，来获得较为有利的切屑类型。

2. 切屑变形及积屑瘤

切削过程也是金属不断变形的过程。通常将切削刃作用部位的切削层划分为三个变形区，如图 1-28 所示。

(1) 第Ⅰ变形区(剪切区)。切屑层金属在第Ⅰ变形区内发生剪切滑移转变成为切屑。随切削层金属变形程度的不同，形成不同类型的切屑。切屑收缩现象($h_{ch} > h_D$，$l_c < l$)反映了切削变形的程度。如图 1-29 所示，其变形量的大小用变形系数来定量表示。

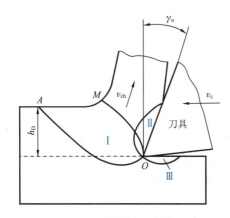

图 1-28 切削时的三个变形区

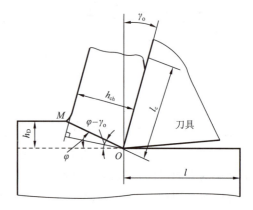

图 1-29 变形系数

$$\varepsilon = \frac{h_{ch}}{h_D} = \frac{l}{l_c} > 1 \qquad (1-9)$$

变形系数 ε 越大，表示切屑变形越大，则切削时消耗在变形方面的切削力越大，切削温度越高，并恶化工件表面质量。生产中根据具体情况，可采用增大前角、提高切削速度或通过热处理降低工件材料的塑性等措施，控制切屑变形，以保证切削加工顺利进行。

(2) 第Ⅱ变形区(摩擦区)。切削塑性金属材料时，由于切屑底面与刀具前面间的挤压和剧烈摩擦，使切屑底层金属流速减缓，形成滞流层。当滞流层金属与前面之间的摩擦力超过切屑本身分子间结合力时，滞流层部分金属就黏附在刀具前面接近切削刃的地方，形成积屑瘤(见图 1-30)。

由于强烈的塑性变形，积屑瘤硬度很高，为工件材料的 2~3 倍，可以代替切削刃切削，起到保护刀刃的作用；积屑瘤的存在增大了刀具的实际工作前角，即 $\gamma_{oe} > \gamma_o$，使切屑变形减小，切削力减小。因此，粗加工时可利用它。

但积屑瘤长到一定高度后会破裂而突然脱落，影响加工过程的平稳性；积屑瘤会在工件表面上切出沟痕，甚至黏附上积屑瘤碎片，影响工件加工质量。因此，精加工时要防止积屑瘤的产生。

积屑瘤的产生主要取决于切削条件。一般在低速或高速切削时，或在良好的润滑条件下切削时，不易产生积屑瘤。当采用中等切削速度(例如一般钢料 $v_c = 0.33 \sim 0.5 \text{ m/s}$)、切削温度为 300 ℃ 左右时最易产生积屑瘤。

(3) 第Ⅲ变形区(挤压区)。如图 1-31 所示，切削塑性金属材料时，被切削金属 h_D 由于受刀具切削刃钝圆半径 γ_n 的影响，在 O 点以上的金属变成切屑，O 点以下的一薄层金属 Δh_D 则受到刀具 OB 圆弧段的挤压，再经过刀具磨损产生后角为零的 BE 段和弹性恢复 EF 段的摩擦，使已加工表层金属发生剧烈的塑性变形，导致晶格扭曲、晶粒破碎，硬度大幅提高，并产生残余应力和细微裂纹，从而降低了材料的疲劳强度，这种现象称为形变强化。

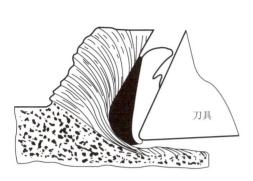

图 1-30 积屑瘤

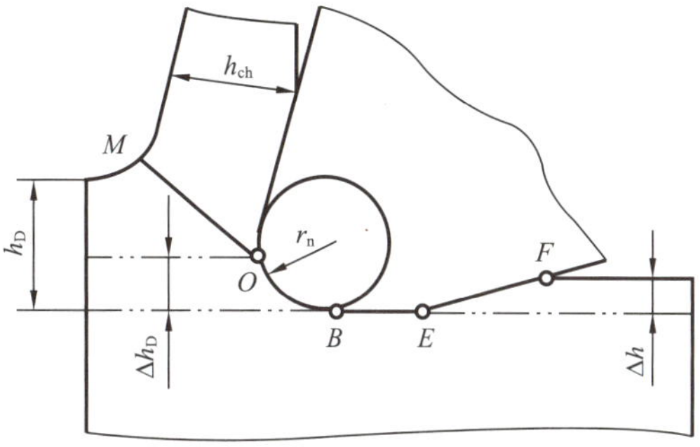

图 1-31 已加工表面的形成过程

形变强化是第Ⅲ变形区变形和摩擦的结果。凡是减小切屑变形与摩擦的措施，都可减轻加工硬化，如增大 γ_o 和 α_o、增大 v_c、限制后刀面磨损高度、采用合适的切削液等。

1.5.2 切削力和切削功率

1. 切削力

（1）切削力的来源。刀具总切削力是刀具上所有参与切削的各切削部分所产生的总切削的合力。而一个切削部分的总切削力 F 是一个切削部分切削工件时所产生的全部切削力。它来源于两个方面：3 个变形区内产生的弹、塑性变形抗力和切屑、工件与刀具之间的摩擦力。

（2）总切削力的几何分力。刀具切削部分的总切削力是大小、方向不易测量的力。为了便于分析，常将总切削力沿选定轴系作矢量分解来推导出各分力，即总切削力的几何分力。图 1-32 为外圆车削时力的分解。

① 切削力 F_c。F 在主运动方向上的正投影。在各分力中它最大，要消耗机床功率的 95% 以上。它是计算机床功率和主传动系统零件强度和刚度的主要依据。

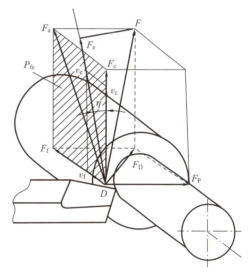

图 1-32 外圆车削时力的分解

② 进给力 F_f。F 在进给运动方向上的正投影，是设计或校核进给系统零件强度和刚度的依据。

③ 背向力 F_p。F 在垂直于工作平面上的分力。背向力不做功，具有将工件顶弯的趋势，并引起振动，从而影响工件加工质量。用增大 κ_r 的方法可使 F_p 减小。

F 与各分力的关系为

$$F = \sqrt{F_c^2 + F_p^2 + F_f^2} \tag{1-10}$$

2. 切削力的估算与切削功率

（1）**单位切削力** k_c。生产中需用单位切削力来估算切削力的大小。

单位切削力 k_c 就是切削力与切削层公称横截面积之比：

$$k_c = \frac{F_c}{A_D} = \frac{F_c}{h_D \cdot b_p} = \frac{F_c}{a_p \cdot f} \tag{1-11}$$

$$F_c = k_c \cdot A_D = k_c \cdot a_p \cdot f \tag{1-12}$$

表 1-7 提供了部分单位切削力 k_c 数据。

表 1-7　硬质合金外圆车刀切削常用金属时单位切削力（$f = 0.3$ mm/r）

名　称	牌　号	热处理状态	硬度/HB	实验条件 车刀几何参数	实验条件 切削用量	单位切削力 k_c/(N/mm²)
碳素结构钢	Q235	热轧或正火	134~137	$\gamma_o = 15°$；$\kappa_r = 75°$ $\lambda_s = 0°$；$b_n = 0$ 前刀面带卷屑槽	$a_p = 1~5$ mm $f = 0.1~0.5$ mm/r $v_c = 1.5~1.7$ m/s	1 884
碳素结构钢	45	热轧或正火	187			1 962
碳素结构钢	40Cr	热轧或正火	212			1 962
合金结构钢	45	调质	229	$b\gamma_1 = -20°$ $\gamma_{o1} = -20°$ 其余同上		2 305
合金结构钢	40Cr	调质	285			2 305
不锈钢	1Cr18Ni12Ti	淬火回火	170~179	$\gamma_o = 20°$ 其余同上		2 453
灰铸铁	HT200	退火	170	前刀面无卷屑槽 其余同上	$a_p = 2~10$ mm $f = 0.1~0.5$ mm/r $v_c = 1.17~1.33$ m/s	1 118
可锻铸铁	KTH300—06	退火	170	前刀面带卷屑槽 其余同上		1 344

（2）**切削功率** P_c。切削功率 P_c 就是消耗在切削过程中的功率，应是三个切削分力消耗功率的总和。但车外圆时背向力 F_p 不消耗功率；进给力 F_f 消耗功率很少，为 1%~2%，可以忽略。因此

$$P_c = F_c \cdot v_c \times 10^{-3} \tag{1-13}$$

式中　F_c——切削力，N；

v_c——切削速度，m/s。

机床电动机功率 P_E 为

$$P_E \geqslant \frac{P_c}{\eta_c} \tag{1-14}$$

式中　η_c——机床传动效率，一般取 $\eta_c = 0.75~0.85$；

P_E——检验与选用机床电动机的依据。

3. 影响切削力的因素

影响切削刀的因素主要有以下 4 个方面：

（1）**工件材料**。工件材料的成分、组织和性能是影响切削力的主要因素。工件材料的强度、硬度越高，则变形抗力越大，切削力越大；工件材料的塑性、韧性较大，则切屑变形较严重，需要的切削力仍然较大。

（2）切削用量。切削用量中对切削力影响最大的是背吃刀量 a_p，其次是进给量 f；背吃刀量增大一倍，切削力增加一倍；进给量增大一倍，切削力只增加 70%～80%。所以，从切削力和能量消耗的角度看，用大的进给量切削比用大的背吃刀量切削更为有利。切削速度 v_c 对切削力的影响较小。

（3）刀具几何角度。刀具前角 γ_o 增大时，刀刃锋利，切屑变形小，同时摩擦减小，切削力也减小；后角 α_o 增大时，刀具后刀面与工件间的摩擦减小，切削力也减小。改变主偏角 κ_r 的大小，可以改变进给力 F_f 和背向力 F_p 的比例。当加工细长工件时增大主偏角，可减小背向力，从而避免工件的弯曲变形。

（4）其他因素。使用切削液可减小摩擦，减小切削力。后面磨损加剧使摩擦增加，切削力增大，因此要及时刃磨或更换刀具。

1.5.3 切削热和切削温度

1. 切削热的来源

切削过程中所消耗的切削功绝大部分转变为切削热。切削热的主要来源是切削层材料的弹、塑性变形（$Q_{变形}$），以及切屑与刀具前面之间的摩擦（$Q_{前摩}$）、工件与刀具后面之间的摩擦（$Q_{后摩}$）。因而三个变形区也是产生切削热的三个热源区。

2. 切削热的传散

切削热通过切屑、工件、刀具和周围介质（如空气、切削液）等传散，如图1-33所示。各部分传散的比例随切削条件的改变而不同。

据热力学平衡原理，产生的热量和传散出去的热量应相等，即

$$Q_{变形} + Q_{前摩} + Q_{后摩} = Q_{屑} + Q_{工} + Q_{刀} + Q_{介}$$

切削热产生与传散的综合结果影响着切削区域的温度。过高的温度不仅使工件产生热变形，影响加工精度，还影响刀具的寿命。因此，在切削加工中应采取措施，减少切削热的产生，改善散热条件以减少高温对刀具和工件的不良影响。

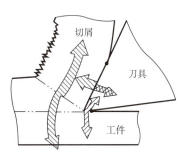

图1-33 切削热的来源与传散

3. 切削温度及其影响因素

切削区域的平均温度称切削温度，其高低取决于切削热产生的多少及散热条件的好坏。影响切削温度的因素有以下几种。

（1）切削用量。当切削用量 v_c、f、a_p 增大时，切削功率增加，产生的切削热相应增多，切削温度相应升高。但它们对切削温度的影响程度是不同的，切削速度 v_c 的影响最大，进给量 f 次之，背吃刀量 a_p 影响最小。这是因为随着切削速度的提高，单位时间内金属切除量增多，功耗大，热量增加；同时，使摩擦热来不及向切屑内部传导，而是大量积聚在切屑底层，从而使切削温度升高。而背吃刀量增加，参加工作的刀刃长度增加，散热条件得到改善，所以切削温度升高并不多。

（2）工件材料。工件材料的强度、硬度愈高或塑性愈好，切削中消耗的功也愈大，切削热产生的愈多，切削温度较高。热导性好的工件材料和刀具材料，因传热快，切削量温度较低。

（3）**刀具几何角度**。刀具前角 γ_o 和主偏角 κ_r 对切削温度的影响较大。前角增大，切屑变形和摩擦减小，产生的切削热少，切削温度低；但前角过大，反而因刀具导热体积减小而使切削温度升高。主偏角减小，切削刃工作长度增加，散热条件变好，使切削温度降低；但主偏角过小又会引起振动。

此外，使用切削液与否和刀具的磨损等都会对切削温度产生一定的影响。

1.5.4 刀具磨损和耐用度

金属切削中，刀具一方面切下切屑，另一方面自己也被磨损。刀具磨损后，使工件加工精度降低，表面粗糙度值增大、并导致切削力加大、切削温度升高，甚至产生振动，不能继续正常工作。

1. 刀具磨损形式

（1）**前刀面磨损**。切削塑性材料时，如果切削速度和切削厚度较大，由于切屑与前刀面完全是新鲜表面相互接触和摩擦，化学活性很高，反应很强烈，接触面又有很高的压力和温度，接触面积中的 80% 以上是实际接触，空气或切削液渗入比较困难，因此，在前刀面上形成月牙洼磨损，如图 1-34（a）所示。

开始时离前刀面还有一段距离，以后逐渐向前、向后扩大，但长度变化并不显著，主要是深度不断增加，其最大深度的地方相当于切削温度最高的地方。前刀面月牙洼磨损值以其最大深度 KT 表示，如图 1-34（c）所示。

（2）**后刀面磨损**。切削时，工件的加工表面与刀具后刀面接触，相互挤压和摩擦，引起后刀面磨损。切削铸铁和以较小的切削厚度切削塑性材料时，会发生这种磨损。后刀面磨损带往往不均匀，如图 1-34（b）所示，刀尖部分 C 区强度较低，散热条件又差，磨损比较严重，其最大值为 VC；主切削刃靠近工件外表面处的后刀面 N 区上，磨损成比较严重的深沟，以 VN 表示；在后刀面磨损带中间位置 B 区上，磨损比较均匀，平均磨损带宽度以 VB 表示，最大磨损带宽度则以 VB_{max} 表示。

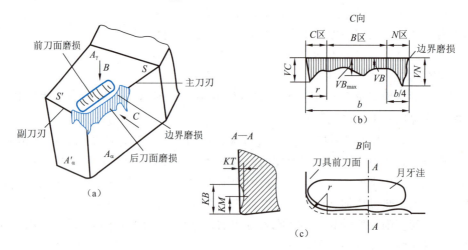

图 1-34 刀具的磨损形式

（3）**前、后刀面同时磨损**。当切削塑性金属时，如切削厚度适中，则经常发生前、后刀面同时磨损。

由于各类刀具都有后刀面磨损，而且后刀面磨损又易于测量，所以通常用较能代表刀具磨损性能的 VB 和 VB_{max} 来代表刀具磨损量的大小。

2. 刀具磨损过程及磨钝标准

（1）刀具磨损过程。图 1-35 为刀具正常磨损过程的典型曲线。从图中可知，刀具磨损过程分 3 个阶段。

① 初期磨损阶段Ⅰ。新刃磨刀具由于后刀面粗糙不平、表面存在各种缺陷，并且刀刃与工件接触面积较小，压应力较大，所以这一阶段磨损较快。

② 正常磨损阶段Ⅱ。此阶段磨损量比较缓慢。后刀面磨损量与时间近似成正比增加关系。正常切削时，这阶段时间较长。

③ 急剧磨损阶段Ⅲ。当刀具磨损到一定限度后，加工表面粗糙度增大，磨损速度加快，切削力与切削温度迅速升高，以致刀具磨损而

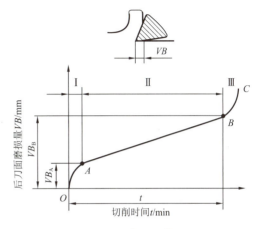

图 1-35 刀具磨损的典型曲线

完全失去切削能力。生产中应避免这种情况的发生，在这一阶段到来之前，就要及时换刀或更换新刀刃。

（2）刀具的磨钝标准。刀具磨损到一定限度就不能继续使用。这个磨损限度称为磨钝标准。国际标准（ISO）规定以 1/2 背吃刀量处后刀面上测定的磨损带宽度 VB 值作为刀具的磨钝标准。

由于加工条件的不同，各企业所定的磨钝标准也有变化。粗加工时应取较大值，工件刚性好或加工大件时应取较大值，反之则应取较小值。磨钝标准的具体数值可查阅有关手册。

（3）刀具耐用度。刀具由刃磨后开始切削，一直到刀具达到磨损标准所经过的总切削时间，称为刀具耐用度，以 T 表示，单位为 min。刀具耐用度是确定换刀时间的重要依据，也是衡量工件材料切削加工性、刀具切削性能优劣以及刀具几何参数和切削用量选择是否合理的重要标志。

对于某一材料的加工，当刀具材料、几何参数一定时，对刀具耐用度发生影响的主要是切削用量。在现阶段，仍然以实验方法建立其相互关系。

① 切削速度与刀具耐用度的关系。实验证明，在一定的切削速度范围内，v、T 的关系为

$$v \times T^m = C \tag{1-15}$$

式中　v——切削速度，m/min；

　　　T——刀具耐用度，min；

　　　m——指数，表示 v、T 间影响的程度；

　　　C——系数，与刀具、工件材料、切削速度有关。

指数 m 越小，表示 v 对 T 的影响越大。一般高速钢刀具 $m = 0.1 \sim 0.125$，硬质合金刀具 $m = 0.2 \sim 0.3$，陶瓷刀具 $m = 0.4$。表明耐热性高的刀具材料，在高速切削时仍然有较高的刀具耐用度。

② 进给量 f、背吃刀量 a_p 与刀具耐用度 T 的关系：

$$f \times T^{m_1} = C_1 \qquad (1-16)$$

$$a_P \times T^{m_2} = C_2 \qquad (1-17)$$

综合以上两式可得

$$T = \frac{C_T}{v_c^{\frac{1}{m}} f^{\frac{1}{m_1}} a_p^{\frac{1}{m_2}}} \qquad (1-18)$$

令 $X = \dfrac{1}{m}$，$Y = \dfrac{1}{m_1}$，$Z = \dfrac{1}{m_2}$，则

$$T = \frac{C_T}{v^X \times f^Y \times a_P^Z} \qquad (1-19)$$

式中　X，Y，Z——指数，分别表示 v、f、a_p 对 T 的影响程度；

　　　C_T——耐用度系数，与刀具、工件材料和切削条件有关。

在 X，Y，Z 这 3 个指数中，X 最大，Y 次之、Z 最小，表明 v 对 T 的影响最大，f 次之，a_p 最小。与三者对温度的影响完全一致，反映了切削温度对刀具耐用度有着重要的影响。

3. 刀具耐用度的选择原则

（1）根据刀具复杂程度、制造和刃磨成本来选择。复杂精度高的刀具耐用度应选得比单刃刀具高些。例如，普通车床用的高速钢车刀和硬质合金焊接车刀的耐用度取为 60 min；齿轮刀具的耐用度则取为 200～400 min。

（2）对机夹可转位刀具，由于换刀时间短，为了充分发挥其切削性能，提高生产效率，刀具耐用度可选的低一些，一般取 15～30 min。

（3）装刀、调刀和换刀比较复杂的多刀机床、组合机床与自动化加工刀具，刀具耐用度应选的高些，以保证刀具的可靠性。

（4）某一工序生产率限制了整个车间的生产率提高时，该刀具的耐用度选择得要低一些；当某工序单位时间内所分担到的全厂开支较大时，刀具耐用度也应选得低一些。

（5）大件工件精加工时，为保证至少完成一次走刀，避免切削中途换刀，刀具耐用度应按零件精度和表面粗糙度来确定。

1.6　金属切削基本规律的应用

知识点

- 工件材料的切削加工性；
- 切削液的选用；
- 切削用量的合理选择；
- 刀具几何参数的合理选择。

技能点

- 合理选择切削用量；
- 合理选择刀具几何参数；
- 合理选择切削液。

1.6.1 工件材料的切削加工性

工件材料的切削加工性，是指工件材料被切削成合格零件的难易程度。根据不同的要求，可以用不同的指标来衡量材料的切削加工性。

1. 工件材料切削加工性的衡量指标

（1）以刀具耐用度指标衡量。以刀具耐用度 T 或一定耐用度下的切削速度 v_T 来衡量切削加工性。在相同条件下加工不同材料时，若在一定速度下刀具耐用度较长或一定耐用度下所允许的切削速度较高，则其工件的材料加工性较好；反之则较差。若将刀具耐用度 T 定为 60 min，则 v_T 可写作 v_{60}。

为了统一起一般以正火状态的 45 钢的 v_{60} 为基准，记作 $(v_{60})_j$，然后把其他各种材料的 v_{60} 与之比较，这个比值 K_r 称为相对加工性，即

$$K_r = \frac{v_{60}}{(v_{60})_j} \tag{1-20}$$

式中 v_{60}——某种材料其寿命为 60 min 时的切削速度；

$(v_{60})_j$——切削 45 钢（$\sigma_b = 0.735$ GPa）、寿命为 60 min 时的切削速度。

同样条件下，v_{60} 越大，加工性越好。

（2）以加工表面质量衡量。工件加工后的表面粗糙度值越小，材料加工性越好。

另外，还用切屑形状是否容易控制、切削温度高低和切削力大小（或消耗功率多少）来衡量材料加工性的好坏。一般粗加工时用刀具耐用度指标、切削力指标来衡量，精加工时用加工表面粗糙度指标来衡量，自动生产线时常用切屑形状来衡量。

此外，材料加工的难易程度主要决定于材料的物理、力学和机械性能，其中包括材料的硬度 HB、抗拉强度 σ_b、延伸率 δ、冲击值 α_k 和导热系数 k，故通常还可按它们数值的大小来划分加工性等级。

2. 改善工件材料切削加工性的措施

（1）调整化学成分。在不影响工件材料性能的条件下，适当调整化学成分，以改善其切削加工性。例如，在钢中加入少量的硫、硒、铅、磷等，虽略降低钢的强度，但也同时降低钢的塑性，对加工性有利。

（2）材料加工前进行适当的热处理。

① 低碳钢通过正火处理后，细化晶粒，硬度提高，塑性降低，有利于减小刀具的黏结磨损，减小积屑瘤，改善工件表面粗糙度。

② 高碳钢球化退火后，硬度下降，可减小刀具磨损。

③ 白口铸铁可在 950~1 000 ℃ 范围内长时间退火而成可锻铸铁，切削较容易。

（3）选加工性好的材料状态。

① 低碳钢经冷拉后，塑性下降，加工性较好。

② 锻造的坯件余量不均，且有硬皮，加工性很差，改为热轧后加工性得以改善。

1.6.2 切削液的选用

切削液的种类很多，性能各异，应根据工件材料、刀具材料、加工方法和加工要求合理选用。一般选用原则如下：

1. 粗加工

粗加工时切削用量较大，产生大量的切削热容易导致高速钢刀具迅速磨损。这时宜选用以冷却性能为主的切削液（如质量分数为 3%～5% 的乳化液），以降低切削温度。

硬质合金刀具耐热性能好，一般不用切削液。在重型切削或切削特殊材料时，为防止高温下刀具发生黏结磨损和扩散磨损，可选用低浓度的乳化液或水溶液，但必须连续充分地浇注，切削不可断断续续，以免因冷热不均产生很大的热应力，使刀具因热裂而损坏。

在低速切削时，刀具以硬质点磨损为主，宜选用以润滑性能为主的切削油；在较高速度下切削时，刀具主要是热磨损，要求切削液有良好的冷却性能，宜选用水溶液和乳化液。

2. 精加工

精加工以减小工件表面粗糙度值和提高加工精度为目的，因此应选用润滑性能好的切削液。

加工一般钢件时，切削液应具有良好的润滑性能和一定的冷却性能。高速钢刀具在中、低速下（包括铰削、拉削、螺纹加工、插齿、滚齿加工等），应选用极压切削油或高浓度极压乳化液。硬质合金刀具精加工时，采用的切削液与粗加工基本相同，但应适当提高其润滑性能。

加工铜、铝及其合金和铸铁时，可选用高浓度的乳化液。但应注意，因硫对铜有腐蚀作用，因此切削铜及其合金时不能选用含硫切削液。铸铁床身导轨加工时，用煤油作切削液效果较好，但较浪费能源。

3. 难加工材料的加工

切削高强度钢、高温合金等难加工材料时，由于材料中所含的硬质点、导致系数小，加工均处于高温、高压的边界摩擦润滑状态，因此宜选用润滑和冷却性能均好的极压切削油或极压乳化液。

4. 磨削加工

磨削加工速度快、温度高，热应力会使工件变形，甚至产生表面裂纹，且磨削产生的碎屑会划伤已加工表面和机床滑动表面，所以宜选用冷却和清洗性能好的水溶液或乳化液。但磨削难加工材料时，宜选用润滑性好的极压乳化液和极压切削油。

5. 封闭或半封闭容屑的加工

钻削、攻螺纹、铰孔和拉削等加工的容屑为封闭或半封闭方式，需要切削液有较好的冷却、润滑及清洗性能，以减小刀-屑摩擦生热并带走切屑，宜选用乳化液、极压乳化液和极压切削油。

常用切削液的选用如表 1-8 所示。

表 1-8 常用切削液的选用

工件材料		碳钢合金钢		不锈钢		高温合金		铸铁		铜及其合金	
刀具材料		高速钢	硬质合金	高速钢	硬质合金	高速钢	硬质合金	高速钢	硬质合金	高速钢	硬质合金
车削	粗加工	3、1、7	0、3、1	4、2、7	0、4、2	2、4、7	0、2、4	0、3、1	0、3、1	3	0、3
	精加工	3、7	0、3、2	4、2、8、7	0、4、2	2、8、4	0、4、2、8	0、6	0、6	3	0、3

续上表

工件材料		碳钢合金钢		不锈钢		高温合金		铸铁		铜及其合金	
铣削	粗加工	3、1、7	0、3	4、2、7	0、4、2	2、4、7	0、2、4	0、3、1	0、3、1	3	0、3
	精加工	4、2、7	0、4	4、2、8、7	0、4、2	2、8、4	0、2、4、8	0、6	0、6	3	0、3
钻孔		3、1	3、1	8、7	8、7	2、8、4	2、8、4	0、3、1	0、3、1	3	0、3
铰孔		7、8、4	7、8、4	8、7、4	8、7、4	8、7	8、7	0、6	0、6	5、7	0、5、7
攻螺纹		7、8、4	—	8、7、4	—	8、7	—	0、6	—	5、7	—
拉削		7、8、4		8、7、4		8、7		0、6		3、5	
滚齿、插齿		7、8		8、7		8、7		0、3		5、7	
工件材料		碳钢合金钢		不锈钢		高温合金		铸铁		铜及其合金	
刀具材料		普通砂轮		普通砂轮		普通砂轮		普通砂轮		普通砂轮	
外圆磨削	粗磨	1、3		4、2		4、2		1、3		1	
平面磨削	精磨	1、3		4、2		4、2		1、3		1	

注：表中数字意义：0—干切削液；1—润滑性不强的水溶液；2—润滑性强的水溶液；3—普通乳化液；4—极压乳化液；5—普通矿物油；6—煤油；7—含硫、氯的极压切削液或动植物油的复合油；8—含硫、氯磷或硫氨磷的极压切削液。

1.6.3 切削用量的合理选择

切削用量的选择原则是能达到零件的质量要求（主要指表面粗糙度和加工精度），并在工艺系统强度和刚性允许下及充分利用机床功率和发挥刀具切削性能的前提下，选取一组最大的切削用量。

1. 确定切削用量时考虑的因素

（1）生产率。在切削加工中，金属切除率与切削用量三要素 a_p、f、v_c 均保持线性关系，即其中任一参数增大一倍，都可使生产率提高一倍。但由于刀具寿命的制约，当任一参数增大时，其他两参数必须减小。因此选择切削用量，应是三者的最佳组合。一般情况下尽量优先增大背吃刀量 a_p，以求一次进刀全部切除加工余量。

（2）机床功率。背吃刀量 a_p 和切削速度 v_c 增大时，均会使切削功率成正比增加。进给量 f 对切削功率影响较小。所以，粗加工时，应尽量增大进给量。

（3）加工表面粗糙度。精加工时，增大进给量将增大加工表面的粗糙度值。因此，它是精加工时抑制生产率提高的主要因素。在较理想的情况下，提高切削速度 v_c，能降低表面粗糙度值；背吃刀量 a_p 对表面粗糙度的影响较小。

（4）刀具寿命（刀具的耐用度 T）。综上所述，合理选择切削用量，应该首先选择一个尽量大的背吃刀量 a_p，其次选择一个大的进给量 f，最后根据已确定的 a_p 和 f，并在刀具耐用度和机床功率允许的条件下选择一个合理的切削速度 v_c。

2. 制订切削用量的原则

粗加工的切削用量，一般以提高生产效率为主，但也应考虑经济性和加工成本；半精加工和精加工的切削用量，应以保证加工质量为前提，并兼顾切削效率、经济性和加工成本。

（1）背吃刀量的选择。粗加工时，在机床功率足够时，应尽可能选取较大的背吃刀量，最好一次进给将该工序的加工余量全部切完。当加工余量太大、机床效率不足、刀具强度足够时，可分两次或多次走刀将余量切完。切削表层有硬皮的铸、锻件或切削不锈钢等加工硬化较严重的材料时，应尽量使背吃刀量越过硬皮或硬化层深度，以保护刀尖。

（2）进给量的选择。主要根据工艺系统的刚性和强度而定。生产实际中多采用查表法确定合理的进给量 f 值。根据工件材料、车刀刀杆尺寸、工件直径及已确定的背吃刀量来选择，若工艺系统刚性好，可选用较大的进给量；反之应适当减小进给量。进给量的选择可参考表 1-9。

（3）切削速度的确定。按刀具耐用度 T 所允许的切削速度 v_T 来计算。除计算外，生产中常按实践经验和有关手册资料选取切削速度。

（4）校验机床功率。机床功率所允许的切削速度为

$$v_c \leq \frac{P_E \cdot \eta \times 6 \times 10^4}{F_c} \tag{1-21}$$

式中 P_E——机床电动机功率，kW；

F_c——切削力，N；

η——机床传动效率，一般 $\eta = 0.75 \sim 0.85$。

硬质合金刀具粗车钢、铸铁以及铜合金的外圆和端面时的进给量见表 1-9。

表 1-9 硬质合金刀具粗车外圆和端面时的进给量

工件材料	车刀刀柄尺寸 $B \times L$ /(mm×mm)	工件直径 d_0/mm	背吃刀量 a_p/mm				
			≤3	3~5	5~8	8~12	≥12
			进给量 f/(mm/r)				
碳素结构钢和合金结构钢	16×25	20	0.3~0.4	—	—	—	—
		40	0.4~0.5	0.3~0.4	—	—	—
		60	0.5~0.7	0.4~0.6	0.3~0.5	—	—
		100	0.6~0.9	0.5~0.7	0.5~0.6	0.4~0.5	—
		400	0.8~1.2	0.7~1.0	0.6~0.8	0.5~0.6	—
	20×30 20×25	20	0.3~0.4	—	—	—	—
		40	0.4~0.5	0.3~0.4	—	—	—
		60	0.6~0.7	0.5~0.7	0.4~0.6	—	—
		100	0.8~1.0	0.7~0.9	0.5~0.7	0.4~0.7	—
		400	1.2~1.4	1.0~1.2	0.8~1.0	0.6~0.9	0.4~0.6

续上表

工件材料	车刀刀柄尺寸 $B \times L$ /(mm×mm)	工件直径 d_0/mm	背吃刀量 a_p/mm ≤3	3~5	5~8	8~12	≥12
			进给量 f/(mm/r)				
铸铁及铜合金	16×25	40	0.4~0.5	—	—	—	—
		60	0.6~0.8	0.5~0.8	0.4~0.6	—	—
		100	0.8~1.2	0.7~1	0.6~0.8	0.5~0.7	—
		400	1~1.4	1~1.2	0.8~1	0.6~0.8	—
	20×30 20×25	40	0.4~0.5	—	—	—	—
		60	0.6~0.9	0.5~0.8	0.4~0.7	—	—
		100	0.9~1.3	0.8~1.2	0.7~1	0.5~0.8	—
		400	1.2~1.8	1.2~1.6	1~1.3	0.9~1.1	0.7~0.9

注：(1)加工断续表面及有冲击加工时，表内的进给量应乘系数 $k=0.75~0.85$。
(2)加工耐热钢及其合金时，不采用大于 1.0 mm/r 的进给量。
(3)加工淬硬钢时，表内进给量应乘系数 $k=0.8$。

3. 提高切削用量的途径

(1)采用切削性能更好的新型刀具材料。
(2)在保证工件机械性能的前提下，改善工件材料加工性。
(3)改善冷却润滑条件。
(4)改善刀具结构，提高刀具制造质量。

1.6.4 刀具几何参数的合理选择

刀具几何参数包括切削刃形状、刃口形式、刀面形式和切削角度等4个方面。刀具的几何参数之间既有联系又有制约。因此在选择刀具几何参数时，应综合考虑和分析各参数间的相互关系，充分发挥各参数的有利因素，克服和限制不利影响。

1. 选择刀具几何参数应考虑的因素

(1)工件材料。要考虑工件材料的化学成分、制造方法、热处理状态、物理和机械性能(包括硬度、抗拉强度、延伸率、冲击韧性、导热系数等)，还有毛坯表层情况、工件的形状、尺寸、精度和表面质量要求等。

(2)刀具材料和刀具结构。除了要考虑刀具材料的化学成分、物理和机械性(包括硬度、抗拉强度、延伸率、冲击韧性、导热系数等)外，还要考虑刀具的结构形式，例如整体式，还是焊接式或机夹式。

(3)具体加工条件。要考虑机床、夹具的情况，工艺系统刚性及功率大小，切削用量和切削液性能等。一般来说，粗加工时，着重考虑保证最大的生产率；精加工时，主要考虑保证加工精度和已加工表面的质量要求；对于自动化生产用的刀具，主要考虑刀具工作的稳定性，有时还要考虑断屑问题；机床刚性和动力不足时，刀具应力求锋利，以减少切削力和振动。

2. 刀具几何参数的选择

(1)前角及前刀面的选择如下。

① 前角的功用。前角的作用是使刀具锋利，切削轻快，减小切削力，减少切削热，从而减少刀具的磨损，提高加工精度，降低表面粗糙度。但在后角一定的情况下前角过大，会使刀刃和刀尖的强度降低，容易导致刀具崩刃。同时刀头导热截面减小，容易导致刀具温度升高，加剧刀具的磨损。因此刀具前角存在一个最佳值 γ_{opt}，通常称 γ_{opt} 为刀具的合理前角，如图 1-36 所示。

② 前角的选择原则。在刀具强度许可条件下，尽可能选用大的前角，通常车刀的前角 γ_o 在 $-5° \sim +25°$ 范围内选取。选择原则如下：

a. 工件材料的强度、硬度低，前角应选得大些，反之应选得小些。

b. 刀具材料韧性好，前角可选得大些，反之应选得小些。

c. 精加工时，前角可选得大些；粗加工时应选得小些。

表 1-10 列出了硬质合金车刀的合理前角的参考值。

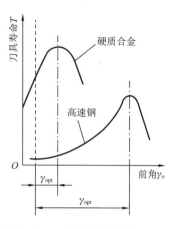

图 1-36 刀具的合理前角

表 1-10 硬质合金车刀合理前角的参考值

工件材料	合理前角		工件材料	合理前角	
	粗车	精车		粗车	精车
低碳钢	20°~25°	25°~30°	灰铸铁	10°~15°	5°~10°
中碳钢	10°~15°	15°~20°	铜及铜合金	10°~15°	5°~10°
合金钢	10°~15°	15°~20°	铝及铝合金	30°~35°	35°~40°
淬火钢	-15°~-5°		钛合金 $\sigma_b \leq 1.177$ GPa	5°~10°	
不锈钢(奥氏体)	15°~20°	20°~25°			

③ 前刀面的类型。前刀面有平面型、曲面型和带倒棱型等五种形式，如图 1-37 所示。

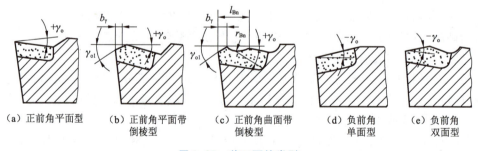

（a）正前角平面型　（b）正前角平面带倒棱型　（c）正前角曲面带倒棱型　（d）负前角单面型　（e）负前角双面型

图 1-37 前刀面的类型

a. 正前角平面型。制造简单，能获得较锋利的刃口，但切削刃强度低，传热能力差。

b. 正前角平面带倒棱型。在主切削刃口磨出一条窄的负前角的棱边，提高了切削刃口的强度，增加了散热能力，从而提高刀具耐用度。

c. 正前角曲面带倒棱型。在正前角平面带倒棱型的基础上，为了卷屑和增大前角，在前刀面上磨出一定的曲面而形成的；主要用于粗加工塑性金属刀具和孔加工刀具，例如丝锥、钻头。

d. 负前角单面型。刀片承受压应力,具有高的切削刃强度,但负前角会增大切削力和增大功率消耗。

e. 负前角双面型。可使刀片的重磨次数增加,适用于磨损同时发生在前、后刀面的场合。

(2)后角与后刀面的选择

① 后角的功能。后角的主要功能是减小后刀面与工件间的摩擦和后刀面的磨损,同时也直接影响刃口的锋利程度和强度。

② 后角的选择原则:

a. 粗加工以确保刀具强度为主,可在 4°~6°内选取;精加工以加工表面质量为主,常取 8°~12°。

b. 切削厚度越大,刀具后角越小。

c. 工件材料越软,塑性越大,后角越大。

d. 工艺系统刚性较差时,应适当减小后角(切削时起支承作用,增加系统刚性并起消振作用)。

e. 工件尺寸精度要求较高时,后角宜取小值。

表 1-11 给出了硬质合金车刀合理后角的参考值。

表 1-11 硬质合金车刀合理后角的参考值

工件材料	合理后角		工件材料	合理后角	
	粗 车	精 车		粗 车	精 车
低碳钢	8°~10°	10°~12°	灰铸铁	4°~6°	6°~8°
中碳钢	5°~7°	6°~8°	铜及铜合金	6°~8°	6°~8°
合金钢	5°~7°	6°~8°	铝及铝合金	8°~10°	10°~12°
淬火钢	8°~10°		钛合金 $\sigma_b \leq 1.177$ GPa	10°~15°	
不锈钢(奥氏体)	6°~8°	8°~10°			

③ 后刀面的类型。图 1-38 为后刀面的几种形式:

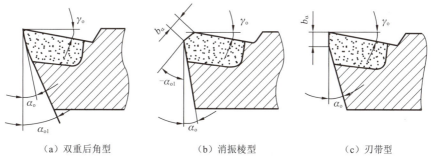

(a)双重后角型　　(b)消振棱型　　(c)刃带型

图 1-38　后刀面的类型

a. 双重后角。为保证刃口的强度,减少刃磨后刀面的工作量,常在车刀后面磨出双重后角,如图 1-38(a)所示。

b. 消振棱。为了增加后刀面与过渡表面之间的接触面积，增加阻尼作用，消除振动，可在后刀面上刃磨出一条有负后角的倒棱，称为消振棱，如图1-38(b)所示。其参数为 $b_{\alpha 1} = 0.1 \sim 0.3$ mm，$\alpha_{o1} = -5° \sim -20°$。

c. 刃带。对一些定尺寸刀具（如钻头、铰刀等），为便于控制刀具尺寸，避免重磨后尺寸精度的变化，常在后刀面上刃磨出后角为0°的小棱边，称为刃带，如图1-38(c)所示。刃带形成一条与切削刃等距的棱边，可对刀具起稳定、导向和消振作用，延长刀具的使用时间。刃带不宜太宽，否则会增大摩擦作用。刃带宽度 $b_\alpha = 0.02 \sim 0.03$ mm。

(3) 主偏角、副偏角的选择如下：

① 主偏角和副偏角的功能。

a. 影响已加工表面的残留面积高度。减少主偏角和副偏角，可以减小已加工表面粗糙度值，特别是副偏角对已加工表面粗糙度影响更大。

b. 影响切削层形状。主偏角直接影响切削刃工作长度和单位长度切削刃上的切削负荷。在切削深度和进给量一定的情况下，增大主偏角，切削宽度减小，切削厚度增大，切削刃单位长度上的负荷随之增大。因此，主偏角直接影响刀具的磨损和使用寿命。

c. 影响切削分力的大小和比例关系。增大主偏角可减小背向力 F_p，但增大了进给力 F_f。同理，增大副偏角，也可使 F_p 减小。而 F_p 的减小，有利于减小工艺系统的弹性变动和振动。

d. 影响刀尖角的大小。主偏角和副偏角共同决定了刀尖角 ε_r，故直接影响刀尖强度、导热面积和容热体积。

e. 影响断屑效果和排屑方向。主偏角增大时，切屑变厚、变窄，容易折断。

② 主偏角的选择。主偏角的选择原则是在工艺系统刚度允许、保证表面加工质量和刀具耐用度的前提下，尽量选用较大值。

加工细长轴时，工艺系统刚性差，应选用较大的主偏角，以减小背向力；加工硬度、强度高的材料时，切削力大，工艺系统刚度好时，应选用较小的主偏角，以增大散热面积，提高刀具耐用度。主偏角的选择可参考表1-12。

③ 副偏角的选择。副偏角的选择原则是在保证表面质量和刀面耐用度的前提下，尽量选用较小值。

表1-12 主偏角的参考值

工 作 条 件	主偏角 κ_r
系统刚性大、背吃刀量较小、进给量较大、工件材料硬度高	10° ~ 30°
系统刚性较大 $\left(\dfrac{l}{b} < 6\right)$、加工盘类零件	30° ~ 45°
系统刚性较小 $\left(\dfrac{l}{b} = 6 \sim 12\right)$、背吃刀量较大或有冲击	60° ~ 75°
系统刚性小 $\left(\dfrac{l}{b} > 12\right)$、车台阶轴、车槽及切断	90° ~ 95°

一般情况下，当工艺系统允许时，尽量取小的副偏角。外圆车刀常取 $\kappa_r' = 6° \sim 10°$。粗加工时可选大一些，$\kappa_r' = 10° \sim 15°$；精加工时可选小些，$\kappa_r' = 6° \sim 10°$。为了降低已加工表面的粗糙度，有时还可以磨出 $\kappa_r' = 0°$ 的修光刃。

(4)刃倾角的选择。刃倾角的功能主要是影响刀头的强度和排屑方向,如图 1-39 所示。

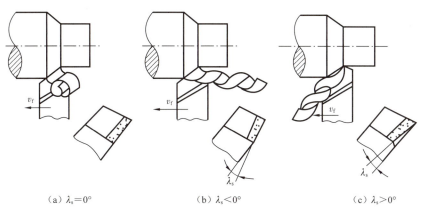

(a)$\lambda_s = 0°$　　　　　(b)$\lambda_s < 0°$　　　　　(c)$\lambda_s > 0°$

图 1-39　刃倾角对切屑流向的影响

当刃倾角为零时,切屑沿着与主切削刃垂直的方向流动;当刃倾角为负值时,切屑向着已加工表面方向流动;当刃倾角为正值时,切屑向待加工表面方向流动。

粗加工时,为增加刀头强度,刃倾角常取负值;精加工时,刃倾角常取正值或零,以防止切屑划伤已加工表面;断续切削时,为提高刀头耐冲击的能力,刃倾角取负值。车刀的刃倾角可在 -15°~ +5°选取。

由于刀具切削部分的几何形状是一个整体,各个角度之间存在内在联系,实际生产中并不是孤立地选择每一角度的大小,而是需要综合考虑才能确定的。表 1-13 归纳总结了刀具主要角度的作用,定性地给出了选择时应考虑的因素。

表 1-13　刀具主要角度的选择

角　度	作　用	选择时应考虑的因素
前角 γ_o	增大前角,刃口锋利,减小切削层塑性变形和摩擦阻力,降低切削分力和切削热力以及功率消耗;前角过大将导致切削刃和刀头强度降低,减少散热体积,使刀具寿命降低,甚至造成崩刀	① 工件材料的强度硬度较低、塑性好时,应取较大前角;加工硬脆材料时应取较小前角,甚至取负值。 ② 刀具材料抗弯强度和冲击韧性较高时,可取较大前角。 ③ 粗加工、间断切削或有硬皮的铸锻件粗切时,取较大前角。 ④ 工艺系统刚度差或机床功率不足时,应取较大前角
后角 α_o	后角的主要作用是减小刀具后面与工件过渡表面之间的接触摩擦。后角过大会降低刀楔的强度,并使散热条件变坏,从而降低刀具寿命或造成崩刃	① 工件材料强度、硬度较高时,为保证刀楔强度,应取较小的后角。对软韧的工件材料,后刀面摩擦严重,应取较大后角。加工脆性材料时,切削力集中在刃口处,为提高刀楔强度,宜取较小的后角。 ② 粗加工、强力切削、承受冲击载荷刀具,要求刀楔强固,应取较小后角。 ③ 精加工及切削层公称厚度较小的刀具,应取较大后角。 ④ 工艺系统刚度较差时,宜适当减小后角,以增大后刀面与工件的接触面积,减小振动

续上表

角 度	作 用	选择时应考虑的因素
主偏角 κ_r	主偏角增大时，进给力 F_f 增加，背向力 F_p 减小，可降低工艺系统的变形和振动。减小主偏角，刀尖处强度增大，且作用切削刃长度增加（进给量和背吃刀量不变时），有利于散热和减轻单位刀刃上的负荷，提高刀具的寿命。主偏角减小也会使表面粗糙度变小	① 加工很硬的材料时，为加强刀尖强度，应取较小的主偏角。 ② 在工艺系统刚度允许时，应尽可能取小的主偏角，以提高刀具寿命。 ③ 粗加工和半精加工时，硬质合金车刀应取较大的主偏角，以减少振动。 ④ 应考虑工件的形状和具体加工条件，如加工细长轴及需要中间切入工件或阶梯轴时，都要取大的主偏角
副偏角 κ_r'	较小的副偏角可减小工件表面粗糙度，提高刀尖强度、增加散热体积。但过小的副偏角会增加背向力 F_p，在工艺系统刚度不足时会引起振动，恶化与已加工表面的摩擦	① 加工高强度和高硬度材料或断续切削时，应取小的副偏角，以提高刀尖强度。 ② 精加工时副偏角应取更小值，必要时可磨出一段修光刃副偏角为 0° 的修光刃。 ③ 在不引起振动的情况下，可选较小的副偏角
刃倾角 λ_s	① 影响切屑流出方向，刃倾角为负时，切屑流向已加工表面，刃倾角为正时，切屑流向待加工表面。 ② 影响切屑分力的大小，当刃倾角绝对值增大时，背向力明显增大	① 当加工材料硬度大或有大的冲击载荷以及强力切削时，应取负的较大的 λ_s，以保护刀尖。 ② 精加工时 λ_s 应取正值，使切屑流向待加工表面，切削刃锋利，因而已加工表面质量好。 ③ 在工艺系统刚度不足时，应尽量不用负刃倾角

思考与训练

1-1　说出型号为 X6132、M2120 的机床的含义是什么？

1-2　机床主要由哪几部分组成？各起什么作用？

1-3　机床上常用传动副有哪几种形式？各自的特点是什么？

1-4　机床常用变速机构有哪几种形式？各有何特点？

1-5　磨床液压传动系统中，节流阀、溢流阀分别起什么作用？

1-6　什么是切削运动？它对表面加工成形有什么作用？

1-7　切削用量指的是什么？

1-8　外圆车刀有哪几个主要角度？如何定义，主要作用是什么？

1-9　试述刀具材料的基本要求。

1-10　切屑是如何形成的？

1-11　如何提高刀具的耐用度？说出提高零件加工精度和降低表面粗糙度参数值的几种方法。

第2章
车削加工

📖 知识图谱

2.1 车削加工基本知识

📄 知识点

- 车床的运动及车削加工范围；

- 车削用量三要素；
- 车削用量选择。

> 技能点

- 车削加工类型；
- 车削用量要素。

2.1.1 车床的运动及车削加工范围

车削加工是在车床上利用工件的旋转和刀具的移动来改变毛坯的形状和尺寸，将其加工成图样上所需零件的一种切削加工方法。其中工件的旋转运动为主运动，用转速(r/min)表示，是由电动机经皮带和齿轮等传至主轴而产生；刀具的移动为进给运动，用进给量(mm/r)表示，是由车床主轴经齿轮等传至光杠或丝杠，从而带动刀架移动产生的。进给运动又分纵向进给运动和横向进给运动两种运动。车削加工的范围很广，其车削加工的基本内容如图2-1所示。

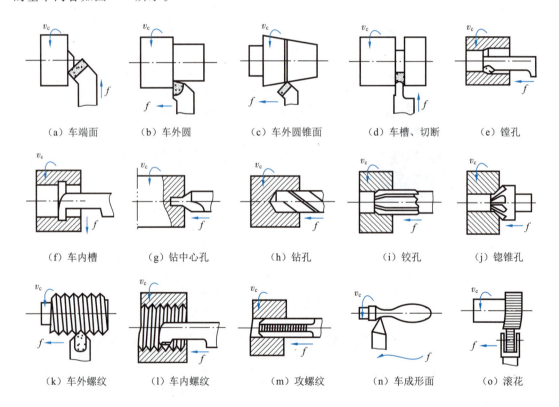

图 2-1 车削加工的基本内容

在机加工车间中，各种类型的车床约占机床总数的一半左右。车削加工在机械制造行业起着非常重要的作用，其加工精度一般在IT7～IT8，表面粗糙度为0.8～1.6 μm。车削加工的范围很广，可以车外圆、车端面、钻孔、铰孔、车螺纹、攻螺纹、车槽、车成形面、滚花等，还可以用镗刀加工较大的内孔表面，如图2-1所示。

2.1.2 切削用量三要素

车削用量三要素是指在切削过程中所选择的切削速度、进给量和背吃刀量(见图2-2)。

(1)切削速度v_c。它是切削加工时,切削刃上某一选定点处相对于工件的主运动瞬时线速度。切削刃上各点的切削速度可能是不同的。当主运动为旋转运动时,工件或刀具最大直径处的切削速度计算公式如下

$$v_c = \frac{\pi d n}{1\,000} \qquad (2-1)$$

式中　v_c——切削速度,m/min;
　　　d——工件最大直径,mm;
　　　n——工件转速,r/min。

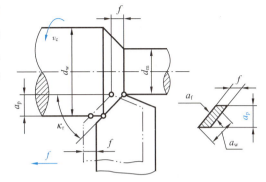

图2-2　车削用量三要素

(2)进给量f。是指工件每转一周时,工件和刀具两者在进给运动方向上的相对位移量。如外圆车削时的进给量f为工件每转一周时车刀相对于工件在进给运动方向上的位移量,其单位为mm/r。

(3)背吃刀量a_p。又称切削深度。对外圆车削而言,背吃刀量a_p等于工件待加工表面与已加工表面间的垂直距离,例如,外圆车削的背吃刀量为

$$a_p = \frac{d_w - d_m}{2} \qquad (2-2)$$

式中　a_p——背吃刀量,mm;
　　　d_w——工件待加工表面直径,mm;
　　　d_m——工件已加工表面直径,mm。

2.1.3 粗车与精车

切削工件时。车削过程一般可分为粗车、半精车、精车3个阶段。粗车的主要目的是快速切除工件的大部分加工余量,使工件接近所需的形状和尺寸。半精车与精车主要是为了保证工件的尺寸精度和所要求的表面粗糙度。

加工时,一般采取粗精分开的原则,即先对所需加工的表面全部进行粗车,然后再进行半精车和精车,其原因如下:

(1)粗车时由于背吃力量a_p和进给量f较大,切削力很大,因此必须把工作夹得比较紧,当一端粗车完毕,再掉头粗车另一端时,会将已加工表面夹紧变形,或损伤表面粗糙度质量。

(2)粗车时容易使工件发热而变形,粗车、精车分开后,使工件在精车前有冷却的机会,以免因工件发热而影响尺寸精度。

(3)粗车、精车分开可减少内应力对工件精度的影响。粗车时,由于切除了毛坯表面较厚的材料,会使毛坯内应力重新分布,而使工件变形。当工件一端精车好以后,再换头粗车另一端时,会引起已精车的表面的变形。

(4)粗车后可以及时发现毛坯内部的缺陷(如裂缝、砂眼等),以便及时修正或终止加工。

(5)粗精分开后,可以合理地安排车床,粗车可安排在精度低、动力大的机床上进行,精车则可安排在精度高的车床上进行。

(6)由于精车安排在最后,可使精加工表面避免在中途各个环节中碰伤。

应该指出,在车削大型且精度要求较低的工件时,由于装夹的困难,也可不必粗车、精车分开。

2.1.4　车削用量选择的方法

在车削用量中,对刀具的耐用度来说,切削速度 v_c 的影响最大,进给量 f 的影响次之,背吃刀量 a_p 的影响最小。对切削力来说,背吃刀量 a_p 的影响最大,进给量 f 的影响次之,切削速度 v_c 的影响最小;对表面粗糙度和加工精度来说,进给量 f 的影响最大,切削速度 v_c 和背吃刀量 a_p 的影响较小。车削用量要根据这些规律合理选择。

(1)背吃刀量 a_p 的选择。背吃刀量应根据加工余量和工艺系统的刚度来确定。在保留半精加工、精加工的余量的前提下,应尽可能一次走刀切除大部分加工余量,以减少走刀次数,提高生产率。在中等功率的车床上,粗车时背吃刀量最深可达 8~10 mm;半精车时(表面粗糙度 Ra 为 6.3~3.2 μm),背吃刀量可取为 0.5~2 mm;精车时(表面粗糙度 Ra = 1.6~0.8 μm),背吃刀量可取 0.1~0.4 mm。

如果工艺系统刚度不足、车刀强度较低、加工余量过大或不太均匀时,粗车时应分两次以上走刀,第一次背吃刀量取大些,第二次背吃刀量取小些,使半精加工、精加工时能获得更好的加工精度和表面粗糙度。

在切削表层有硬皮的铸件、锻件等工件时,应使背吃刀量超过硬层,避免直接在硬皮上切削,以免引起振动和加剧车刀磨损,如图 2-3 所示。

(2)进给量 f 的选择。背吃刀量确定后,应该进一步按工艺条件选择最大的进给量。对进给量的限制有两方面的因素:一方面是切削力不能过大;另一方面是表面粗糙度值不能过大。

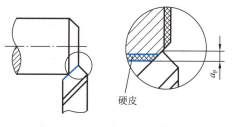

图 2-3　粗车铸铁时的背吃刀量

粗车时对进给量的限制主要是切削力不能过大,为了提高生产效率,粗车时进给量应选择大些。一般来说,工件材料强度越大,背吃刀量越深,则切削力越大,允许的进给量就越小。进给量还应根据工艺条件来确定,车床越小、刀杆尺寸、工件尺寸越小,允许的进给量就越小。

半精车和精车时,限制进给量的主要因素是表面粗糙度。工件与刀具相对运动时,中间会有一小部分材料未被切除,即残留面积,如图 2-4 所示。在刀具几何角度相同时,进给量越大,所加工表面的残余面积就越大,表面粗糙度值就越大。为了得到较低的表面粗糙度,半精车和精车时,进给量应取小些。

在实践中,粗车时进给量一般取 0.3~1.5 mm/r,精车时进给量一般取 0.05~0.2 mm/r。具体数值可查相关机械加工工艺手册确定。

(3)切削速度 v_c 的选择。当背吃刀量与进给量选定以后,可根据刀具的耐用度,确定最大的切削速度。刀具的耐用度是由刀具的材料所决定的。

在实践中，粗车用高速钢车刀时，切削速度一般取 25 m/min 左右，用硬质合金车刀时，切削速度在 50 m/min 左右；精车时，为了降低表面粗糙度值，切削速度一般选择 0.5~4 m/min 的低速区域，或 60~100 m/min 的高速区域内。

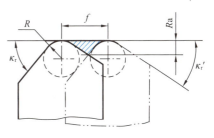

图 2-4　切削层残留面积

选择切削速度时还应注意，车削硬钢料时比车削软钢料切削速度要低一些，车削铸件时比车削钢件切削速度要低一些，不用冷却液时比用冷却液切削速度要低一些。

2.2　车　　床

📖 知识点

- 车床的结构组成。

✋ 技能点

- 车床的安全操作。

以 CA6140 型卧式车床为例介绍车床各部分组成，如图 2-5 所示。

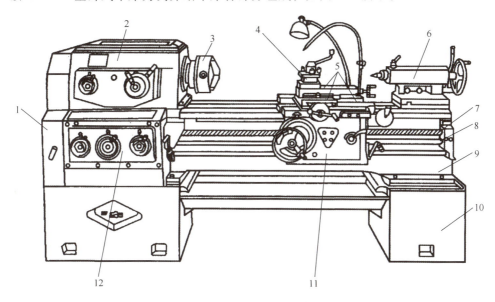

图 2-5　CA6140 型卧式车床

1—交换齿轮箱；2—主轴箱；3—卡盘；4—刀架；5—滑板；6—尾座；
7—丝杠；8—光杠；9—床身；10—床腿；11—溜板箱；12—进给箱

(1)交换齿轮箱,又称挂轮箱。交换齿轮箱 1 位于床身最左侧,其内部的挂轮连接主轴箱与进给箱。箱内有正、反向机构和挂轮架,用于将主轴的转动传给进给箱,用于搭配不同齿数的齿轮,以获得不同的进给量,主要用于车削各种不同种类的螺纹。

(2)主轴箱,又称主轴变速箱、床头箱。主轴箱 2 的作用是支承主轴并把动力经变速传动机构传给主轴,通过主轴带动工件按需要的转速旋转,以实现主运动。它固定在床身的左上方,主轴的运动是由一个电机经 4 根三角皮带传至主轴箱内,再经过若干齿轮和轴传递给进给箱。箱体外的手柄用来调整主轴旋转,可获得 10~1 400 r/min 的 24 级转速,但调整必须在停车状态下才能进行,否则会使主轴箱内的齿轮因打齿而损坏。主轴前端有莫氏 6 号锥孔。

(3)进给箱,又称走刀变速箱。进给箱 12 固定在床身左前侧,内装变速机构,用以传递进给运动和调整进给量及螺距,扳动箱外各手柄能得到各种进给量及螺距。进给箱的运动通过光杠或丝杠传给溜板箱,使车刀做纵向或横向进给运动。丝杠仅用于螺纹加工时传递运动。

(4)溜板箱(拖板箱)、拖板和刀架。溜板箱 11 安装在大拖板(床鞍)下面,其作用是将丝杠或光杠传来的旋转运动变为直线运动,并带动刀架 4 进给以实现车削加工。箱体内有接通丝杠传动的开合螺母机构;将光杠的运动传至纵向的齿轮齿条和横向进给丝杠的传动机构;接通、断开和转换纵向、横向进给的转换机构;保证机床工作安全的过载保险装置和互锁机构;控制刀架运动的操纵机构等。溜板箱上安装有床鞍,俗称大拖板。摇动手轮可使整个溜板箱沿车床导轨做纵向移动。中拖板装在床鞍顶面的导轨上,可以在上做横向移动。小拖板安装在中拖板的转盘导轨上,可转动 ±90°,小拖板可手动移动,行程较短。方刀架用来安装车刀,在其上可同时装四把车刀,转动刀架手柄可将其中任一把车刀转到工作位置上去。手柄的操纵是逆时针转时,开始是松开刀架,接着刀架就跟着转动,待顺时针转时,首先是刀架定位,继续转动就将刀架压紧在小拖板上。

(5)尾架。尾架又称尾座,安装在床身导轨上并可沿导轨移动,它的作用是利用套筒安装顶尖,用来支承较长工件的一端,也可以安装钻头、铰刀等刀具进行孔加工。将尾架偏移,还可用来车削圆锥体。尾架套筒最大行程为 150 mm,套筒有莫氏 5 号锥孔。尾架可以使用快速夹紧手柄迅速方便地紧固在床身的任意位置上,但在重切削条件下要用紧固螺钉锁紧以防尾架松动。

(6)床身。床身固定在床腿上,用来支承车床的各个部件,并保证各部件的相互位置精度,例如床头箱、进给箱、溜板箱等。床身具有足够的刚度和强度,床身表面精度很高,以保证各部件之间有正确的相对位置。床身上有 2 条平行的导轨,供床鞍和尾架相对于床头箱进行正确的移动。床身的结构、制造精度、导轨表面的硬度等对车床加工精度影响很大,所以,为了保持床身表面精度,在操作车床中应注意维护。

(7)丝杠、光杠和操纵杆。

① 丝杠:能带动大拖板做纵向移动,以车削螺纹。丝杠的螺距为 12 mm。它的转动是由进给箱传来,经过对开螺母传给溜板。为保持丝杠的精度从而保证加工螺纹的精度,不能用丝杠传动路线做走刀用。

② 光杠:用来把进给箱的运动传给溜板箱,使刀架做纵向或横向进给运动。

③ 操纵杆：是车床的操作机构，操纵杆左端和溜板箱右侧各装有一个手柄，在电动机不停转的情况下，操作工可以方便地操纵手柄控制主轴正转、反转或停车。

此外，车床还有照明灯、冷却系统、中心架、跟刀架等车床附件。

2.3 车刀的安装及刃磨

> 📖 **知识点**
>
> - 车刀的种类、组成与结构；
> - 车刀材料及选用。

> 📋 **技能点**
>
> - 车刀的安装；
> - 车刀的刃磨。

2.3.1 车刀的种类、组成与结构

1. 车刀的种类与组成

车刀是一种单刃刀具，它在金属切削是最常用的刀具之一。车刀的种类很多，按其用途可分为外圆车刀、端面车刀、切断刀、镗孔刀、成形车刀和螺纹车刀等，常用车刀如图 2-6 所示。

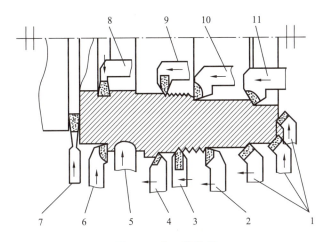

图 2-6 车刀的种类

1—45°弯头车刀；2—90°偏刀；3—外螺纹刀；4—75°外圆车刀；5—成形车刀；
6—90°左切外圆车刀；7—切断刀；8—内孔切槽刀；9—内螺纹车刀；10—盲孔镗刀；11—通孔镗刀

车刀由刀头和刀杆（又称刀体）两部分组成。刀头部分起切削作用，刀杆用于安装，起固定作用。

刀头的切削部分由"三面二刃一刀尖"组成。

2. 车刀的结构型式

车刀按刀体和刀头的结构型式,可分为整体式车刀、焊接式车刀、机械夹固式车刀等,机械夹固式车刀又分为机夹重磨式车刀和机夹可转位式车刀两种,如图 2-7 所示。

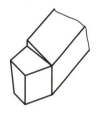 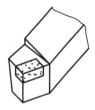  

（a）整体式车刀　　　（b）焊接式车刀　　　（c）机械重磨式车刀　　　（d）机夹可转位车刀

图 2-7　车刀的结构型式

（1）整体式车刀。整体式车刀刀杆和刀头为同一材料,结构简单,制造容易,使用方便,多为高速钢车刀,刀刃可根据不同要求进行重磨,一般用于低速精车。

（2）焊接式车刀。焊接式车刀结构简单、紧凑、刚性好,刀头部分一般用硬质合金刀片焊接,刀刃可磨出所需的各种角度,应用广泛。但硬质合金刀片经高温焊接和刃磨后会产生内应力和裂纹,影响其可加工性和耐用度,一般用于高速切削。

（3）机夹重磨式车刀。机夹重磨式车刀其刀片不需要高温焊接,避免因焊接而引起的刀片硬度降低和由内应力导致的裂纹,提高刀具耐用度；刀杆可以重复使用；刀片可磨次数多,利用率较高。但是这种结构车刀在使用中仍需刃磨,也不能完全避免由于刃磨而引起的裂纹。

（4）机夹可转位车刀。机夹可转位车刀是将压制成型的硬质合金刀片,用机械夹固的方法将刀片装夹在特制的刀杆头部的刀槽上。硬质合金刀片几何形状、切削角度、断屑槽和装夹孔等已全部制成,使用时一般不需要重磨,当刀片的一个切削刃用钝后,松开刀片夹紧机构,可将刀片转位,换一个切削刃可继续进行切削,当刀片全部切削刃都用钝后,再换上新的刀片。

机夹可转位车刀比焊接式车刀优越。它不需焊接和刃磨,减少刀刃刃磨时间,同时也避免了由于焊接和刃磨引起的缺陷,保持了硬质合金原有的性能,提高刀片的耐用度。在切削条件基本相同的情况下,刀片的耐用度可提高 2～3 倍。由于刀片几何角度都事先压制而成,避免刀刃刃磨产生切削角度误差,使切削加工质量更加稳定。

2.3.2　车刀材料及选用

1. 常用车刀材料

最常用的车刀材料主要有高速钢和硬质合金两大类。

（1）高速钢。高速钢俗称锋钢、白钢。它是在合金工具钢中加入了比较多的 W、Mo、Cr、V 等合金元素(总量 >10%)。其中 WC 含量达 0.70% ～1.6%；其常温硬度可达 63～65 HRC,红硬温度达 600～660 ℃,允许切削速度可达 30～50 m/min。高速钢的抗弯强度高,耐磨性、韧性好,热处理后变形小,工艺性能好,可制造各种复杂刀具,例如钻头、拉刀、丝锥、齿轮刀具等,也常用作低速精加工车刀和成形刀具。

高速钢的常用牌号有 W18Cr4V、W6Mo5Cr4V2、W9Mo3Cr4V 等。

(2) 硬质合金。硬质合金是用粉末冶金的方法制成的。它是用硬度和熔点很高的金属化合物碳化钨(WC)、碳化钛(TiC)等微粉和Co、Ni、Mo等黏结剂经高压成形,在1 500 ℃的高温烧结制成。硬质合金的硬度为89~94 HRA,相当71~76 HRC,有很高的红硬温度,在800~1 000 ℃的高温作用下仍能保持切削所需硬度,切削速度可达100~300 m/min,相当于高速钢的4~10倍。但韧性较差、抗弯强度低,不耐冲击和振动。它一般制成各种形状与规格的刀片,焊接或夹固在刀体上使用。

常用的硬质合金有钨钴类、钨钛钴类、钨钽钴类和钨钛钽钴类合金等四种。

① 钨钴类硬质合金(YG)。它由WC和Co组成,具有较高的抗弯强度和韧性,导热性好,但耐热和耐磨性稍差,主要用于加工铸铁等脆性材料和有色金属。

钨钴类硬质合金按含钴量的不同,有YG3X、YG6、YG8C等牌号,其Y和G分别是"硬"和"钴"的汉语拼音声母,其数字是含钴量的百分数。牌号尾不加字母的为一般颗粒合金;加"C"表示为粗颗粒合金,加"X"为细颗粒合金。含Co量越多,则韧性越好。因此,YG8C比YG6和YG3X韧性要好,一般用于粗加工;YG6和YG3X用于半精加工或精加工。

细颗粒的YG类硬质合金(如YG3X,YG6X)在含钴量相同时,其硬度和耐磨性比一般颗粒的合金(如YG3、YG6)高,但强度和韧性稍差。适用于加工硬铸铁、奥氏体不锈钢、耐热合金、锡青铜等材料。

② 钨钛钴类硬质合金(YT)。它由WC、TiC和Co组成。由于TiC的硬度和熔点均比WC高,所以和YG相比,其硬度、耐磨性、红硬性增大,黏结温度高。抗氧化能力强,而且在高温下会生成TiO_2,可减少黏结。但导热性能较差,抗弯强度低,适用于加工钢材等韧性材料。

钨钛钴类硬质合金按TiC的含量不同,有YT5、YTl5、YT300等牌号。其中T是"钛"的汉语拼音声母,数字是TiC的百分含量数。TiC含量越高,则耐热性越好,但含Co量相应减少,韧性较差,承受冲击的性能较差。因此,YT5常用于粗加工,YTl5及YT30常用于半精加工和精加工。

③ 钨钽钴类硬质合金(YA)。在钨钴类硬质合金的基础上增加了TaC,提高了常温、高温硬度和强度,增强了抗热冲击性和耐磨性,可用于加工铸铁和不锈钢材料。

④ 钨钛钽钴类硬质合金(YW)。在钨钛钴类硬质合金的基础上添加TaC,提高了抗弯强度、高温硬度,增强了冲击韧性、抗氧能力和耐磨性。既可以加工钢料,又可加工铸铁及有色金属。因此常称为通用硬质合金,又称为万能硬质合金。目前主要用于加工耐热钢、高锰钢、不锈钢等难加工材料。

2. 其他先进车刀材料

(1) 陶瓷。陶瓷刀具以氧化铝(Al_2O_3)或氮化硅(Si_3N_4)等为主要成分,经压制成型后烧结而成。陶瓷刀片的硬度可达90~95 HRA,耐热温度高达1 200~1 450 ℃,尤其适用于高速切削。但由于其强度低、韧性差,影响推广使用,目前主要用于精加工。

(2) 人造金刚石。人造金刚石硬度极高(接近10 000 HV,而硬质合金仅1 000~2 000 HV),耐热温度为700~800 ℃,粒度一般在0.5 mm以内。大颗粒聚晶金刚石可制成一般切削工具,单晶微粒金刚石主要制成砂轮。金刚石刀具可加工硬质合金、陶瓷、玻璃、有色金属及其合金,但不宜加工钢铁等黑色金属,这是由于碳原子与铁原子有较强的亲和力,会加快刀具的损耗。

(3)立方氮化硼。立方氮化硼(CBN)是人工合成的一种高硬度材料,硬度可以达到7 300 ~ 9 000 HV,仅次于金刚石。但它的耐热性和化学稳定性能都超过了金刚石,能耐1 300 ~ 1 500 ℃的高温,且与铁原子的亲和力小。因此,可以用来对高温合金、淬硬钢、铸铁等进行半精加工和精加工。

(4)涂层刀片。在韧性较好的硬质合金(YG类)基体表面采用气相沉积等方法涂敷一层4 ~ 5 μm的碳化钛(TiC)或氮化钛(TiN)涂层,有效地提高了刀具的耐磨性,改善了切削效果,在刀具中取得广泛的应用。

3. 车刀材料的选用

(1)高速钢车刀的选用。加工铸铁、轻合金以及硬度为300 ~ 320 HBW 的结构钢、切削速度为25 ~ 55 m/min、同时要承受较大冲击且形状复杂的工件时,一般采用高速钢制造车刀;加工马氏体不锈钢、超高强度钢等难加工材料、且切削速度为30 ~ 90 m/min、同时要承受大的冲击、工件外形复杂时,可选用超硬高速钢 W6Mo5Cr4V2Al 等来制造车刀。

(2)硬质合金的选用:

① 加工铸铁等脆性材料时,应选择钨钴类硬质合金(YG)或通用硬质合金如 YG8、YW1 等来制造车刀。因为切削脆性材料时,切屑成崩碎状态,切削力和切削热集中在刃口附近,并有一定的冲击力,因此,要求刀具材料具有好的强度、韧性及导热性;此外,YG类硬质合金磨削加工性能好,切削刃能磨得较锋利,所以也适合加工有色金属。

② 加工钢等韧性材料时,应选择钨钛钴类硬质合金(YT)如 YT5 等来制造车刀。切削韧性材料时,切屑成带状。切削力较平稳,但与前刀面摩擦大,切削区平均温度高。因此要求刀具材料有较高的高温硬度、较高的耐磨性、较高的抗黏结性和抗氧化性;但应注意在低速切削钢时,由于切削温度较低,YT 韧性较差,容易产生崩刃,刀具耐用度反而不如 YG 类硬质合金;同时 YT 类硬质合金也不适合切削含 Ti 元素的不锈钢等。

③ 切削淬硬钢、不锈钢和耐热钢时,应选用钨钴类硬质合金(YG)如 YG5 等来制造车刀。因为切削这类钢时,切削力大,切削温度高,切屑与前刀面接触长度短、使用脆性大的 YT 类硬质合金易崩刀,因此,宜采用韧性较好,导热系数较大的 YG 类硬质合金,但应注意此类硬质合金的红硬性不如 YT 类,因此,应适当降低切削速度。

④ 粗加工时,应选择含钴量较高的硬质合金;反之,精加工时,应选择含钴量低的硬质合金。

(3)合金工具钢。当切削速度较低(一般为8 ~ 10 m/min)、且被切削材料为一般金属材料、如铸铁、有色金属及一般结构钢时,可选用合金刃具钢如 Cr2 钢等来制造车刀。

2.3.3 车刀的安装

车刀安装在刀架上,刀尖应与工件轴心线高度一致。若车刀刀尖安装得过高或过低都会引起车刀角度的变化而影响切削。一般用安装在车床尾座上的顶尖来校对车刀刀尖的高低,在车刀下面用垫片进行调整,垫片应放平整,数量尽可能少,一般用2 ~ 3 片,并与刀架对齐,若片数太多或不平整,会使车刀产生振动,影响车削。

车刀刀杆应与工件轴线垂直,避免主偏角与副偏角发生变化。此外,车刀在刀架上刀头不宜伸出太长,以防止振动引起的工件表面粗糙,甚至损坏车刀,一般车刀的伸出长度应不超过车刀高度的 1.5~2 倍。车刀至少要用两个螺钉紧固在刀架上,并交替拧紧固定。

车刀的安装方法如图 2-8 所示。

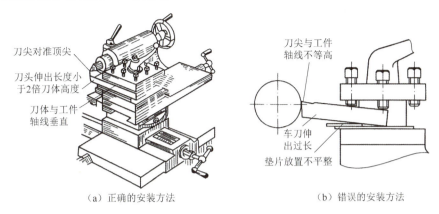

(a) 正确的安装方法　　　　　　(b) 错误的安装方法

图 2-8　车刀的方法安装

2.3.4　车刀的刃磨

车刀用钝后必须刃磨,以恢复原来的形状和几何角度。通常在砂轮机上刃磨车刀,手工刃磨车刀是车工的基本功之一。刃磨高速钢时要用粒度号为 40~60、中软~中等硬度的氧化铝砂轮,刃磨硬质合金则应用粒度号为 60~80、软~中软硬度的绿色碳化硅砂轮。一般粗磨时,宜采用小粒度号的砂轮,精磨时,宜采用大粒度号的砂轮。

车刀的刃磨步骤如图 2-9 所示。

(1) 磨主后面,同时磨出主偏角及主后角。

(2) 磨副后面,同时磨出副偏角和副后角。

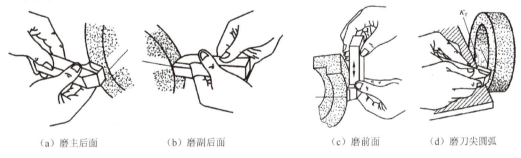

(a) 磨主后面　　　(b) 磨副后面　　　(c) 磨前面　　　(d) 磨刀尖圆弧

图 2-9　车刀的刃磨方法

(3) 磨前面,同时磨出前角。

(4) 在主切削刃和副切削刃之间磨出刀尖圆弧。

刃磨车刀时的注意事项如下:

(1) 磨刀时,不应站在砂轮的正面,以防磨屑和砂粒飞入眼中,或砂轮破裂时碎片飞出而受伤。

(2) 砂轮必须装有防护罩。砂轮托架或角度导板与砂轮之间间隙要随时调整,不能太大,一般为 1~2 mm 即可,否则容易使车刀嵌入而打碎砂轮,造成重大事故。

(3) 刃磨时,双手拿稳车刀,使刀杆靠于支架,并让受磨面轻贴砂轮。倾斜角度要合适，用力要均匀，以免砂轮被刮伤，造成砂轮表面跳动或者因刀具打滑而磨伤手指。

（4）将刃磨的车刀在砂轮圆周面上左右移动，使砂轮磨损均匀，不被磨出沟槽。切勿在砂轮两侧用力粗磨车刀，以免砂轮受力偏摆、跳动、甚至破碎。

（5）刃磨时，砂轮回转方向必须从刀刃到刀面，否则刀刃不光，会形成铝齿形缺口。

（6）刃磨高速钢车刀时，当刀头磨热时，应放入水中冷却，以免高速钢因温升过高而退火软化。刃磨硬质合金车刀时，刀头磨热后不可将其放入水中冷却，否则硬质合金刀片会产生裂纹或碎裂；而应将其刀杆置于水中冷却，通过热传导使刀头散热。

（7）磨刀用的砂轮应为专用，不应磨其他工件。

2.4 车床附件及工件装夹

知识点

各种装夹方法所能达到的质量要求。

技能点

- 三爪自定心卡盘及正确装夹；
- 四爪单动卡盘及装夹；
- 顶尖及装夹；
- 中心架和跟刀架的装夹；
- 心轴及其装夹；
- 花盘与角铁的装夹。

2.4.1 三爪自定心卡盘及装夹

三爪自定心卡盘是车床上最常用的夹具，如图 2-10 所示。转动小锥齿轮时，与它相啮合的大锥齿轮随之转动，大锥齿轮背面的平面螺纹带动三个卡爪同时移向中心或退出，因而可以夹紧不同直径的工件。由于三个卡爪同时做等距径向移动，用于夹持圆形截面工件可自行对中，所以称为三爪自定心卡盘，其对中的准确度 0.05 ~ 0.15 mm。三爪自定心卡盘还可安装正三边形、正六边形的工件。三爪自定心卡盘备有正爪和反爪各一副，以供装夹大小不同的工件。若换上反爪，可安装夹紧较大直径的工件，反爪装夹工件的最大尺寸一般不得超过卡盘直径。如图 2-10(c) 所示。

三爪自定心卡盘安装工件的注意事项：用正爪装夹工件外径时，卡爪伸出圆盘一般不超过卡爪长度的 1/3。装夹毛坯时其飞边、凸台应避开卡爪的位置；卡盘夹持的毛坯外圆长度一般不小于 10 mm；不宜夹持长度短又有明显锥度的毛坯外圆；工件找正后必须夹牢；夹持棒料和圆筒形工件，悬伸长度一般不宜超过直径的 3 ~ 4 倍，以防工件被车刀顶弯或脱落发生危险。在操作过程中，卡盘扳手除装夹工件外，应随即取下，以防发生意外事故。

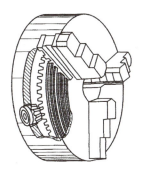 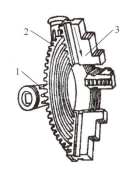 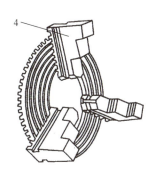

（a）三爪自定心卡盘结构　　（b）三爪自定心卡盘工作原理　　（c）反爪自定心卡盘

图 2-10　三爪自定心卡盘
1—小锥齿轮；2—大锥齿轮；3—卡爪；4—反爪

2.4.2　四爪单动卡盘及装夹

四爪单动卡盘如图 2-11 所示。四个卡爪分别单独调整移动。四爪单动卡盘的通用性较好，不但可以装夹圆形工件，还可以装夹长方形、椭圆形等偏心或其他不规则形状的工件，如图 2-12 所示。四爪卡盘夹紧力大，所以也用来装夹较重的圆形工件。如果把卡爪掉头反向安装，还可安装尺寸较大的工件。

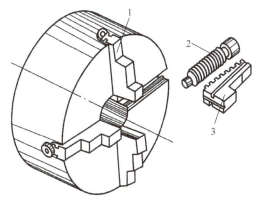 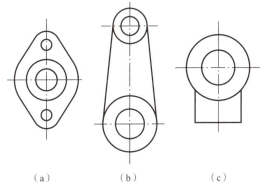

图 2-11　四爪单动卡盘
1、3—卡爪；2—丝杠

图 2-12　四爪单动卡盘装夹工件形状

由于四爪单动卡盘的四个卡爪单独做径向移动，所以在安装工件时必须进行找正。为使加工面的轴线与主轴旋转中心线同轴，工件在四爪卡盘上装夹必须仔细找正。对外形不规则的零件，为保证外形完整，应找正外表面非加工部位，对加工部位只要有一定的加工余量即可。当工件各部位加工余量不均匀时，应着重找正余量少的部位，以提高毛坯的利用率。为方便找正，可在卡爪与工件间加垫铜片。找正精度与采用的找正器具密切相关。用划针盘按划线盘找正或按毛坯外圆或内孔找正，其精度为 0.2～0.5 mm，如图 2-13（a）所示。用百分表在精加工表面上找正，其精度可达 0.02～0.01 mm，如图 2-13（b）所示。

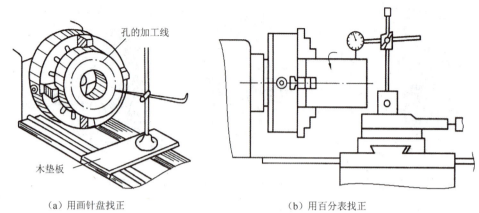

(a)用画针盘找正　　　　　　　　(b)用百分表找正

图 2-13　四爪单动卡盘装夹工件时的找正

找正时应在车床导轨面上放一木垫板，对体积大或较重的毛坯，还需用尾座活顶尖顶住毛坯，以防找正时工件堕落。

2.4.3　顶尖及装夹

长度较长、工序较多的轴类零件，一般采用两顶尖装夹，工件装夹在前、后顶尖之间，旋转的主轴通过安装在主轴上的拨盘带动夹紧在轴端上的鸡心夹头使工件转动，如图 2-14 所示。用两顶尖装夹工件不需要找正，安装精度较高。

1. 轴两端钻中心孔

中心孔的形状如图 2-15 所示，A 型为普通中心孔，其 60°的锥孔与顶尖上的 60°锥面相配合，起定心作用，前面小圆柱孔的作用是不使顶尖尖端触及工件，以保证顶尖与锥面能紧密接触，同时可储存少量润滑油。B 型为带护锥的中心孔，端部 120°的锥面是为保护 60°锥孔，以防止被碰伤，影响定心。精度要求较高、工序较多、须多次使用中心孔的工件，一般都采用带护锥的中心孔。

中心孔一般在车床上用中心钻钻出，加工之前先将轴端面车平。

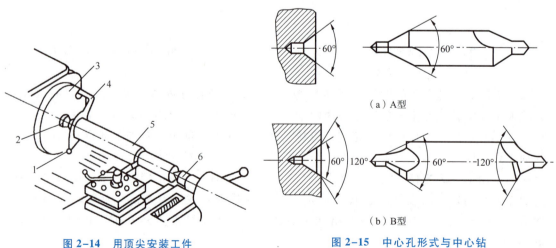

图 2-14　用顶尖安装工件

1—紧固螺钉；2—前顶尖；3—拨盘；
4—鸡心夹头；5—工件；6—后顶尖

图 2-15　中心孔形式与中心钻

2. 前顶尖与后顶尖

标准前顶尖装在主轴锥孔内,并随主轴和工件一起旋转,与工件中心孔锥面不发生摩擦,所以用死顶尖即可,如图 2-16(a)所示。当单件小批量生产时,为节省安装时间,可在三爪自定心卡盘中夹一段棒料,车削成 60°顶尖,如图 2-16(b)所示。此时,鸡心夹头就由三爪自定心卡盘上的卡爪带动。这种顶尖以后再装上三爪自定心卡盘使用时,必须重新车削 60°锥面。

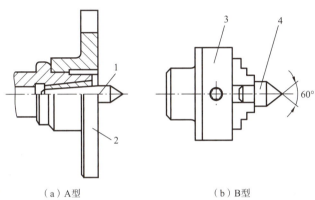

(a) A型　　　　　　　　(b) B型

图 2-16　前顶尖

1—前顶尖；2—拨盘；3—三爪自定心卡盘；4—自制前顶尖

后顶尖有死顶尖和活顶尖两种,其形状如图 2-17 所示。后顶尖装在尾座套筒内,固定不动。由于后顶尖容易磨损,因此,在转速较高时,为防止后顶尖与工件中心孔之间由于摩擦发热烧损或研坏顶尖和工件,常采用活顶尖。由于活顶尖的精度不如死顶尖高,故一般用于轴的粗加工和半精加工。轴的精度要求高时,后顶尖也应使用死顶尖,但要合理的选择切削速度。

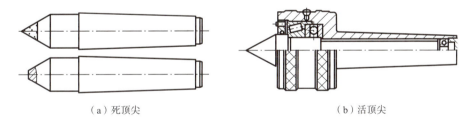

(a) 死顶尖　　　　　　　　　　　(b) 活顶尖

图 2-17　后顶尖

3. 安装并校正顶尖

顶尖是依靠其尾部锥面与主轴或尾架套筒的锥孔配合而固紧的。安装时要先擦净锥孔和顶尖,然后对正撞紧,否则安装不牢或不正。校正时将尾架移向主轴,检查前、后两顶尖的轴线是否重合,如图 2-18 所示。

对于精度要求较高的轴,仅仅目测校正顶尖显然不能满足要求,应边加工、边度量、边调整。如果两顶尖的轴线不重合,安装在顶尖上的工件的轴心线则与进给方向不平行,加工好的轴会变成锥体,如图 2-19 所示。

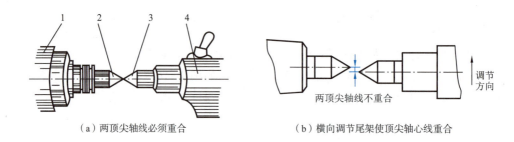

(a) 两顶尖轴线必须重合　　　　(b) 横向调节尾架使顶尖轴心线重合

图 2-18　前、后顶尖校正方法

1—主轴；2—前顶尖；3—后顶尖；4—尾架

4. 拨盘和鸡心夹头

仅有前、后顶尖不能带动工件转动，必须通过拨盘和鸡心夹头带动工件旋转，拨盘的形状如图 2-19 所示。拨盘后端有内螺纹与主轴配合。盘面有两种形状，一种是有 U 形槽，用来拨动弯尾鸡心夹头；另一种是带拨杆的，用来拨动直尾鸡心夹头。

5. 装夹工件

首先在轴的一端安装鸡心夹头，将鸡心夹头夹紧在轴端上。如图 2-20 所示。若夹在加工表面上，则应垫薄壁套筒或铜皮，以免夹伤工件。在轴的另一端中心孔内涂上润滑脂，用活顶尖则可不涂润滑脂。

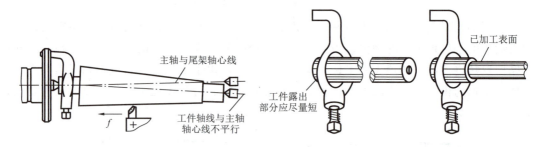

图 2-19　两顶尖轴心线不重合加工后的零件形状　　　图 2-20　鸡心夹头的安装

用两顶尖装夹长工件时，刚性较差。所以，粗车加工余量大而不均匀的工件时，宜一端用卡盘夹紧另一端用顶尖顶住。为防止重切削时工件从卡盘中缩进去，可在卡盘支持端的工件上车出一个小台阶，使卡爪端面抵住台阶。为了减少定心误差，车卡盘夹持端的轴颈时，应使它尽量与另一端的中心孔同轴。

2.4.4　中心架和跟刀架的装夹

加工长度和直径比大于 20 以上的细长轴时，为防止细长轴受切削力的作用产生弯曲变形和振动，常常要采用中心架或跟刀架作为辅助支承，以提高工件刚度。使用中心架或跟刀架时，对支承爪要加机油润滑，同时工件转速不能过高，以免工件与支承之间因摩擦过热而磨损或烧坏。

1. 中心架

中心架结构如图 2-21 所示，通常安装在床面上，支承在工件中间。支承前先在工件上车出一小段光滑表面，然后调整中心架的三个支承与其接触，再分段进行车削。图 2-22 所示是利用中心架车削外圆的状况，工件的右端加工完毕后再掉头加工另一端。

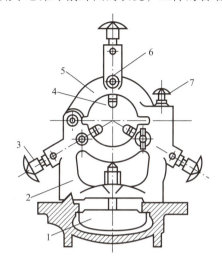
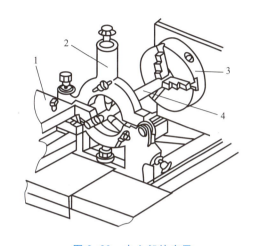

图 2-21　中心架

1—压板；2—底座；3—螺柱；
4—支承爪；5—盖子；6、7—紧固螺钉

图 2-22　中心架的应用

1—刀架；2—中心架；3—三爪自定心卡盘；4—工件

车削细长轴的端面、中心孔、内螺纹时，或修正中心孔时，则一端用卡盘夹住，另一端用中心架支承。

2. 跟刀架

跟刀架有二爪跟刀架和三爪跟刀架之分，如图 2-23（a）、(b)所示。与中心架不同的是，跟刀架固定在大拖板上，并随大拖板与刀具一起移动，从而有效地增强了工件在切削过程中的刚性。使用跟刀架需在工件上靠后顶尖一端车出一小段外圆，根据它来调节跟刀架的支承，然后再车出工件的全长，如图 2-23（c）所示。所以跟刀架常常用于精车细长工件的外圆，有时用于车削一次装夹而不调头加工的细长轴类工件。

调节跟刀架的支承时应注意与工件之间的接触压力要适中，压力太小，起不到支承和提高工件刚性的作用，压力过大，工件会顶向车刀，使车削直径变小，此时，车刀进给移动后支承爪会出现退让，则会产生周期性的变化，工件会车成"竹节"形状。

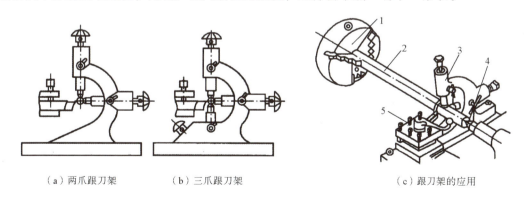

（a）两爪跟刀架　　（b）三爪跟刀架　　（c）跟刀架的应用

图 2-23　跟刀架及应用

1—三爪自定心卡盘；2—工件；3—跟刀架；4—尾顶尖；5—刀架

2.4.5 心轴装夹

1. 圆锥心轴

图 2-24 所示为圆锥心轴(或锥度心轴),其锥度很小,一般为 1:200~1:1 000,工件压入后靠摩擦力与心轴紧固。这种心轴装卸方便,对中准确,精度可达 ⌀0.02~⌀0.01 mm,但不能承受较大的切削力,一般只适用于精加工外圆及端面。心轴材料一般为 45 号钢,工作表面须淬火处理,然后磨削,两端中心孔淬火后须进行研磨。

2. 圆柱心轴

当工件内孔的长度与内径之比小于 1~1.5 时,则采用带螺母压紧的圆柱心轴。如图 2-25 所示。工件装入后加上垫圈,用螺母锁紧。这种心轴夹紧力较大,要求工件的两个端面要与孔轴心线垂直,以免拧紧螺母时心轴弯曲变形。为保证内外圆同轴度,孔和心轴之间的配合间隙应尽可能小。

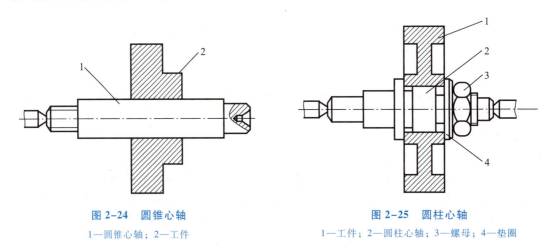

图 2-24 圆锥心轴
1—圆锥心轴;2—工件

图 2-25 圆柱心轴
1—工件;2—圆柱心轴;3—螺母;4—垫圈

2.4.6 花盘、角铁装夹

1. 花盘装夹工件

花盘是安装在车床主轴上的一个直径较大的铸铁圆盘。在盘面上有许多长短不等的径向导向槽,用来安装、固定角铁、压紧工件的压板等所用的螺栓。用花盘可安装各种外形复杂的零件,如图 2-26 所示。花盘的端面平面度较高,并与主轴轴心线垂直。在花盘上装夹工件时,要使被加工表面旋转轴线与花盘安装基面垂直,并仔细找正。

2. 花盘、角铁装夹工件

有些复杂的零件要求安装平面与孔轴心线平行、或垂直时,可用花盘、角铁安装,如图 2-27 所示。角铁要有一定的刚度和强度,用于贴靠花盘和装夹工件的两个面应有较高的垂直度。角铁安装在花盘上要仔细地找正,工件紧固在角铁上也需找正。

用花盘装夹形状不规则零件或用花盘角铁装夹工件时,常会产生重心偏移,所以需要加平衡块,同时注意机床转速不能太高。

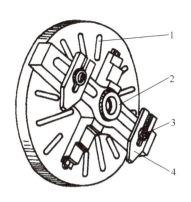

图 2-26 在花盘上装夹工件

1—螺钉孔槽；2—工件；3—螺钉；4—压板

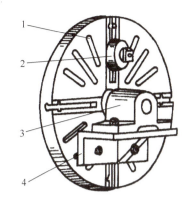

图 2-27 在花盘上用角铁装夹工件

1—螺钉槽；2—平衡块；3—工件；4—角铁

2.5 车削加工操作方法

知识点

- 孔加工的方法及选择；
- 螺纹的基本知识及车削方法选择；
- 圆锥的种类与作用；
- 各种加工方法所能达到的质量要求。

技能点

- 车外圆和车台阶；
- 车端面；
- 切断与切槽；
- 孔加工；
- 车圆锥面；
- 车螺纹；
- 车削回转成形面；
- 滚花。

2.5.1 车外圆和车台阶

1. 车外圆

圆柱表面是机器零件的基本表面之一，如轴、套筒等，因此，车外圆是车削加工中最基本、最常见的工作。车外圆的常用刀具一般有尖刀、45°弯头刀和 90°偏刀 3 种，不同的车刀车削外圆的方法，如图 2-28 所示。

尖刀主要用于没有台阶或台阶不大的外圆，主偏角为 75°的外圆车刀用得比较多，主要用于粗车和半精车没有台阶或台阶形状要求不高的外圆，如不带台阶的光轴和盘套类零件等，如图 2-28（a）所示。

弯头刀用于粗车外圆和车有 45°台阶的外圆，也可用来车端面和倒角；一般以主偏角为 45°的外圆车刀用得较多，但由于它的副偏角较大，切削零件表面粗糙度值较高，如图 2-28（b）所示。

90°偏刀是车外圆时常用的车刀，因为主偏角为 90°，所以车外圆时径向力很小，常用来车削有直角台阶的外圆和细长轴。但由于它的刀刃强度较弱，背吃刀量较小，一般适用于半精车和精车，如图 2-28（c）所示。

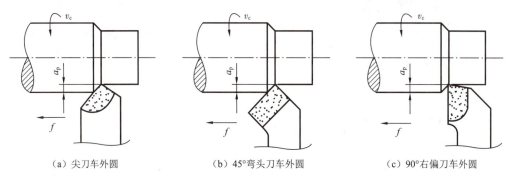

（a）尖刀车外圆　　（b）45°弯头刀车外圆　　（c）90°右偏刀车外圆

图 2-28　常见外圆车削方法

2. 车台阶

车削高度小于 5 mm 的台阶，可在车外圆时同时车出，如图 2-29 所示。对于垂直台阶，为了使车出的台阶端面垂直于工件的轴心线，可利用先车好的端面对刀，将主切削刃和端面贴平。台阶的长度可用钢尺确定，如图 2-30 所示。车削时先用刀尖车出线痕，作为粗界限。由于这种方法有一定误差，线痕所确定的长度应比所需的长度略短，以便留有余地，最终的轴向长度尺寸，可通过手动小拖板刻度盘手柄的微量进给进行控制。

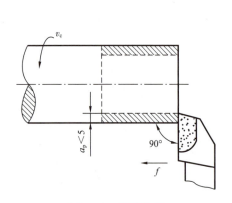

图 2-29　车低台阶

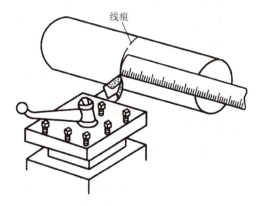

图 2-30　用钢尺确定台阶长度

若车削高度大于 5 mm 的台阶，装刀时应使主偏角在 95°左右，然后分层多次纵向进给车削，在末次纵向进给后，车刀横向退出，车出 90°台阶，如图 2-31 所示。

3. 试切方法及步骤

粗车和精车时都要先试切。如图 2-32 所示，先根据工件直径，确定背吃刀量。开车后，使刀尖刚擦到工件右端外圆表面即可，如图 2-32（a）；纵向移出刀具如图 2-32（b）所示，按预定的背吃刀量横向进给如图 2-32(c) 所示；试切 1~3 mm 见图 2-32(d)，退刀后停车，测量试切尺寸见图 2-32(e)，如果未到尺寸，可用手慢慢敲中拖板的手柄，再微量吃刀。如果不小心敲过头了，或测量时发现试切段直径已经小了，则要反转中拖板手柄退刀，但不能简单地后退几格，因为丝杆和螺母间存在间隙，刻度盘虽退了几格，但实际上拖板并没有后退，这时一定要消除丝杆和螺母间的间隙，要把手柄后退一圈左右，然后再进到修正后的刻度处，继续试切，直到尺寸合格后车削全程，如图 2-32(f) 所示。

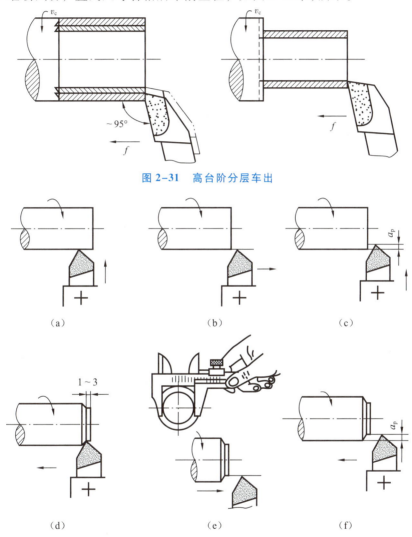

图 2-31 高台阶分层车出

图 2-32 试切方法和步骤

2.5.2 车端面

端面车削如图 2-33 所示。

车端面时，开动车床使工件旋转，移动大拖板(或小拖板)控制背吃刀量，中拖板横向走刀进行车削。车刀安装时，刀尖必须准确对准工件的旋转中心，否则将在端面中心处留有凸台，且易损坏刀尖。

用90°偏刀车端面时，当背吃刀量较大时很容易产生扎刀现象，如图2-33(a)所示，所以车端面用45°外圆车刀较为有利，如图2-33(b)所示。在粗车端面时，也可采用90°左偏刀车削，如图2-33(c)所示，因为被切部分直径不断变化，切削速度由外向中心会逐渐减小，影响端面加工的表面粗糙度，因此切削速度要适当选高一些，在接近中心时可停止机动进给，改用手动慢进给至中心，使切削速度和进给量相匹配。在精车端面时，可用60~90°右偏刀由中心向外进给，如图2-33(d)所示，这样能提高端面的加工质量。车削直径较大的端面，若出现凹心或凸面时，有可能是由于车刀磨损或切削深度过大，导致拖板移动等原因造成。此时，应检查车刀的磨损程度以及方刀架是否锁紧、中拖板镶条的松紧程度，查清原因及时处理。另外，为使车刀准确地横向进给而无纵向移动，应将大拖扳锁紧于床身上，用小拖板来调整背吃刀量。

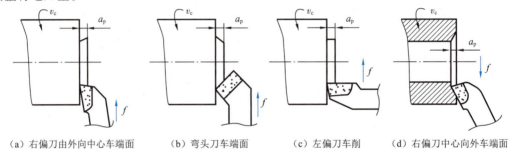

(a) 右偏刀由外向中心车端面　　(b) 弯头刀车端面　　(c) 左偏刀车削　　(d) 右偏刀中心向外车端面

图 2-33　端面车削

2.5.3　切断与车槽

1. 车槽

槽的形状很多，有外槽、内槽和端面槽等。轴上的外槽和孔里的内槽多属于退刀槽，其作用是在车削螺纹或进行磨削时，有一段空行程，便于退刀，否则无法加工。端面槽的主要作用是为了减轻工件重量或获得某种外观效果。有些槽还可以卡上弹簧或装上弹性挡圈，用以确定轴上其他零件的轴向位置。槽的作用很多，要根据零件的结构和加工工艺来确定、选用。

在车床上既可车外槽，也可以车内槽和端面槽，如图2-34所示。

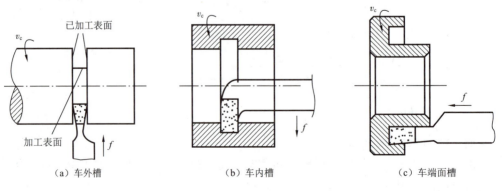

(a) 车外槽　　　　　　(b) 车内槽　　　　　　(c) 车端面槽

图 2-34　车槽

（1）**车槽刀几何角度及安装**：车槽刀形状和几何角度如图2-35所示。安装时，刀尖要与工件轴线等高；主切削刃要平行于工件轴线；两侧副偏角一定要对称相等；两侧刃副后角也需对称，切不可一侧为负值，以防刮伤端面或折断刀头。

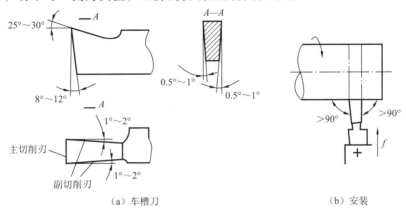

(a) 车槽刀　　　　　　　　　(b) 安装

图 2-35　车槽刀及安装

（2）**车槽方法**：切削精度不高和槽宽在 5 mm 以下的窄槽时，可以将主切削刃磨的和槽宽相同，一次切出；精度较高的窄槽，一般分两次切削。切削宽度在 5 mm 以上的宽槽时，一般采用先分段横向粗车（槽深方向余量0.5 mm），并在槽两侧留一定的精车余量，最后一次横向进给后，应再做纵向进给，以精车槽底外圆面，如图2-36所示。

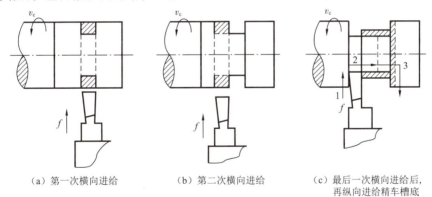

(a) 第一次横向进给　　(b) 第二次横向进给　　(c) 最后一次横向进给后，再纵向进给精车槽底

图 2-36　宽槽切削方法

2. 切断

把棒料分成几段以及将加工好的工件从棒料上分离下来的车削方法称作切断。切断要用切断刀在三爪自定心卡盘上进行，如图2-37所示。

切断刀的形状与切槽刀相似，但刀尖窄而长，容易折断。切断时应注意以下几点：

（1）**安装切断刀时，刀尖必须与工件中心等高**，否则切断处将剩有凸台，且刀头也容易损坏，如图2-38所示。

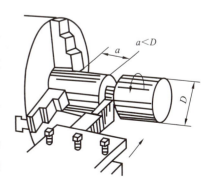

图 2-37　工件切断

(2) 在保证刀尖能切到工件中心的前提下，切断刀伸出刀架之外的长度应尽可能短。

(3) 手动进给时要均匀，即将切断时要放慢进给速度，以防刀头折断。

(4) 两顶尖工件切断时，不能直接切到中心，以防工件飞出，车刀折断。

(5) 要尽可能减小主轴及刀架滑动部分的间隙，以免工件和车刀振动，使切断难以进行，端面质量也难以保证。

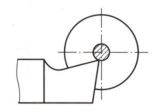 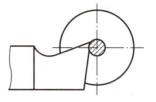

(a) 切断刀安装过低，刀头易被压断　　　　(b) 安装过高，不易切削

图 2-38　刀尖安装高度

2.5.4　孔加工

在车床上可以用钻头、镗刀、扩孔钻、铰刀等进行钻孔、镗孔、扩孔和铰孔加工。

1. 钻孔

如图 2-39 所示，钻头装在尾座套筒内，工件旋转为主运动，手摇尾座手柄带动钻头纵向移动为进给运动，这一点与钻床钻孔不同。钻孔前应先将工件端面车平，然后将尾座固定在合适的位置、锥柄钻头装入套筒内，直柄钻头用钻夹头夹紧。

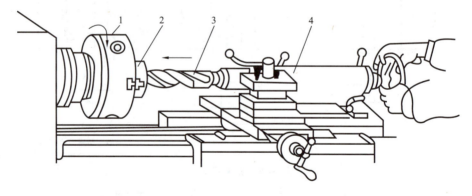

图 2-39　在车床上钻孔

1—三爪自动定心卡盘；2—工件；3—钻头；4—尾座

钻孔的操作方法如下。

(1) 调节主轴转速：由于钻孔时散热困难，一般选择较低的转速。转速大小，还应根据钻孔直径的大小及工件材料的硬度来确定，钻孔直径越大、工件材料越硬，转速应选得越低。孔径小于 4 mm 时，应选用较高的转速。

(2) 用卡盘安装好工件，车出端面，端面应无凸台。精度要求较高的孔，可在端面先钻出中心孔来定心引钻。

(3) 装好钻头，拉近尾架并锁紧，转动尾架手轮进行钻削。无中心孔而直接钻的孔，当钻头接触工件开始钻孔时，用力要小，并要反复进退，直到钻出较完整的锥孔，钻头抖动较小时，方可继续钻进，以防钻头的引偏。钻较深的孔时，钻头要经常退出，以利排屑，并加冷却液冷却钻头和工件，孔即将钻通时，要放慢进给速度，以防窜刀。

（4）钻孔时可用钢尺测量尾架套筒在钻孔前和钻孔时的伸出长度，以控制钻孔深度。

（5）直径较大（∅30 mm 以上）的孔，不能用大钻头直接钻出，应先钻出小孔，再用大钻头或扩孔钻扩孔，以免损坏车床。扩孔可达到的尺寸精度较高，可作为孔的半精加工，扩孔操作与钻孔操作基本相同。

2. 镗孔

用镗刀对铸造、锻造或钻出的孔进行进一步的车削加工的方法称为镗孔，镗出的孔粗糙度值较低，尺寸精度较高，并且能纠正原有孔的轴线的偏斜，应用较广。镗孔刀及镗孔方法如图 2-40 所示。

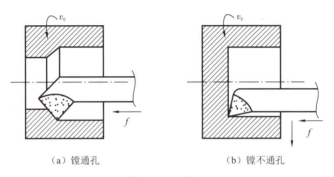

图 2-40　镗孔

镗通孔通常使用主偏角小于 90°的镗刀。镗不通孔或台阶孔时，镗刀的主偏角应大于 90°，一般取主偏角为 100°左右，副偏角为 20°左右。

为了便于伸进工件的孔内，镗刀杆一般比较细长，刀头较小，因此镗孔刀刚度较差。镗孔时，切削用量应选得小些，走刀次数应多一些。

镗刀的刀杆应尽可能粗些。镗刀安装在刀架上伸出的长度应尽可能小些。粗镗刀的刀尖安装应略高于工件的轴心线，以减少颤动、并避免扎刀和镗刀下部碰坏孔内壁。精镗刀的刀尖高度与工件的轴心线等高。由于镗刀刚度较差，容易产生变形和振动，镗孔时选用的切削深度和进给量要比车削外圆时小些。

粗镗时，先通过多次进刀，将孔底的锥形基本镗平，然后对刀、试车、调整背吃刀量并记住刻度。再自动进给粗镗出孔的圆柱面。每次镗到孔深时，车刀先横向往孔的中心退出，再纵向退出孔外。调整背吃刀量时应注意：粗镗孔时中拖板刻度盘手柄的背吃刀量调整方向，与车外圆时相反。

精镗时，背吃刀量与进给量应取得更小些。当孔径接近所要求的尺寸时，应以很小的背吃刀量或不加背吃刀量重复镗削几次，以消除车刀刚度不足可能引起的工件表面的锥度。当孔壁较薄时，精镗前应将工件放松，再轻轻夹紧，以免工件因夹得过紧而变形。

镗不通孔时，若短刀的伸进长度超过了孔的深度，会造成镗刀的损坏。可在刀杆上做一标记，对镗刀的伸进深度进行控制，如图 2-41 所示。自动走刀快到划线位置时，改用手动进给，进到划线位置，并注意听声音，镗到孔底时一般会发出较大的振动声。精加工时需用深度尺测量。

2.5.5 车圆锥面

1. 圆锥的种类与作用

常用的圆锥有 4 种。

(1) 一般圆锥：圆锥角较大，直接用角度表示，如 30°、45°、60°等。

(2) 标准圆锥：不同锥度有不同的应用。常用的标准圆锥有 1:4、1:5、1:20、1:30、7:24 等，例如，铣刀锥柄与铣床主轴孔用的锥度就是 7:24。

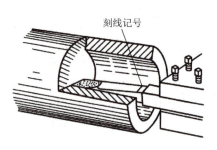

图 2-41 孔深控制方法

(3) 公制圆锥：公制圆锥有 40、60、80、100、120、140、160 和 200 号 8 种，每种号数都表示圆锥大端直径，公制圆锥的锥度都为 1:20。

(4) 莫氏圆锥：莫氏圆锥有 0~6 共 7 个号码，6 号最大，0 号最小，每个号数锥度各不一样。莫氏圆锥应用广泛，如车床主轴孔、车床尾座套筒孔、各种刀具、工具锥柄等。

标准圆锥、公制圆锥、莫氏圆锥常被用作工具圆锥。圆锥面配合不但拆卸方便，还可以传递扭矩，多次拆卸仍能保证准确的定心作用，所以应用很广。

2. 圆锥面车削方法

车削锥度的方法较多，有尾架偏移法、小拖板转位法和成型法等。

(1) 尾座偏移法。如图 2-42 所示。将尾架偏移一个距离 h，使工件旋转轴线与主轴轴线的夹角等于工件锥面的斜角 α，然后纵向自动进给即可车削锥面。这种方法主要用于车削锥度小、长度长的圆锥面。

(2) 小拖板转位法。用小拖板转位法车削锥面操作简单，如图 2-43 所示。当零件的圆锥角为 α 时，把小拖板下的转盘顺时针或逆时针扳转 $\alpha/2$ 角后，再锁紧。用手均匀摇动小拖板手柄，刀尖沿着锥面的母线移动，从而加工出所需的锥面。获得准确的锥度的关键在于调整小拖板的转角，要求高的锥面，应反复进行调整，即调整→试切→测量→再调整，直到锥度合格后再进行加工。这种方法能车削的圆锥面的长度不长，受小拖板行程的限制，且不能自动进给，劳动强度较大。所以常用于车削锥度较大、长度较短、表面粗糙度要求不高的锥面零件的单件小批量生产中。

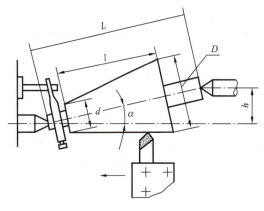

图 2-42 尾座偏移法

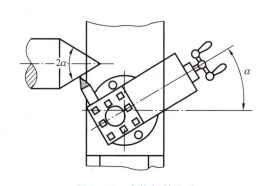

图 2-43 小拖板转位法

(3) 成形法。如图 2-44 所示，把成形车刀磨出工件所需的角度，直接横向进刀，车出工件的锥度。用这种方法加工简便，效率高。用成形法加工锥度只能加工长度小于 20 mm 的锥面，并要求车床的刚度较好，车床的转速应选择得较低，否则容易引起振动。用成形法加工锥面之前，可先把外圆车成阶梯状，去除大部分余量，使成形法加工时既省力又可减少振动。

(4) 机械靠模法。对于生产批量大、锥度小、精度要求高的长圆锥零件的加工，常采用专用靠模工具进行锥度的车削加工，如图 2-45 所示。

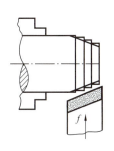

图 2-44　成形法

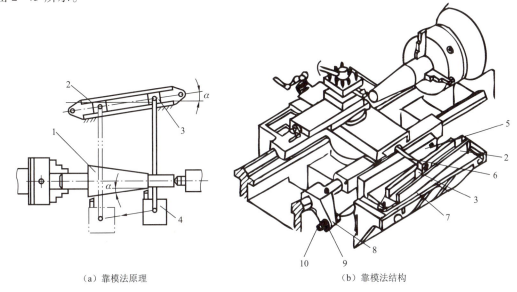

(a) 靠模法原理　　(b) 靠模法结构

图 2-45　靠模法车削圆锥面
1—工件；2—靠模板；3—滑块；4—刀架；5—底座；
6—丝杠；7—靠模体；8—挂脚；9—螺母；10—拉杆

2.5.6　车螺纹

在车床上能车制三角形螺纹、梯形螺纹、矩形螺纹等各种螺纹，车削螺纹的基本技术要求是要保证螺纹的牙形和螺距。下面以车削三角形外螺纹为例，说明车削螺纹的操作要点。

1. 调整机床

在车床上车削单头螺纹的实质就是使车刀的进给量等于工件的螺距 P，即工件转一圈，车刀准确均匀地沿纵向移动一个工件的螺距（多头螺纹为一个导程）。要保证下列关系：

$$n_{丝} \times P_{丝} = n_{工} \times P_{工} \tag{2-3a}$$

即丝杠与工件之间的速比：

$$i = \frac{n_{丝}}{n_{工}} = \frac{P_{工}}{P_{丝}} \tag{2-3b}$$

式中　$n_{丝}$——丝杆的转速，r/min；
　　　$n_{工}$——工件的转速，r/min；
　　　$P_{丝}$——丝杆的螺距，mm；

$P_\text{工}$——工件的螺距，mm。

这一关系是通过调整进给手柄或更换配换齿轮而实现的，如图 2-46 所示。车削各种螺距的螺纹，按照进给箱或挂轮箱标牌所提供的参数或示意图，调整手柄或配换齿轮即可。车削右螺纹时，车刀自右向左移动，车削左螺纹时，车刀自左向右移动。车床进给系统内有一个反向机构，其本身速比为 1∶1，可以保证螺距大小不变。

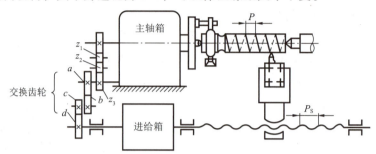

图 2-46 车螺纹时机床的传动调整图

2. 选择、安装刀具

车螺纹时，车刀的刀尖角等于螺纹牙型角。螺纹车刀的安装如图 2-47 所示。要求刀尖对准工件的中心，并用样板对刀，以保证刀尖角的角平分线与工件的回转中心线垂直，且刀杆伸出长度不宜过大。

3. 螺距检验

车削螺纹时，需经试切和多次纵向走刀才能完成，在此过程中，可用螺纹规检查试切螺纹是否正确，如图 2-48 所示。车床丝杠上的螺距应是工件螺距的整数倍，即 $P_\text{丝}/P=$ 整数，这样在多次切削时，打开"对开螺母"纵向摇回刀架，仍能保证车刀总是落在已切削的螺纹槽中，即不会产生乱扣或破头现象。若 $P_\text{丝}/P \neq$ 整数，则不能打开"对开螺母"摇回刀架，只能打反车，即主轴反转而使刀架纵向退回。

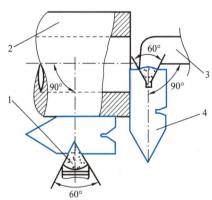

图 2-47 螺纹车刀对刀与检验
1—螺纹车刀；2—工件；
3—内螺纹车刀；4—螺纹样板

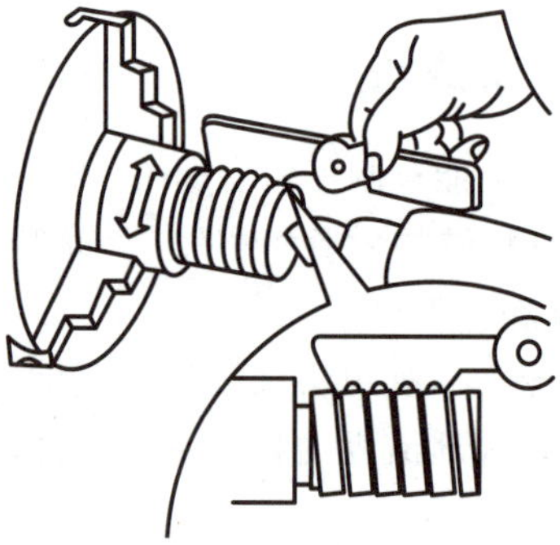

图 2-48 用螺纹规检验螺距

4. 螺纹车削方法

车削螺纹常分低速车削和高速车削两种方法。低速车削常用高速钢车刀；并且粗车、精车分开。车削螺纹时，主要有直进法、左右交替切削法和斜进法三种，如图 2-49 所示。

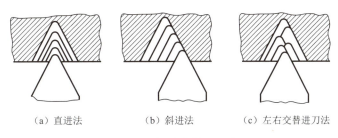

(a) 直进法　　　(b) 斜进法　　　(c) 左右交替进刀法

图 2-49　螺纹车削进刀法

(1) 直进法。车螺纹时，只利用中拖板上的手柄直接横向进给，车刀主刀刃、副刀刃同时参与切削，允许的背吃刀量很小，一般用于精车，如图 2-49(a)所示。

(2) 斜进法在横向进刀的同时，小拖板在纵向微量进刀，车刀仅主刀刃切削，背吃刀量可稍大些，适用于粗车，如图 2-49(b)所示。

(3) 左右交替切削法在横向进刀同时，用小拖板在纵向向左或向右交替微量进刀，这种方法背吃刀量可稍大些，常用于深度较大的螺纹的粗车，如图 2-49(c)所示。

5. 螺纹车削操作步骤

螺纹车削的具体操作步骤如图 2-50 所示。

(1) 开车，使车刀工件轻微接触，记下分度盘读数，向右退出车刀，如图 2-50(a)所示。

(2) 合上对开螺母，在工件上车出一条浅螺旋线，横向退出车刀，停车，如图 2-50(b)所示。

(3) 开反车使车刀退到工件右端，停车，用钢尺检查螺距是否正确，如图 2-50(c)所示。

(4) 利用分度盘调整切深，开车切削，车钢料时加机油润滑，如图 2-50(d)所示。

(5) 车刀将行至行程终点时，做好退刀停车准备，先快速退出车刀，然后停车，开反车退回刀架，如图 2-50(e)所示。

(6) 再次调整背吃刀量，继续切削，切削路线如图 2-50(f)所示。

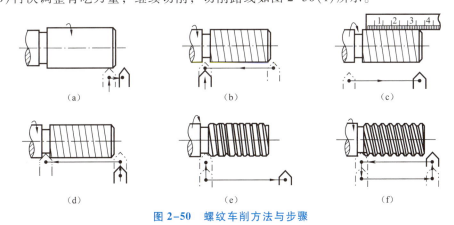

图 2-50　螺纹车削方法与步骤

车削外螺纹时还应注意以下几点：

(1) 车削螺纹时，由于车刀由丝杠带动，移动速度快，操作时的动作要熟练，特别是车削到行程终了时的退刀停车动作一定要迅速，否则容易造成超程车削或撞刀。操作时，左手操作正反转手柄，右手操作中拖板刻度手柄。停车退刀时，右手先快速退刀，紧接着左手迅速停车。两个动作几乎同时完成。为了保证安全，操作时注意力要高度集中，车削时应两手不离手柄。

(2) 车削螺纹过程中、开合螺母合上后，不可随意打开。否则每次切削时，车刀难以切回已切出的螺纹槽内，即出现乱扣现象。换刀时，可转动小拖板的刻度盘手柄，把车刀退回已切出的螺纹槽上，以防乱扣。

(3) 严格控制背吃刀量，螺纹的总背吃刀量由螺纹高度 h 决定，可根据中拖板上的刻度盘，初步车到接近螺纹的总背吃刀量，再用螺纹量规检验或用螺纹千分尺测量螺纹的中径，进一步车削到尺寸。粗车时，每次的背吃刀量为 0.15 mm 左右，精车时每次的背吃刀量为 0.02~0.05 mm。

2.5.7 车削回转成形面

有些零件如手柄、手轮、圆球等，它们表面是有回转轴线的曲面，这类表面称为回转成形面。成形面的车削方法有以下几种。

(1) **双手控制法**。单件小批量成形面工件时，可用双手同时操纵车刀作纵向和横向手动进给进行车削，使刀尖的运动轨迹与工件成形面母线轨迹一致，如图 2-51 所示。加工时用右手摇小滑板手柄，左手摇中滑板手柄进行车削，也可在工件对面放一样板，来对照所车工件的曲线轮廓，如图 2-52 所示。所用刀具一般为圆头车刀，用样板反复检验，最后用锉刀和砂布修整、抛光，以达到表面形状和粗糙度要求。这种方法对工人操作水平要求较高，但生产效率和精度低，但它不需特殊设备和工具，因此在单件小批量生产和设备维修中仍被普遍采用。

(2) **成形车刀法**。用近似工件轮廓的成形车刀车出所需的轮廓线，如图 2-53 所示。这种方法车刀与工件接触面较大，易震动，车床的功率和刚度应较大。精度要求低的成形面，成形刀应磨出前角，以改善切削条件。在车成形面之前，应先用普通车刀把工件车到接近成形面的形状，再用成形刀以较低的转速和小进给量精车。这种方法生产率较高，但刀具刃磨困难，故适用于生产批量较大和刚性较好、轴向长度短、且形状简单的成形面零件。

图 2-51 用双手控制法车削成形面

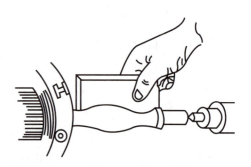

图 2-52 用样板检验

(3) 靠模法。利用刀尖运动轨迹与形状完全相同的靠模板或靠模槽方法车出成形面，如图 2-54 所示。靠模安装在床身后面，车床中拖板与丝杠脱开。其前端连接板上装有滚轮，当大拖板纵向自动进给时，该轮即沿靠模的曲线槽移动，从而带动中拖板和车刀作出和曲线槽形状一致的曲线运动，车出成形状。车削前，小滑板应转 90°，以便用它调整车刀位置并控制背吃刀量。这种方法操作简单，生产率高，但需要制造专用模具，适用于生产批量大、车削轴向长度长、形状简单的成形面零件。

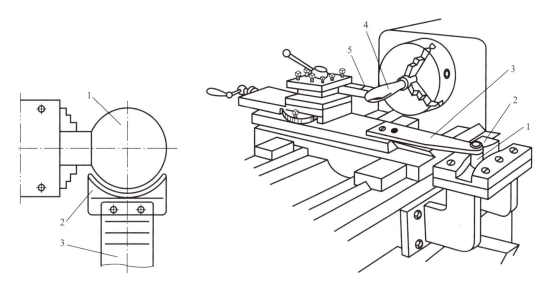

图 2-53　成形车刀车削　　　　　　　图 2-54　靠模法车削成形面
1—工件；2—刀片；3—刀杆　　　　　1—滚轮；2—靠模；3—拉杆；4—工件；5—车刀

(4) 数控法。目前更多的是采用数控车床进行车削。按工件轴向剖面的成形母线轨迹，编制加工程序，通过数控机床的输入装置，将程序载体上的程序信息读入 CNC 装置的伺服系统，根据 CNC 装置传来的各种指令驱动机床的进给运动部件，完成成形面的加工。这种方法车出的成形面质量高，生产率也高，还可车复杂形状的零件。

2.5.8　滚花

有些工具和零件表面的手握部分，为了增加摩擦力，并使其美观，常用滚花加工方法。滚花时用滚花刀挤压工件，使其表面产生塑性变形而形成花纹，如图 2-55 所示。

滚花刀有单轮、双轮和六轮三种，如图 2-56 所示。单轮滚花刀一般为直纹，双轮滚花刀则为斜纹，两个滚轮一个左旋、一个右旋，两个滚轮相互配合，滚出网纹；六轮滚花刀可滚出三种不同粗细的网纹。滚花刀刀杆呈矩形，可安装在方刀架上。

滚花方法如下：

(1) 安装工件。由于滚花时压力很大，工件一般采用一夹一顶的安装方法。以保证工件刚度，并且工件应夹得特别紧。

(2) 车出外圆。由于滚花挤压变形后，工件直径会增大，根据花纹的粗细，外圆可车 0.15～0.8 mm 的网纹。并要使滚花处的外圆周长能被滚花刀的节距整除，以防止乱纹。

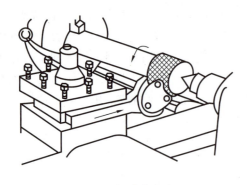

图 2-55 滚花方法

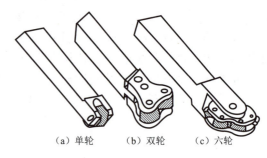

(a) 单轮　　(b) 双轮　　(c) 六轮

图 2-56 滚花刀

(3) 调整车床。选用较慢的转速、中等的进给量。

(4) 安装滚花刀。使单轮滚花刀的滚轮轴线、双轮、六轮滚花刀的滚轮架转动中心与工件轴线等高。

(5) 开始滚花。先横向进刀,使滚花刀与工件接触。当滚花刀接触工件时,滚花刀的挤压力要大一些,动作要适当快些、用力要大一些(否则容易出现乱纹),直到吃刀量较大、表面花纹较清晰后,再纵向自动走刀。根据纹路的深浅,一般来回滚压 2~3 次,即可滚好花纹。

为了减小开始挤压时所需的正压力,可采用先将滚花刀的一半与工件表面接触,或将滚花刀与工件轴线偏斜 2°~3° 的方法。滚花时,应加机油充分冷却润滑,以防止滚花刀的损坏和因滚花刀堵屑而造成乱纹。

思考与训练

2-1 车削加工的范围有哪些?

2-2 常用车刀材料有哪几种?其性能和用途如何?

2-3 四爪单动卡盘和三爪自定心卡盘在应用上的区别是什么?

2-4 中心孔在车削加工中起什么作用?

2-5 死顶尖和活顶尖在使用上有何区别?

2-6 跟刀架和中心架的作用是什么?有何区别?

2-7 车削外圆时,如何选用不同形状的车刀?

2-8 简述试切的方法及步骤。

2-9 小拖板转位法和尾座偏移法车削圆锥面各有何区别?分别适用于什么场合?

2-10 螺纹车削方法有哪几种?

2-11 简述螺纹车削的操作步骤。

2-12 如何车削端面?用弯头刀与偏刀车端面有何不同?

2-13 车槽时,如何保证槽的宽度?

2-14 回转成形面的车削有几种方法?

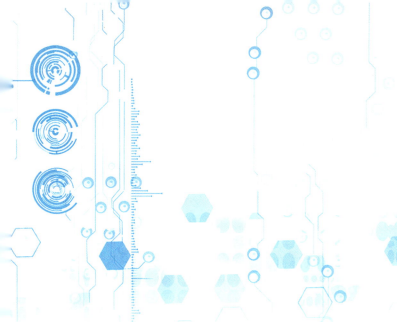

第3章 铣削加工

知识图谱

3.1 铣削加工概述

知识点

- 铣削加工范围及主要特点；

机械制造工艺

- 铣削方式及要素；
- 各种铣削方法的特点。

技能点

- 各种铣削方法的选择。

铣削是在铣床上用铣刀对工件进行切削加工的方法。铣刀是多齿刀具，铣削时铣刀回转运动是主运动，工件作直线或曲线运动，是进给运动。铣刀一般有几个齿同时参加切削，铣削能形成的工件型面有平面、槽、成形面、螺旋槽、齿轮和其他特殊型面，如图 3-1 所示。

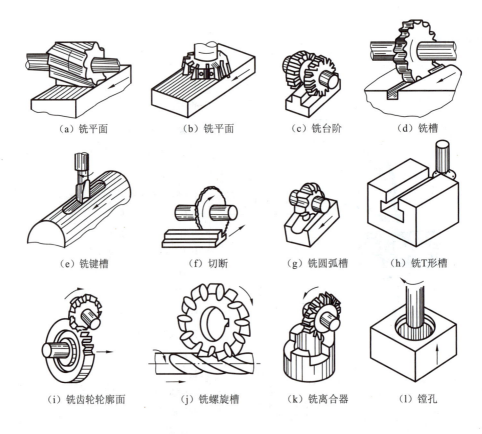

图 3-1 铣削加工的基本内容

铣削加工是应用很广的一种加工工艺，在机械制造行业所起的重要作用仅次于车削加工。其尺寸精度可达 IT9~IT7；表面粗糙度 Ra 可达 1.6~6.3 μm。其主要特点如下：

(1) 生产效率高但不稳定。铣削加工属于多刃切削，可选用较大的切削速度，所以铣削效率较高。但由于各种原因易导致刀齿负荷不均，磨损不一，从而引起铣床的振动，造成切削不平稳，直接影响工件的表面粗糙度。

(2) 间断切削。铣刀刀齿切入或切出时产生冲击，一方面使刀具的寿命下降，另一方面引起周期性的冲击和振动。由于刀齿间断切削,工作时间短,在空气中冷却时间长,故散热条件好,有利于提高铣刀的耐用度。

(3)半封闭切削。由于铣刀属多齿刀具,刀齿之间的空间有限,若切屑不能顺利排出或没有足够的容屑槽,则会影响铣削质量,并造成铣刀的损坏,所以选择铣刀时要把容屑槽当作一个重要因素考虑。

3.1.1 铣削要素

包括铣削速度 v、进给量 f、铣削深度 a_p 和铣削宽度 a_c,如图3-2所示。

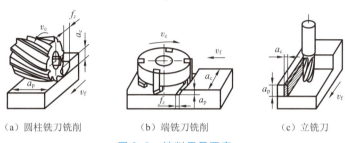

(a)圆柱铣刀铣削　　(b)端铣刀铣削　　(c)立铣刀

图 3-2　铣削用量要素

(1)铣削速度 v_c。铣削时,切削刃选定点通常是指铣刀最大直径处切削刃上的一点。铣削时的切削速度则是该选定点的圆周速度。

$$v_c = \frac{\pi d_0 n}{1\,000} \tag{3-1}$$

式中　v_c——铣削速度,m/min;
　　　d_0——铣刀直径,mm;
　　　n——铣刀转速,r/min。

(2)进给量 f、f_z、v_f。

进给量是指工件相对铣刀移动的距离,分别用三种方法表示:f、f_z、v_f。

① 每转进给量 f。是指铣刀每转动一周时,工件与铣刀的相对位移量,单位为 mm/r。

② 每齿进给量 f_z。是指铣刀每转过一个刀齿时,工件与铣刀沿进给方向的相对位移量,单位为 mm/z。

③ 进给速度 v_f。是指单位时间内工件与铣刀沿进给方向的相对位移量,单位为 mm/min。通常情况下,铣床加工时的进给量均指进给速度 v_f。

三者之间的关系为

$$v_f = f \times n = f_z \times z \times n \tag{3-2}$$

式中　z——铣刀齿数;
　　　n——铣刀转数,r/min。

(3)铣削深度 a_p。又称背吃刀量,是指平行于铣刀轴线方向测量的切削层尺寸,单位为 mm。

(4)铣削宽度 a_c。又称侧吃刀量,是指垂直于铣刀轴线并垂直于工件进给方向测量的切削层尺寸,单位为 mm。

3.1.2 铣削方式

铣削方式是指铣削时铣刀相对于工件的运动关系。

(1) 周铣法。采用圆周铣刀铣削工件表面的方式称为周铣。周铣时有两种方式,即逆铣和顺铣。铣刀的旋转方向与走刀方向相反称为逆铣,反之则称为顺铣。

① 逆铣。如图 3-3(a)所示,切削厚度从零开始逐渐增大,当实际前角出现负值时,刀齿在加工表面上挤压、滑行,不能切除切屑,既增大了后刀面的磨损,又使工件表面产生较严重的冷硬层。当下一个刀齿切入时,又在冷硬层表面上挤压、滑行,更加剧了铣刀的磨损,同时工件加工后的表面粗糙度值也比较大。

逆铣时,铣刀作用于工件上的纵向分力 F_f,总是与工作台的进给方向相反,使得工作台丝杠与螺母之间没有间隙,始终保持良好的接触,从而使进给运动平稳;但是,垂直分力 F_{fN} 的方向和大小是变化的,并且当切削齿切离工件时,F_{fN} 向上,有挑起工件的趋势,引起工作台的振动,影响工件表面的粗糙度。

② 顺铣。如图 3-3(b)所示,刀齿的切削厚度从最大开始。避免了挤压、滑行现象;并且垂直分力 F_{fN} 始终压向工作台,从而使切削平稳,提高铣刀耐用度和加工表面质量;但纵向分力 F_f 与进给运动方向相同,若铣床工作台丝杠与螺母之间有间隙,则会造成工作台窜动,使铣削进给量不匀,严重时会打刀。因此,若铣床进给机构中没有丝杠和螺母消除间隙机构,则不能采用顺铣。

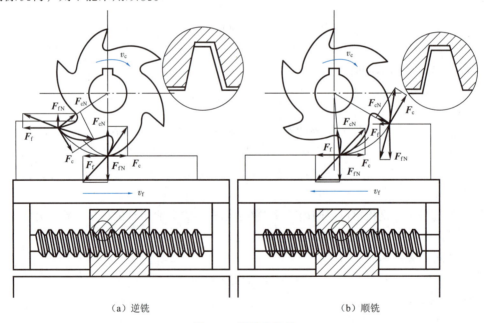

(a) 逆铣   (b) 顺铣

图 3-3 逆铣和顺铣

(2) 端铣法。采用端铣刀铣削工件表面的方式称为端铣。端铣有对称端铣、不对称逆铣和不对称顺铣三种方式。

① 对称铣削。如图 3-4(a)所示,铣刀轴线始终位于工件的对称面内,它切入、切出时切削厚度相同,有较大的平均切削厚度。一般端铣多用此种铣削方式,尤其适用于铣削未淬硬钢。

② **不对称逆铣**。如图3-4(b)所示，铣刀偏置于工作对称面的一侧，它切入时切削厚度最小，切出时切削厚度最大。这种加工方法，切入冲击较小，切削力变化小，切削过程平稳，适用于铣削普通碳钢和高强度低合金钢，并且加工表面粗糙度值小。刀具耐用度较高。

③ **不对称顺铣**。如图3-4(c)所示，铣刀偏置于工件对称面的一侧，它切出时切削厚度最小，这种铣削方法适用于加工不锈钢等中等强度和高塑性的材料。

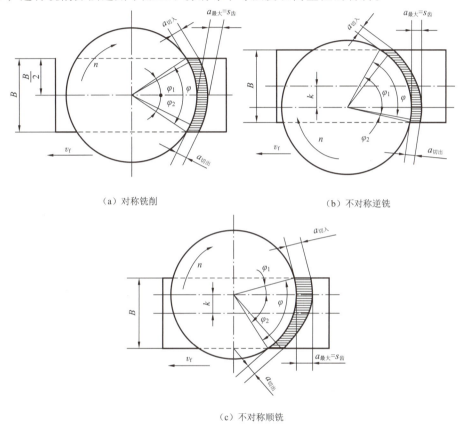

（a）对称铣削　　　　　　　　　　（b）不对称逆铣

（c）不对称顺铣

图3-4　端铣削

3.2　铣　　床

知识点

- 铣床的类型及组成。

技能点

- 铣床的维护保养；
- 铣床的安全操作。

铣床主要有卧式万能铣床、立式铣床、龙门铣床等组成。

1. 卧式万能铣床

在现代机器制造中，铣床约占金属切削机床总数的 25% 左右。常用的有卧式铣床和立式铣床。卧式万能铣床是铣床中应用最多的一种，其主轴为水平放置，工件安装在工作台 8 上，工作台可在床鞍上作纵向运动。工件可沿纵、横和垂直三个方向移动，并可在水平面内回转一定的角度，以适应不同铣削加工的需要。现以图 3-5 所示的 X6132 卧式万能铣床为例，介绍其主要组成部分的名称和作用。

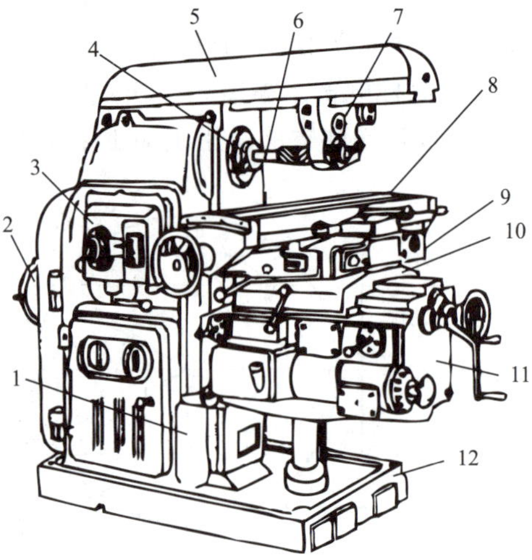

（1）床身。是铣床的主体，起着支承和连接铣床各部件的作用。床身顶面上有水平导轨供横梁移动用。前壁有燕尾形的垂直导轨，供升降台上下移动。

图 3-5　X6132 卧式万能铣床的结构组成
1—床身；2—电动机；3—变速箱；4—主轴；5—横梁；6—刀杆；7—吊架；8—纵向工作台；9—转台；10—横向工作台；11—升降台；12—底座

（2）横梁。可以沿着床身顶部导轨移动。其外端装有吊架，用来支承铣刀刀杆，以增加刀杆的刚度。

（3）主轴。用来安装刀杆并带动其旋转。

（4）转台。它的上面有水平导轨，供工作台纵向进给。下面用螺钉与横向工作台相连接并随其移动，松开螺钉，可以使转台带动工作台在水平面内回转 ±45°。

（5）纵向工作台。在转台的上面，用来安装夹具和工件，并带动其作纵向移动。

（6）横向工作台。在转台和升降台之间，可以带动纵向工作台沿升降台的水平导轨作横向移动。

（7）升降台。位于横向工作台的下面，安装在床身前侧垂直导轨上，并能沿导轨上下移动。

（8）底座。用来支承和固定床身和升降台，起到稳固的作用。

2. 立式铣床

立式铣床与卧式铣床的主要区别是主轴与工作台台面垂直。根据加工的需要，立铣头（包括主轴）还可在垂直面内旋转一定角度，以铣削斜面。如图 3-6 所示 X5032 立式升降台铣床。立式铣床可加工平面、斜面、键槽、T 形销、燕尾槽等。

3. 龙门铣床

龙门铣床是一种大型高效的通用铣床，如图 3-7 所示。主要用于加工大型工件上的平面和沟槽等。龙门铣床的主体结构呈龙门框架式，框架两侧各有垂直导轨，其上安装有两个侧铣头 2 和 8；框架上面是横梁 5，横梁上又安装有两个立铣头 3 和 6。这样，龙门铣床有四个独立的主轴，均可安装一把刀具，通过工作台 9 的移动，几把刀具同时对几个表面进行加工，生产效率较高，适用于成批大量生产。

第3章 铣削加工

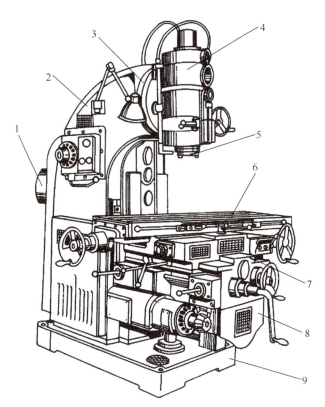

图 3-6 X5032 立式升降台铣床

1—电动机；2—床身；3—刻度盘；4—立铣头；5—主轴；6—纵向工作台；7—横向工作台；8—升降台；9—底座

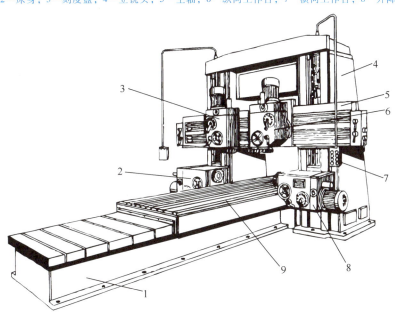

图 3-7 龙门铣床

1—床身；2—侧铣头；3—立铣头；4—立柱；5—横梁；6—立铣头；7—操纵箱；8—侧铣头；9—工作台

3.3 铣床附件及工件装夹

> **知识点**
> - 万能立铣头的构造及作用；
> - 万能分度头的构造及作用；
> - 铣床上工件的装夹方法。

> **技能点**
> - 万能立铣头的安装；
> - 万能分度头的正确使用；
> - 回转工作台的正确使用；
> - 机床用平口虎钳的正确使用；
> - 工件用角铁装夹。

3.3.1 万能立铣头

万能立铣头是卧式铣床的重要附件，如图 3-8 所示。将铣床横梁后移，立铣头即可直接安装在铣床的垂直导轨上。使它起立式铣床的作用，以扩大卧式铣床的工艺范围。

图 3-8(a)所示为万能立铣头外形，其底座 1 用螺栓 2 固定在铣床垂直导轨上。该铣头能在垂直平面内向左或向右扳转(最大为 90°)，如图 3-8(b)所示。立铣头主轴壳体 3 还能在壳体 4 上偏转任意角度，如图 3-8(c)所示。铣床主轴的运动通过立铣头内部两对锥齿轮以 1∶1 的传动比传到立铣头的主轴上，因此，立铣头主轴与铣床具有相同的转速。万能立铣头比较重，安装不太方便，而且装上后使工作台的升降范围减小，它的刚度也比较差，因而限制了它的使用。

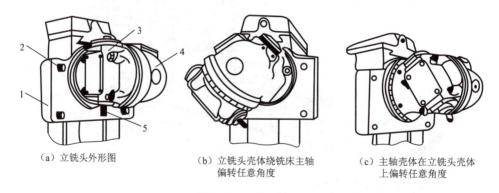

(a) 立铣头外形图　　(b) 立铣头壳体绕铣床主轴偏转任意角度　　(c) 主轴壳体在立铣头壳体上偏转任意角度

图 3-8　万能立铣头

1—底座；2—螺栓；3—主轴壳体；4—立铣头壳体；5—主轴

在安装万能立铣头时，根据它的刻度来调整主轴与工作台面的垂直度往往不够精确。此时可以在立铣头主轴的锥孔中插一根心轴，使用角尺或者百分表来找正。

3.3.2 万能分度头

万能分度头是铣床的重要附件，主要用于加工需要分度的工件的铣削，如铣削四方、六方、齿轮、花键、刻线、加工螺旋面、加工球面、离合器等。分度头的种类很多，有简单分度头、万能分度头、光学分度头、自动分度头等，其中用得较多的是万能分度头。万能分度头由基座、回转体、主轴、分度盘及传动系统等组成。万能分度头外形如图 3-9(a)所示。工作时，它的基座用螺钉紧固在工作台上，并利用导向键与工作台中间一条 T 形槽相配合，使分度头主轴轴心线平行于工作台纵向进给方向。分度头的前端锥孔内可安放顶尖，用来支撑工件。主轴外部有一短定位锥体与三爪自定心卡盘的法兰盘锥孔相连接，以便三爪自定心卡盘装夹工件。

分度头可在水平、垂直和倾斜位置工作。分度工作是经过传动系统来实现的，如图 3-9(b)所示。

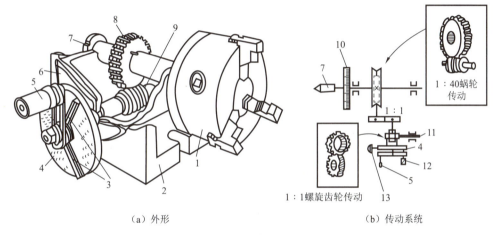

(a) 外形　　　　　　　　　　(b) 传动系统

图 3-9　万能分度头的结构

1—三爪自定心卡盘；2—基座；3—扇股；4—分度盘；5—分度手柄；6—回转体；7—分度头主轴；
8—40 齿的蜗轮；9—单头螺杆；10—刻度环；11—挂轮轴；12—定位销；13—分度盘锁紧螺钉

1. 直接分度法

利用主轴前端刻度环，转动分度手柄，进行能被 360° 整除倍数的分度，如 2、3、4、5、6、8、9、10、12 等，或进行任意角度的分度。例如，铣削一六方体，每铣完一个面后，转动分度手柄。使刻度环转过 60° 再铣削另一面，直到铣完 6 个面为止。直接分度法分度方便，但分度精度较低。

2. 简单分度法

这是常用的一种分度方法。当手柄转一圈时，由于 1∶1 的直齿轮传动，单头蜗杆也转一圈，蜗轮齿数为 40，此时蜗轮带动主轴转过 1/40 圈，如图 3-9 所示。若 z 为工件在整个圆周一的分度数目，则每分一个等分要求主轴转 $1/z$ 圈。这时手柄所需转的圈数 n。

$$n \times \frac{1}{1} \times \frac{1}{40} = \frac{1}{z}$$

即

$$n = \frac{40}{z}$$

以铣削六角螺母的六个面为例，每铣完一个面工件应转过 1/6 转，手柄需转圈数 n。

$$n = \frac{40}{6} = 6\frac{2}{3}$$

即手柄应转过 $6\frac{2}{3}$ 圈。手柄先转过 6 圈，余下的 $\frac{2}{3}$ 圈，则由分度盘和扇股来控制。国产分度头一般备有两块分度盘，其两面各有数圈的等分孔圈，每圈孔距相等，各圈的孔数不同。

第一块分度盘正面各圈孔数依次为 24、25、28、30、34、37，反面各圈孔数依次为 38、39、41、42、43。

将手柄的定位销插在孔数为 3 的倍数的孔圈上，例如，30 的孔圈上，此时手柄转过 6 整圈后再转过 2/3 = 20/30 为 20 个孔距，工件便完成所需的"转角"。为避免每次分度均需数孔数，确保分度可靠准确，可调整分度盘前扇股的夹角，使其正好跨越 20 个孔，依次进行分度，既方便又准确。

3. 差动分度法

若遇到 61 以上较大质数，如 61、67、83、127、131 等，40 与这些数之比无法约分，分度盘上也没有 61 的孔圈，这时无法用简单分度法，可采用差动分度法。下面以 61 质数为例作简单介绍。

简单分度法分度盘固定不动。差动分度法先要设定与 61 相近的又能进行简单分度的数 z'，如 64，则

$$n' = \frac{40}{z'}$$

式中　n'——分度手柄实际转动数，$n' = \frac{40}{z'} = \frac{40}{64}$；

　　　n——分度手柄规定转动数，$n = \frac{40}{z} = \frac{40}{61}$。

Δn 为二者之差，如图 3-10（a）所示，$\Delta n = n - n' = \frac{40}{z} - \frac{40}{z'}$，即为分度手柄少转了的转数。这说明除分度手柄作 n' 转数外，分度盘还要同时作辅助转动 Δn，由挂轮系统的传动完成。松开分度盘的紧固螺钉，分度头的传动系统如图 3-10（b）所示。

$$\Delta n = n - n' = \frac{40(z'-z)}{z \times z'} = \frac{40 \times (64-61)}{64 \times 61}$$

主轴带动心轴上的主动齿轮 z_1，通过齿轮 z_2、z_3，到被动齿轮 z_4，经挂轮轴、螺旋齿轮，最后带动分度盘转动，如图 3-10（c）所示。螺旋齿轮的传动比为 1。分度盘的转动数就是被动齿轮 z_4 的转动数，主轴每次的转动数为 1/61 转（即 z_1 转动数）。

z_1，z_4 的传动比

$$i = \frac{z_1}{z_2} \cdot \frac{z_3}{z_4} = \frac{40 \times (64-61)}{64 \times 61} \times \frac{61}{1} = \frac{40 \times (64-61)}{64} = \frac{120}{64} = \frac{15}{8} = \frac{3}{2} \times \frac{5}{4} = \frac{90}{60} \times \frac{50}{40}$$

常见挂轮的组套，齿数有 20、25、30、35、40、50、55、60、70、80、90、100 共 12 个齿轮，从中选取组成挂轮传动系统。

若 $z' > z$，$\Delta n > 0$，说明分度盘的转向与手柄相同；$z' < z$，$\Delta n < 0$，说明分度盘的转向与手柄相反。

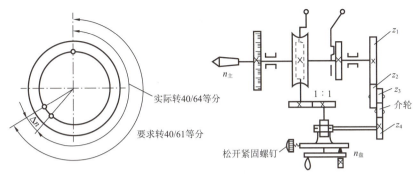

(a) 差动分度法原理

(b) 差动分度时分度头的传动系统

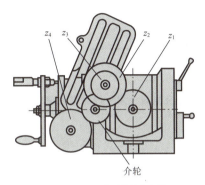

(c) 差动分度时的挂轮安装

图 3-10　差动分度法的原理、传动系统及挂轮的安装

3.3.3　回转工作台

回转工作台多用于装夹带有圆弧形状加工表面的工件，利用它可以铣削圆形表面和曲线槽。有时用来做等分工作，在圆工作台上配上三爪自定心卡盘，就可以铣削四方、六方等工件，圆工作台有手动和机动等形式，如图 3-11 所示。回转工作台的转盘与下面的蜗轮相连，与之啮合的有一蜗杆，而手轮又与蜗杆连在一起，所以转动手(柄)轮时，转盘就通过蜗轮而被带着转动。在转盘的圆盘上刻有360°角度，在手轮上也装有一个刻度环，可以用来观察和确定转台的位置。

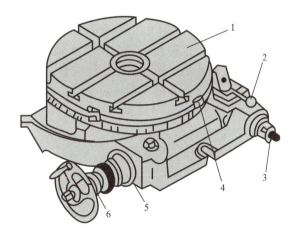

图 3-11　回转工作台
1—回转工作台；2—离合器手柄；3—传动轴；
4—挡铁；5—刻度盘；6—手轮

3.3.4　机床用平口虎钳及装夹

机床用平口虎钳是一种通用夹具，分为回转式和固定式两种。回转式机床用平口虎钳如图 3-12(a)所示。它可绕底座旋转360°，常用于中小尺寸形状简单零件的装夹。机床用平口虎钳安装时，应当将其底面的定向键紧靠在工作台面上中间的 T 形槽中，常用划针盘或百分表将钳口找正，再固定在工作台上。

在平口钳中装夹工件时，工件的被加工面需高出钳口，否则要用平行垫铁垫高工件；工件放置的位置要适当，一般置于钳口中间；要把较平整的平面贴紧在垫铁和钳口上，并边夹紧边用锤子轻击工件的上平面，如图 3-12（b）所示。常在钳口处垫上铜片，既能保护钳口和已加工表面、又能使工件装夹牢固；装夹刚性不足的工件需增加辅助支撑，既要夹紧，又要防止夹紧力过大而使工件变形。

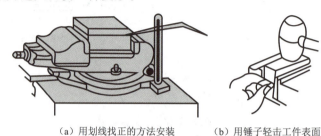

（a）用划线找正的方法安装　　　（b）用锤子轻击工件表面

图 3-12　在机床上用平口虎钳装夹工件

3.3.5　工件装夹在角铁上

角铁又称弯板，它是用来铣削工件上的垂直面或斜面的一种通用夹具，如图 3-13 所示。在使用角铁前，应检验其角度的垂直度。将其安装在铣床工作台上时，应使用角尺、划针或百分表校正其在工作台上的位置后，方可将工件安装在角铁上。

3.3.6　工件直接在工作台上装夹

当工件较大或形状特殊时，往往直接装夹在铣床工作台上，用压板、螺栓、垫铁和挡块夹紧。如图 3-14 所示为用压板安装工件。为确定加工面与铣刀的相对位置，一般用划针或百分表校正，也可用油脂把大头针粘在铣刀的刀齿上，校正工件。用毛坯面定位时，应采用铁片或铜片把工件垫平，然后压紧。压紧工件时，要注意夹紧点位置是否适当，注意夹紧力大小、方向和操作步骤的选定，避免工件变形，以保证加工精度和铣削安全。

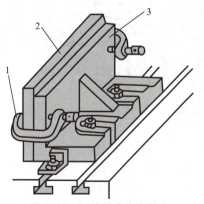

图 3-13　工件装夹在角铁上
1—夹具；2—工件；3—角铁

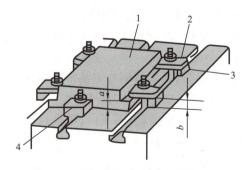

图 3-14　用压板在工作台上装夹工件
1—工件；2—压板；3—垫铁；4—挡块

3.3.7 用专用夹具或组合夹具装夹

为了保证零件加工质量，常用各种专用夹具或组合夹具等装夹工件。专用夹具是根据工件的几何形状及某道加工工序而专门设计的工艺装备，当夹具本身在铣床工作台上定位后，一般不需再校正工件的位置。使用它可迅速完成对工件的定位和夹紧。组合夹具有一套预先准备好的、由各种不同形状、不同规格尺寸的标准元件所组成，可以根据工件形状和工序要求，装配成各种夹具。专用夹具和组合夹具既能保证加工精度又能提高生产率，在大批量生产中被广泛采用。

3.4 铣刀及安装

知识点

铣刀的种类与选用。

技能点

铣刀的正确安装。

3.4.1 铣刀

铣刀是一种多刀齿刀具，种类很多，可用来加工各种平面、沟槽、斜面和成形面。常用铣刀如图3-15所示。

根据安装方法的不同，通常铣刀分为带孔铣刀和带柄铣刀两大类。

1. 带柄铣刀

带柄铣刀按刀柄形状不同分为直柄或锥柄两种，多用于立式铣床上。

(1) 硬质合金镶齿端铣刀 [见图3-15(a)]。端铣刀的切削刃分布在铣刀端面，铣刀轴线垂直于被加工表面，多用于立式铣床上加工平面，工艺系统刚度较好，生产效率较高。

(2) 立铣刀 [见图3-15(b)]。其圆柱面上的螺旋切削刃是主切削刃，底部端面上的切削刃为副切削刃。应与麻花钻加以区别，一般不用作轴向进给，可加工平面、台阶面、沟槽等。

(3) 键槽铣刀 [见图3-15(c)]。键槽铣刀是铣削键槽的专用刀具，仅有两个刀刃，其底部端面上的切削刃为主切削刃，圆周上的切削刃为副切削刃。使用时铣刀沿刀具轴线作进给运动，然后沿键槽方向作纵向进给运动，铣出键槽的全长。

(4) T形槽铣刀 [见图3-15(d)]。T形槽铣刀主要用于铣削T形槽。

(5) 燕尾槽铣刀 [见图3-15(e)]。燕尾槽铣刀主要用于铣削燕尾槽。

2. 带孔铣刀

带孔铣刀多用于卧式铣床上，常用的带孔铣刀有：圆柱铣刀、三面刃铣刀(整体或镶齿)、锯片铣刀、模数铣刀、角度铣刀和圆弧铣刀(凸圆弧或凹圆弧)等，多用于加工平面、直槽、切断、齿形和圆弧形槽(或圆弧形螺旋槽)等。

(1) 圆柱铣刀。圆柱铣刀只在圆柱表面上有切削刃，一般用高速钢整体制造，也可镶嵌硬质合金刀片。主要用于卧式铣床上铣削平面 [见图3-15(f)]。

（2）三面刃铣刀。三面刃铣刀在圆柱表面上有主切削刃，两侧面为副切削刃，一般用于切槽和铣削台阶面［见图3-15(g)］。

（3）锯片铣刀。锯片铣刀主要用于切削窄槽或切断工件［见图3-15(h)］。

（4）模数铣刀。模数铣刀用来铣削齿轮，如图3-15(i)所示。

（5）角度铣刀。角度铣刀分单角度铣刀［见图3-15(j)］和双角度铣刀［见图3-15(k)］，用于铣削沟槽和斜面。

（6）凸圆弧铣刀。凸圆弧铣刀用来铣削内凹圆弧［见图3-15(l)］。

（7）凹圆弧铣刀。凹圆弧铣刀用来铣削外凸圆弧。圆弧铣刀的刀齿圆弧半径要根据被加工工件的圆弧面半径来确定［见图3-15(m)］。

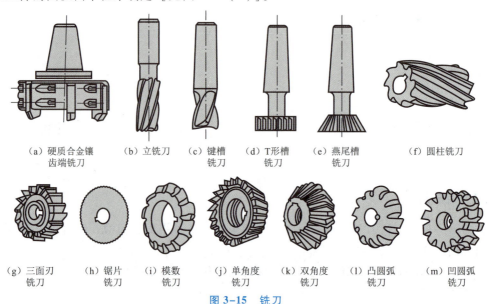

图 3-15　铣刀

（8）成形铣刀。成形铣刀是根据工件的成形表面形状而设计切削刃廓形的专用成形刀具，有尖齿和铲齿两种类型，如图3-16所示。尖齿成形铣刀与一般尖齿铣刀一样，用钝后重磨刀齿的后面，其耐用度和加工表面质量较高，但因后刀面也是成形表面，制造与刃磨都比较的困难。铲齿成形铣刀的齿背(后面)是按照一定的曲线铲制的，用钝后则重磨前刀面(平面)，比较方便。所以在铣削成形表面时，多采用铲齿成形铣刀。

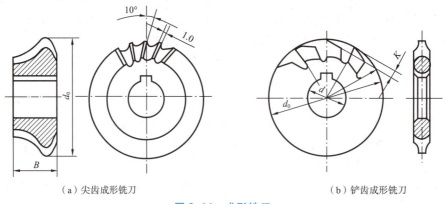

图 3-16　成形铣刀

3.4.2 铣刀的安装

1. 带孔铣刀的安装

带孔铣刀常用于卧式铣床，常用刀杆安装。

（1）带孔圆柱、圆盘类铣刀的安装。带孔铣刀中的圆柱形、圆盘形铣刀，多用长刀杆安装，如图 3-17 所示。长刀杆一端外圆锥表面与铣床主轴孔配合，安装刀具的刀杆部分根据刀孔的大小分为不同型号，常用的有∅16、∅22、∅27、∅32 等。

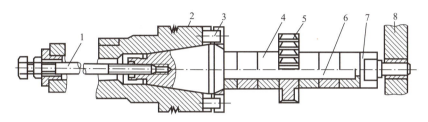

图 3-17 带孔圆盘铣刀的安装
1—拉杆；2—主轴；3—端面键；4—套筒；5—铣刀；6—刀杆；7—压紧螺母；8—吊架

用长刀杆安装带孔铣刀的注意事项：
① 铣刀应尽可能地靠近主轴或刀杆吊架，以保证铣刀有足够的刚度。
② 斜齿圆柱铣刀所产生的轴向切削力应指向主轴轴承。
③ 套筒的端面与铣刀的端面必须擦干净，以减小铣刀的端面圆跳动。
④ 拧紧刀杆压紧螺母时。必须先装上吊架，以防刀杆受力弯曲。

（2）带孔端铣刀的安装。多用短刀杆安装，刀杆的锥柄端安装在主轴上，另一端套穿铣刀并用螺钉拧紧，如图 3-18 所示。

2. 带柄铣刀的安装

带柄铣刀多用于立式铣床上，按刀柄的形状不同可分为直柄和锥柄两种。

（1）直柄立铣刀的安装。这类铣刀多为小直径铣刀，一般不超过∅20 mm，多用弹簧卡头安装，如图 3-19（a）所示。铣刀的直径插入弹簧套的孔中，用螺母压弹簧套的端面，使弹簧套的外锥面受压而缩小孔径，即可将铣刀夹紧。弹簧套上有三个开口，故受力时能收缩。弹簧套有多种孔径，以适应各种尺寸的立铣刀。

（2）锥柄立铣刀的安装。这类铣刀的安装如图 3-19（b）所示，根据铣刀锥柄的大小，选择合适的过渡锥套，将配合表面擦净，然后用拉杆把铣刀及过渡锥套一起拧紧在主轴上。

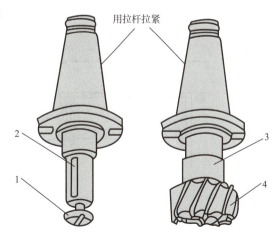

（a）短刀杆　　（b）安装在短刀杆上的端铣刀

图 3-18 带孔端铣刀的安装
1—螺钉；2—键；3—垫套；4—铣刀

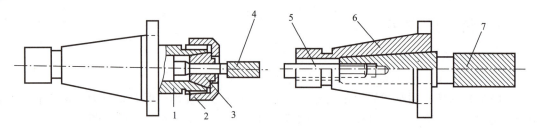

(a) 直柄铣刀的安装　　　　　　(b) 锥柄铣刀的安装

图 3-19　带柄铣刀的安装

1—夹头体；2—螺母；3—弹簧套；4—直柄铣刀；5—拉杆；6—过渡锥套；7—锥柄铣刀

3.4.3　铣刀安装操作步骤

在卧式铣床上安装圆柱铣刀的操作方法与步骤，如图 3-20 所示。

安装步骤如下：

(1) 先在刀杆上套上适量的垫圈，以控制铣刀的位置，再装上键后套上铣刀；安装铣刀时应注意主轴的旋转方向，如图 3-20(a) 所示。

(2) 在铣刀外边的刀杆上再套几个垫圈后拧上左旋螺母，如图 3-20(b) 所示。

(3) 装上吊架，拧紧螺母，如图 3-20(c) 所示。

(4) 初步拧紧螺母，开车后观察铣刀是否装正，待装正后再用力拧紧螺母，如图 3-20(d) 所示。

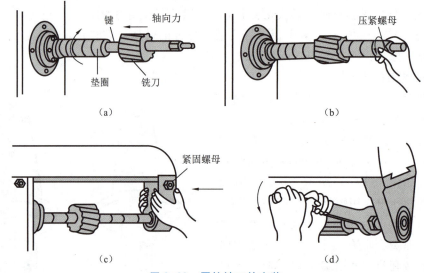

图 3-20　圆柱铣刀的安装

3.5　常用铣削方法

> **知识点**
> - 各种铣削方法的特点及选择；
> - 各种铣削方法的应用。

第3章 铣削加工

> **技能点**
> - 铣平面及垂直面；
> - 铣斜面和台阶面；
> - 铣键槽、V形槽及其他成形槽；
> - 铣螺旋槽；
> - 铣成形面；
> - 铣削齿轮齿形；
> - 铣床钻孔和镗孔。

3.5.1 铣平面及垂直面

铣平面可以在立式铣床或卧式铣床上进行，一是用镶齿端铣刀在立铣上铣平面，如图3-21(a)所示；二是用圆柱铣刀在卧式铣床上铣平面，如图3-21(b)所示；三是用端铣刀在卧式铣床上铣垂直面，如图3-21(c)所示。

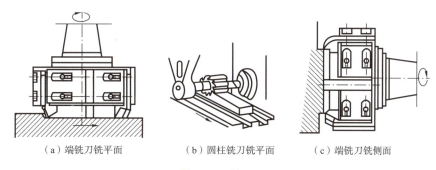

(a) 端铣刀铣平面　　　(b) 圆柱铣刀铣平面　　　(c) 端铣刀铣侧面

图 3-21　铣平面

采用镶齿端铣刀铣削加工水平面应用最广。由于端铣刀铣削加工时，切削厚度变化小，同时参与切削加工的刀齿较多，铣削加工平稳，而且端铣刀的圆柱面刃承受着主要的切削工作，而端面刃又有刮削作用，因此，铣削加工表面粗糙度值较小。选用铣刀规格时，应根据被加工平面的尺寸不同而定，端铣刀的直径或圆柱铣刀的长度一般应大于待加工表面的宽度，以利于一次进给铣削完加工表面。

选择铣削方式时，要有利于工件的压紧和减小工件在加工过程中的振动，使切屑向下飞溅，从而有利于安全和方便操作，一般多选逆铣。

铣削用量应根据工件材料、刀具材料和加工条件来选择，再根据相关切削用量手册作修订。

3.5.2 铣斜面

铣削斜面和铣削水平面相似，主要通过调整安装工件、采用铣床附件与铣刀配合等方法，解决斜面工件所要求的倾斜角度的问题。

(1) 用斜垫铁支承工件铣斜面。在零件设计基准的下面垫一块斜的垫铁。则铣削的平面就与设计基准面成倾斜位置。改变斜垫铁的角度，即可加工带不同角度的斜面的工件。如图3-22(a)所示。工件安装方法有以下几种：

① 将垫铁垫在平口虎钳中，上面安装工件，如图3-22(b)所示。

② 使用垫铁直接在铣床工作台上安装，如图 3-22（c）所示。

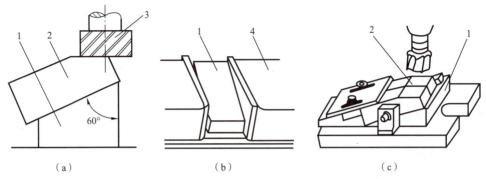

图 3-22　用斜垫铁铣斜面
1—垫铁；2—工件；3—铣刀；4—平口虎钳

（2）转动立铣头铣斜面。在卧式铣床上安装万能立铣头或直接扳转立式铣床的铣头，使铣床主轴转至所需的角度，把铣刀转成一定角度铣斜面，利用端铣刀的端面刀刃或立铣刀的圆柱面刀刃铣削斜面，如图 3-23 所示。

（3）利用万能分度头铣斜面。在分度头上装夹工件，然后使分度头带动工件转至铣削斜面所需的角度位置，如图 3-24 所示。

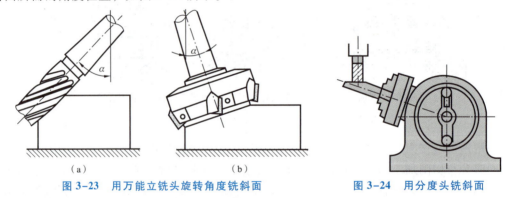

图 3-23　用万能立铣头旋转角度铣斜面　　　图 3-24　用分度头铣斜面

（4）用角度铣刀铣斜面。工件斜面的倾斜角度由相应的标准角度铣刀保证，如图 3-25 所示。它适用于在卧式铣床上加工较窄长度的斜面。

（5）在万能平口钳上安装工件，将平口钳上部垂直转动到所需要的角度，如图 3-26 所示。

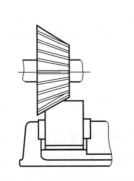

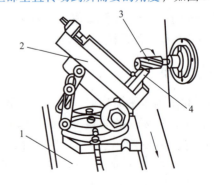

图 3-25　用角度铣刀铣斜面　　　图 3-26　万能平口钳铣斜面
1—铣床工作台；2—万能平口钳；3—铣刀；4—工件

3.5.3 铣台阶面

台阶面是由两个相互垂直的平面所组成。其特点是两个平面是相同一把铣刀的不同刀刃同时加工出来的,两个平面是同一个定位基准。所以两个平面垂直与否主要靠刀具保证。

(1) 三面刃铣刀在卧式铣床上铣削。如图 3-27 所示,在卧式铣床上采用三面刃铣刀铣台阶面时,因铣刀侧面单边受力会出现"让刀"现象,应当将铣刀靠近主轴端安装,同时使用吊架支承刀杆另一端,以提高工艺系统刚度。

选择铣刀外径 D,如图 3-27(a) 所示,应符合下式条件:

$$D > 2t + d$$

式中 t——台阶深度,mm;

d——套筒外直径,mm。

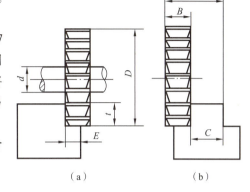

图 3-27 用三面刃铣刀铣台阶面

同时应尽可能使铣刀的宽度 B 大于台阶宽度 E。在满足上述条件下,铣刀外径尽可能选小直径。

以铣削图 3-27(b) 所示双台阶为例,其铣削操作步骤如下:

当工件安装好后,可先开动铣床使主轴旋转,并移动工作台,使铣刀端面刀刃微擦到工件侧面,记下刻度盘读数;为了判断刀刃是否擦着工件表面,可先在工件表面做标记,以便于观察。退出纵向工作台,利用刻度盘将横向工作台移动一个距离 E,并调整高低尺寸 t,便可铣削一侧的台阶,如图 3-27(a) 所示。用刻度盘控制,将横向工作台移动一个距离 $A(A = B + C)$,铣削另一侧台阶,如图 3-27(b) 所示。若台阶较深,应沿着靠近台阶的侧面分层铣削,如图 3-28 所示。

(2) 立铣刀在立式铣床上铣削。铣削垂直面较宽而水平面较窄的台阶面时,可采用立铣刀在立式铣床上铣削,如图 3-29 所示。也可在卧式铣床上安装万能立铣头进行铣削。

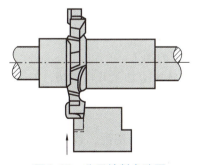

图 3-28 分层铣削台阶面

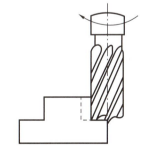

图 3-29 用立铣刀铣削台阶面

(3) 端铣刀在立式铣床上铣削。铣削垂直面较窄而水平面较宽的台阶面时,可在立式铣床上采用端铣刀铣削,如图 3-30 所示。

(4) 组合铣刀铣削。如大批量生产,则可用组合铣刀在卧式铣床上同时铣削几个台阶面,如图 3-31 所示。

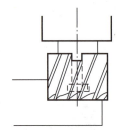 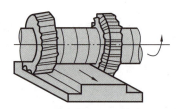

图 3-30　用端铣刀铣削台阶面　　　　图 3-31　用组合铣刀铣削台阶面

3.5.4　铣键槽、V形槽及其他成形槽

铣削键槽的关键是保证槽宽的尺寸精度及槽对轴中心线的对称度。各种不同类型的键槽，其生产批量和精度要求等条件的不同，所选用的机床、采用的装夹方式、选用的刀具及铣削工艺均有差异。

(1) 工件的装夹。在铣床上铣削轴上键槽时，工件可用平口虎钳、V型架或分度头装夹，如图 3-32 所示。

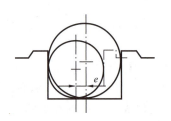 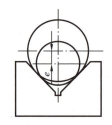 

(a) 用平口虎钳装夹工件　　　(b) 用V形架装夹工件　　　(c) 用分度头装夹工件

图 3-32　铣键槽时的工件装夹方式

采用平口虎钳装夹工件，虽然装卸方便，但同一公称直径尺寸的轴，当轴的实际直径尺寸变化时，零件中心的位置也发生变化，如图 3-32(a) 所示，这将影响键槽对轴中心线的对称度。一般适用于单件小批量生产。

利用V形架装夹工件，如图 3-32(b) 所示，工件直径的变化会使轴的中心高度产生变化。采用万能分度头装夹工件，如图 3-32(c) 所示，工件一端用三爪自定心卡盘夹紧，另一端用尾座顶尖顶紧，轴的中心不会因外圆直径的变化而影响槽宽对中心线的对称性，此方法适用于键槽尺寸精度及位置精度要求较高的零件的加工。

(2) 开口键槽的铣削。通常用三面刃铣刀在卧式铣床上加工开口键槽，如图 3-33(a) 所示。工件可用平口钳或分度头进行装夹。由于三面刃铣刀参加铣削的刃数多、刚性好、散热好，其生产率比用键槽铣刀高。

(3) 封闭式键槽的铣削。一般用键槽铣刀在立式铣床上铣削，首先按键槽宽度选取键槽铣刀，将铣刀中心对准轴的中心，然后作纵向进给。因键槽铣刀的主切削刃在底部端面，所以，必须很薄的一层一层铣削，背吃刀量 a_p 为 0.05～0.25 mm，直到符合尺寸要求为止，如图 3-33(b) 所示。

用立铣刀加工时，因主切削刃在圆柱表面上，底部为副切削刃，不宜用作轴向进给，所以必须先用钻头在槽的两端先钻一落刀孔，然后再用立铣刀作纵向进给。批量较大时则常在专用键槽铣床上加工。

(4) 半圆形键槽的铣削。通常选用与零件图样上半圆键槽尺寸一致的专用半圆形键槽铣刀铣削,工件可采用V形架或分度头等装夹,如图3-34所示。

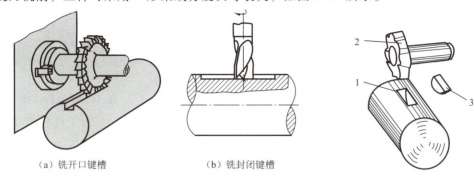

(a) 铣开口键槽　　　　　(b) 铣封闭键槽

图3-33　铣键槽　　　　　图3-34　铣半圆键槽

1—半圆键槽；2—半圆键槽铣刀；3—半圆键

(5) V形槽的铣削。通常先用锯片铣刀加工出底部的窄槽,然后再用V形槽铣刀完成V形槽的加工,如图3-35(a)所示。也可旋转万能立铣头,用立铣刀来进行铣削,如图3-35(b)所示。或旋转工件到规定角度,用三面刃铣刃进行铣削后,再旋转工件到另一角度,完成V形槽另一面的铣削加工,如图3-35(c)所示。

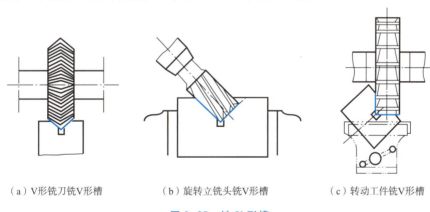

(a) V形铣刀铣V形槽　　(b) 旋转立铣头铣V形槽　　(c) 转动工件铣V形槽

图3-35　铣V形槽

(6) T形槽的铣削。T形槽应用很广,铣床、钻床等工作台上都有T形槽,用来安装紧固螺栓以便将夹具、工件等紧固在工作台上。

铣削T形槽一般在立式铣床上进行,分为三个步骤,如图3-36所示。

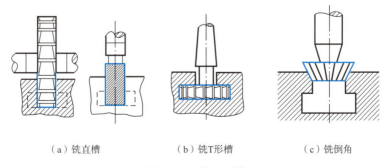

(a) 铣直槽　　　　(b) 铣T形槽　　　　(c) 铣倒角

图3-36　铣T形槽

① 先用立铣刀或三面刃铣刀铣出直角槽,如图 3-36(a) 所示。

② 用 T 形槽铣刀铣削 T 形槽的两侧面,此时铣削用量选得小些,而且要注意充分冷却,如图 3-36(b) 所示。

③ 最后用角度铣刀进行倒角,如图 3-36(c) 所示。

(7) 圆弧槽的铣削。铣圆弧槽要在回转工作台上进行,如图 3-37 所示,工件用压板螺栓直接装在圆形工作台上,也可用三爪自动卡盘装在回转工作台上。装夹时,工件上圆弧槽的中心必须与回转工作台的中心重合。用手均匀缓慢摇动回转工作台手轮,带动工件作圆周进给运动,而使工件铣出圆弧槽。

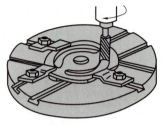

图 3-37 铣圆弧槽

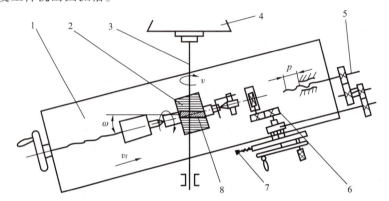

图 3-38 铣螺旋槽时工作台和分度头的传动系统

1—工作台;2—工件;3—刀杆;4—铣床垂直导轨;
5—挂轮系统;6—分度头;7—紧固螺钉;8—铣刀

3.5.5 铣螺旋槽

铣削螺旋齿轮、螺旋齿铣刀、麻花钻及蜗杆等工件上的螺旋槽,常利用分度头在卧式铣床上铣削加工。铣削螺旋槽时,工件一方面随工作台作直线运动,同时又被分度头带动绕自身轴线作旋转运动。工件每转一圈,工作台的纵向进给量需等于螺旋槽的一个导程。

为此,可在万能分度头后面的挂轮轴与工作台纵向进给丝杠之间搭上配换齿轮。通过配换齿轮带动万能分度头主轴,从而也带动工件作缓慢的一定速率的自转。其传动系统如图 3-38 所示。

为获得规定的螺旋槽的截面形状,还必须使铣床纵向工作台在水平面内转过一个角度,使螺旋槽的槽向与铣刀旋转平面相一致。转过的角度 ω 应等于工件的螺旋角 β,即通过调整卧式铣床的转台来实现。转台的转向由螺旋槽的方向来决定。铣右旋螺旋槽时,用右手推动工作台转动 ω 角度即可。

3.5.6 铣成形面

(1) 成形铣刀铣削。成形面一般在卧式铣床上用成形铣刀来加工,成形铣刀的形状与加工面相吻合。图 3-39(a) 所示为成形铣刀铣削凸圆弧面,图 3-39(b) 为成形铣刀铣削凹圆弧面。

(2) 划线铣削。对于要求不高的成形面,可在立式铣床上加工。先在工件上划线,然后可按工件上划出的线迹,移动工作台进行加工,如图 3-40(a) 所示。

（3）靠模加工。在中批量及大批量生产中，可以采用靠模加工的方法铣成形面。图3-40(b)所示为圆形工作台上用靠模铣削成形面。靠模5安装在夹具上，工件1安装时与靠模5保持同一垂直中心线，铣削时，立铣刀上面的圆柱部分始终与靠模上的滚轮6保持紧密接触，从而加工出与靠模一致的成形面。

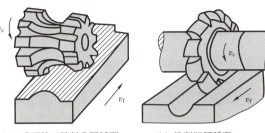

（a）成形铣刀铣削凸圆弧面　　（b）铣削凹圆弧面

图3-39　用成形铣刀铣削成形面

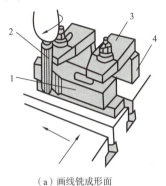

（a）画线铣成形面　　（b）靠模铣成形面

图3-40　划线法、靠模法铣成形面

1—工件；2—立铣刀；3—压板；4—垫铁；5—靠模；6—滚轮

3.5.7　铣削齿轮齿形

在铣床上铣削直齿圆柱齿轮可采用成形法，铣刀的形状做成和齿轮齿槽的形状一样，这种成形铣刀称为模数铣刀。一种是盘状模数铣刀，用在卧式铣床上，铣削齿轮齿形轮廓面，如图3-41所示。铣刀4的中心平面对准分度头1的顶尖中心，将工件5和心轴6用分度头和尾座7两顶尖顶住，根据齿轮的齿数计算分度头的转动圈数，工作台纵向移动，每铣完一个齿形后，转动分度头，由拨块2和鸡心夹头3带动心轴和工件旋转一定角度，再进行下一齿形的铣削。

另一种铣削方法是用指状铣刀在立式铣床上加工齿轮或其他成形面，如图3-42所示。

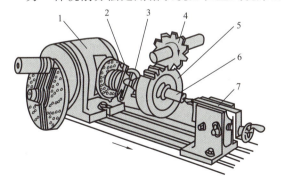

图3-41　用盘状模数铣刀铣削齿轮齿形轮廓

1—分度头；2—拨块；3—鸡心夹头；
4—模数铣刀；5—工件；6—心轴；7—尾座

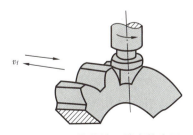

图3-42　用指状铣刀铣齿轮廓面

成形法加工齿形的特点是刀具制造较简单，可在普通铣床上加工，生产成本较低，但效率也较低，且齿轮精度不高，一般用于单件小批量生产。

3.5.8 铣床钻孔和镗孔

在铣床上也可以进行钻孔、镗孔，其精度一般可达 IT8～IT7 级，表面粗糙度值为 $Ra3.2～1.6\ \mu m$。尤其是一些企业没有镗床的情况下，在铣床上进行镗孔就显得比较实用。

一般是把工件直接装夹在工作台面上，在安装工件时，应按工件上已划出的圆周线及侧母线找正，应使孔的轴心线与定位平面平行。钻头或镗刀杆柄部的外锥面可直接插入主轴锥孔内，工作台以横向进给为主。若镗刀杆悬伸过长，可用吊架支承，如图 3-43 所示。

最简单的镗刀杆，如图 3-44（a）所示。使用时，刀尖的伸出长度靠手感和普通量具进行调整。改进后的镗刀杆如图 3-44（b）所示，其刀头后面有一螺钉，用其转动的角度的大小与螺距的关系，实现刀尖伸出量的调整，并可防止刀头在受切削力向后退让。

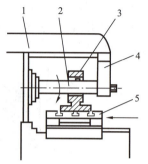

图 3-43　在卧式铣床上镗孔

1—横梁；2—镗刀杆；3—工件；4—吊架；5—工作台

微调镗刀杆，如图 3-45 所示。其调整刀头伸缩是利用螺旋和斜面的综合作用，使得微调刻度圈每转一格，刀头沿半径方向伸出 0.01 mm。

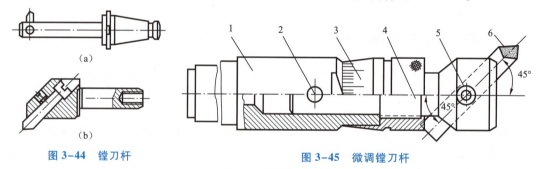

图 3-44　镗刀杆　　　　图 3-45　微调镗刀杆

1—刀杆；2—圆锥销；3—刻度盘；4—螺杆；5—锁紧螺钉；6—刀头

思考与训练

3-1　铣削加工的范围有哪些？

3-2　铣削用量包括哪几个要素？含义是什么？

3-3　逆铣和顺铣各有什么特点？

3-4　为什么顺铣比逆铣加工的表面质量要好一些？

3-5　端铣和周铣有何区别？适用范围分别是哪些？

3-6　X6132 卧式万能铣床由哪些部分组成？各起什么作用？

3-7　铣削时工件的装夹方法有哪些？

3-8　铣刀有哪些种类？如何选用？

第 4 章 刨削加工

知识图谱

4.1 刨削加工概述

知识点

- 刨削加工基本内容和用量要素；
- 刨削加工的特点。

技能点

- 刨削加工典型加工方法。

4.1.1 刨削加工基本内容

刨削加工是在刨床上以刨刀相对于工件的直线往复运动为主运动,与工件或刨刀间歇移动的进给运动相配合,是单件小批量生产最常用的平面加工方法。加工精度一般可达IT10~IT8级,表面粗糙度 Ra 为 6.3~3.2 μm;刨削可以在牛头刨床或龙门刨床上进行。其主要特点如下:

(1)刨削加工的主运动是变速往复直线运动,因为在变速时有惯性,换向时要克服较大的惯性力,限制了切削速度的提高。

(2)刨削属于单向切削,通常是单刃切削,刨刀在回程时不切削,行程较快,所以刨削加工生产效率低。相对于狭长平面的加工,特别是用宽刃刀具加工狭长平面和沟槽时,则生产率较高,应用较多。

(3)刨床及刨刀结构简单,制造安装方便,调整容易,通用性强,在单件小批量生产中被广泛应用。

(4)刨削加工范围有平面、斜面、台阶面、各种形状的沟槽和成形面等。

(5)刨削加工的精度一般为 IT8~IT10 级,表面粗糙度 Ra 为 6.3~3.2 μm。

刨削的加工内容范围如图 4-1 所示。

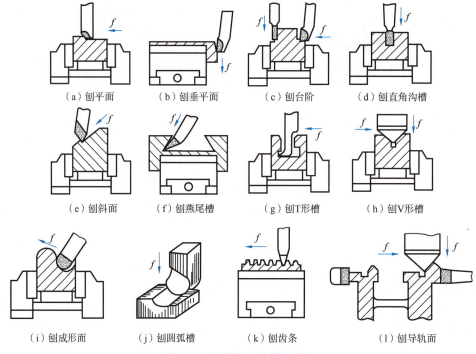

图 4-1 刨削加工的基本内容

4.1.2 刨削用量要素

以牛头刨床为例,刨削用量有刨削速度、进给量和背吃刀量三个要素,如图 4-2 所示。

1. 刨削速度 v_c

刨削速度 v_c 是刨削时刨刀与工件在切削时的相对速度。

$$v_c = \frac{2Ln}{1\,000} \quad (4-1)$$

式中　v_c——刨削速度，m/min，一般 v_c = 17 ~ 50 m/min；
　　　L——刨刀行程长度，mm；
　　　n——滑枕每分钟往复行程次数。

2. 进给量 f

进给量 f 是刨刀每往复一次时工件横向移动的距离。

$$f = k/3 \quad (4-2)$$

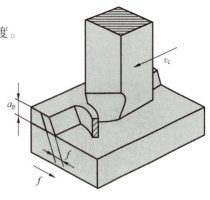

图 4-2　刨削用量要素

式中　f——进给量，mm/双行程，一般 f = 0.33 ~ 3.3 mm/双行程；
　　　k——滑枕每往复一次棘轮被拨过的齿数。

3. 背吃刀量 a_p

背吃刀量 a_p 是工件已加工表面和待加工表面之间的垂直距离，单位为 mm。

4.2　刨　　床

知识点

- 牛头刨床的结构组成；
- 各类刨床的分类；

技能点

- 刨床的维护保养；
- 刨床的安全操作。

刨床主要有牛头刨床、龙门刨床等，插床和拉床按照其加工原理，通常也归入刨床类。

1. 牛头刨床

刨床的种类很多，常用的有牛头刨床、龙门刨床、拉床等。牛头刨床应用最为广泛。

图 4-3 所示为 B6065 牛头刨床，由床身、刀架、滑枕、工作台、横梁等组成，刨刀安装在滑枕的刀架上，作纵向往复运动。

（1）床身。用以支撑和连接刨床上各个部件。顶面的燕尾形导轨用以支撑滑枕作往复直线运动，前侧面的垂直导轨用于工作台的升降。床身的内部装有传动机构。

（2）刀架。如图 4-4 所示，用来夹持刨刀。转动刀架的手柄，滑板即可沿转盘上的导轨带动刀架上下移动，松开转盘上的螺母，将转盘转过一定的角度后，转动刀架手柄，可使刀架斜向进给，以刨削斜面。滑板上装有可偏转的刀座，可使抬刀板绕刀座的 A 轴向上抬起，以便在返回行程时，刀夹内的刨刀上抬，减小刀具与工件间的摩擦。

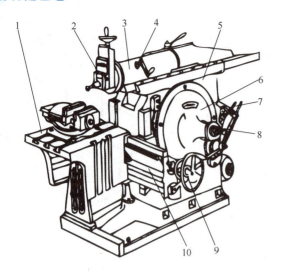
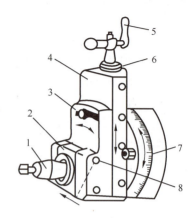

图 4-3　B6065 牛头刨床　　　　　　　　　图 4-4　刀架

1—工作台；2—刀架；3—滑枕；4—行程位置调节手柄；　　1—刀架；2—抬刀板；3—刀座；4—滑板；
5—床身；6—摆杆机构；7—变速手柄；　　　　　　　　　5—手柄；6—刻度盘；7—转盘；8—A 轴
8—行程长度调整方榫；9—进给机构；10—横梁

(3) 滑枕。其前端装有刀架，带动刨刀作往复直线运动。滑枕的这一运动是由床身内部的一套摆杆机构带动的，摆杆上端与滑枕内的螺母相连，下端与支架相连。偏心滑块与摆杆齿轮相连，嵌在摆杆的滑槽内，可沿滑槽运动。当摆杆齿轮由与其啮合的小齿轮带动旋转时，偏心滑块则带动摆杆绕支架中心左右摆动，从而带动滑枕做往复直线运动。

(4) 工作台。工作台上平面和两侧面有 T 形槽、V 形槽和圆孔，主要用以安装各种不同形状的工件和夹具。工作台安装在横梁上，可随横梁一起作上、下调整，并可沿横梁做水平进给运动。在每次刨刀退回后，工作台即通过棘轮进给机构，沿水平方向做自动间歇进给运动。

(5) 横梁。横梁安装在床身前部垂直导轨上，带动工作台作横向进给，还可沿床身侧面导轨升降。

(6) 底座。底座为基础部件，用于支承床身等部件，其内部为储油池。

2. 龙门刨床

龙门刨床是用来刨削大型零件的刨床，其外形如图 4-5 所示。对于中、小型零件，可一次装夹数件，用几把刨刀同时刨削。

龙门刨床主要由床身、立柱、横梁、工作台、两个立刀架和两个侧刀架等组成。加工时，工件装夹在工作台上，工作台沿床身导轨作直线往复运动，即主运动；横梁上的立刀架和立柱上的侧刀架都可作垂直间歇运动，它们都是进给运动；各刀架上均有滑板可实现吃刀运动，各刀架也可绕水平轴线扳转角度以刨削斜面和斜槽。横梁还可以沿立柱导轨上升和下降，以调整刀具和工件的相对位置。其工作台的运动可实现无级调速。

3. 插床

插床实际上是一种立式牛头刨床，其外形如图 4-6 所示。它主要由床身、滑枕、刀架、圆工作台、上滑架、下滑座、变速箱、分度机构和底座等组成。

加工时，插刀安装在滑枕的刀架上，由滑枕带动作上下直线往复运动。工件安装在工

第4章 刨削加工

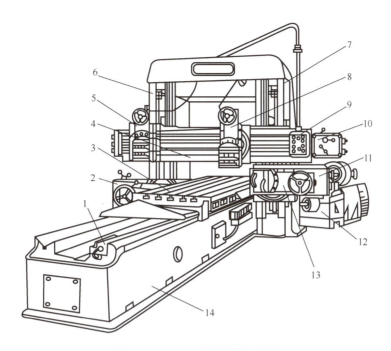

图4-5 B2010A型龙门刨床外形

1—液压安全器；2—左侧刀架进给箱；3—工作台；4—横梁；5—左垂直刀架；
6—左立柱；7—右立柱；8—右垂直刀架；9—电器控制盒；10—垂直刀架进给箱；
11—右侧刀架进给箱；12—工作台减速箱；13—右侧刀架；14—床身

作台上，可作纵向、横向和圆周的进给运动，也可进行分度。

插床主要是插削直线的成形内、外表面，如键槽和方孔等。加工内孔表面时，工件加工部分必须有一个足够刀具穿入的孔径。主要用于单件、小批量生产。

4. 拉床

按照刨削原理来分类，拉床其实也是一种特殊形式的刨床。在拉床上用拉刀加工工件，称拉削。拉孔是一种高效率的精加工方法。除拉削圆孔外，还可拉削各种截面形状的通孔及内键槽。拉削圆孔可达到尺寸精度为IT7～IT9，表面粗糙度 Ra 为 $1.6～0.4\ \mu m$。

拉床分卧式拉床和立式拉床，卧式拉床应用较多。如图4-7所示，卧式拉床主要有床身、活塞拉杆、支撑、随动支架与刀架、液压传动系统等部分组成。

拉削可看作是按高低顺序排列的多把刨刀进行的刨削，拉削时，拉刀上每齿依次切下很薄的切屑，在一次行程中完成粗加工、半精加

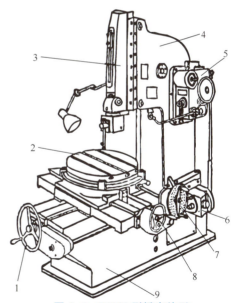

图4-6 B5032型插床外形

1—工作台纵向移动手轮；2—圆工作台；
3—滑枕；4—床身；5—变速箱；6—进给箱；
7—分度盘；8—工作台横向移动手轮；9—底座

107

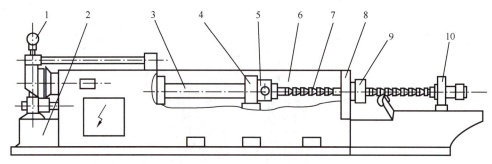

图 4-7 卧式拉床

1—压力表；2—液压传动部件；3—活塞拉杆；4—随动支架；5—刀架；
6—床身；7—拉刀；8—支撑；9—工件；10—随动刀架

工和精加工，从而得到图样要求的加工表面，因此生产率高。

拉刀制造复杂，成本昂贵，一把拉刀只适用于一种规格尺寸的孔或键槽，属于专用成形刀具。因此，拉削只能加工通孔和贯通的外表面，通常适用于大批量或成批量生产中。

4.3 刨刀及工件装夹

知识点

- 刨刀的种类及结构；
- 刨刀的应用。

技能点

- 刨刀的正确安装；
- 用平口虎钳装夹工件；
- 在工作台上直接装夹工件。

4.3.1 刨刀的种类及结构

刨刀的几何形状与车刀相似，但由于承受较大的冲击力作用，所以刨刀刀杆的横截面积比车刀大 1.25~1.5 倍。刨刀刀杆形状一般有直头、弯头两种。如图 4-8 所示。切削量大的刨刀往往做成弯头，如图 4-8(a) 所示，在遇到较大切削力时，刀杆弯曲变形可绕 O 点抬离工件，这样刀尖不易啃入工件，避免刀尖折断，而且，弯头刨刀可防止当刨刀从已加工表面上提起时损坏已加工表面。所以，刨刀刀杆常制成弯头形状。而直头刨刀受力变形后易扎入工件。所以直头刨刀多

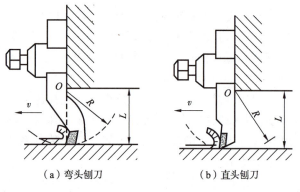

(a) 弯头刨刀　　　　(b) 直头刨刀

图 4-8 直头刨刀和弯头刨刀的比较

用于切削量较小的加工，如图 4-8(b)所示。

刨刀的种类很多，有平面刨刀、偏刀、角度偏刀、切刀和弯头切刀等，常见刨刀的形状及应用如图 4-9 所示。

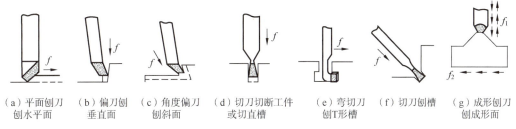

(a) 平面刨刀刨水平面　(b) 偏刀刨垂直面　(c) 角度偏刀刨斜面　(d) 切刀切断工件或切直槽　(e) 弯切刀刨T形槽　(f) 切刀刨槽　(g) 成形刨刀刨成形面

图 4-9　常见刨刀的形状及应用

平面刨刀主要用于刨削水平面；偏刀主要用于刨削垂直面；角度偏刀主要用于刨削燕尾槽、内斜面及角度；切刀主要用于刨削直角槽、沉槽和切断工件；弯头切刀主要用于刨削 T 形槽。

4.3.2　刨刀的安装

安装刨刀时将转盘对准零线，以便准确地控制背吃刀量，如图 4-10 所示。刀架下端应与转盘底部基本对齐，以增加刀架的刚度。刨刀在刀架上不宜伸出过长，以免在加工时发生振动或折断刨刀。直头刨刀的伸出长度一般为刀杆厚度的 1.5~2 倍，弯头刨刀伸出量可长些。

如图 4-11 所示。夹紧刨刀时应使刀尖离开工件表面，防止碰坏刀具和工件表面。

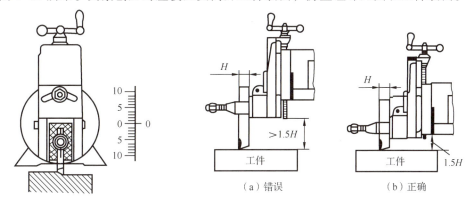

(a) 错误　　(b) 正确

图 4-10　刨刀与转盘安装位置　　图 4-11　刨刀的正确安装

4.3.3　用平口虎钳装夹工件

刨削时必须先将工件安装在刨床上。工件经过定位和夹紧，在整个加工过程中始终保持正确的位置，这个过程叫工件装夹。装夹的方法根据被加工工件的形状和尺寸大小而定。

平口虎钳是一种通用夹具，使用方便灵活，适合装夹形状简单、尺寸较小的工件。在装夹工件之前，应先把平口虎钳钳口找正并固定在工作台上，工件的被加工面必须高出钳口，否则应用平行垫铁垫高。使用垫铁夹紧工件时，要用木槌或铜锤轻击工件的上表面，使工件紧贴垫铁。夹紧后要用手抽动垫铁，如有松动，说明工件与垫铁贴合不紧，刨削时工件可能会移动，应松开机床用平口虎钳重新夹紧，如图 4-12 所示。如果工件采用划线加工方式，可用划线盘和内卡钳来校正，如图 4-13 所示。装夹刚度较差的工件（如框形工件）时，为了防止工件变形，应先将工件的薄弱部分支撑起来或垫实，如图 4-14 所示。另外，为了保护钳口不受损伤，在夹持毛坯件时，常在钳口上垫铜皮等垫片。

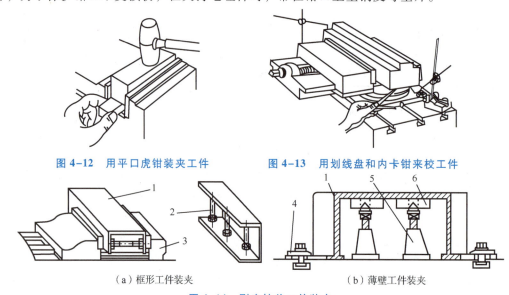

图 4-12　用平口虎钳装夹工件　　　图 4-13　用划线盘和内卡钳来校工件

（a）框形工件装夹　　　　　　　（b）薄壁工件装夹

图 4-14　刚度较差工件装夹

1—工件；2—螺栓；3—平口虎钳；4—压板；5—千斤顶；6—垫片

4.3.4　在工作台上直接装夹工件

在工作台上装夹工件时，可根据工件的外形尺寸采用不同的装夹工具。图 4-15(a)为用压板和垫块装夹工件；图 4-15(b)为用支撑板装夹工件；图 4-15(c)为用 V 形架装夹圆形工件；图 4-15(d)为用角铁和 C 形夹具装夹工件。

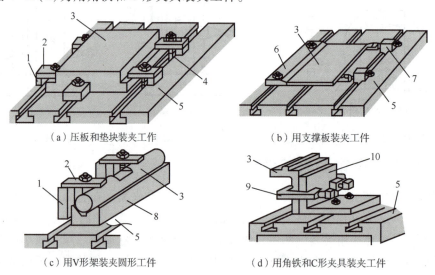

（a）压板和垫块装夹工作　　　　　（b）用支撑板装夹工件

（c）用V形架装夹圆形工件　　　　（d）用角铁和C形夹具装夹工件

图 4-15　在工作台上装夹工件

1—垫块；2—压板；3—工件；4—压紧螺栓；5—工作台；6—固定撑板；
7—活动撑板；8—V 形架；9—C 形夹具；10—角铁

在工作台上装夹工件时，应使工件底面与工作台面贴实，如果工件底面不平，应使用铜皮、铁皮或楔铁等将工件垫实。在工件夹紧前、后都应检查工件的安装位置是否正确，如工件夹紧后产生变形或位置移动，应松开工件重新夹紧。工件的夹紧位置和夹紧力要适当，应避免工件因夹紧导致变形或移动。用压板螺栓装夹工件时，各种压板的正确使用如图 4-16 所示。

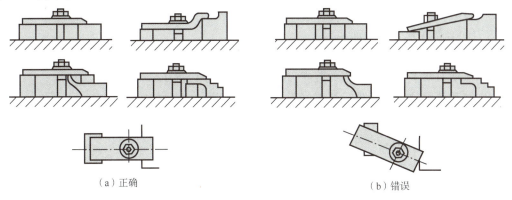

（a）正确　　　　　　　　　　　　（b）错误

图 4-16　各种压板的正确使用

4.4　常用刨削方法

知识点

- 各种刨削方法的特点及选择；
- 各种刨削方法的应用。

技能点

- 刨平面及垂直面；
- 铣斜面；
- 刨矩形工件；
- 刨 T 形槽、V 形槽和刨燕尾槽。

4.4.1　刨平面

刨水平面时，刀架和刀座均处于中间位置上。

粗刨水平面时，用平面刨刀，精刨平面时则用圆头刨刀或宽刃精刨刀，如图 4-17 所示，切削刃圆弧半径 $r = 3 \sim 5$ mm，背吃刀量 $a_p = 0.2 \sim 5$ mm，进给量 $f = 0.33 \sim 0.66$ mm/双行程，刨削速度 $v_c = 17 \sim 50$ mm/min。粗刨时背吃刀量和进给量取大值，刨削速度取小值。精刨时，刨削速度取大值，背吃刀量和进给量取小值。为使工件表面光洁，在刨刀返回时，可用手掀起刀座上的抬刀板，使刀尖不与工件摩擦。刨削时一般不需要切削液。

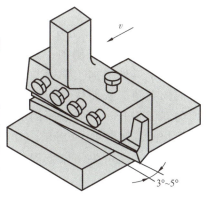

图 4-17　宽刃精刨刀刨削平面

刨平面的基本步骤如下：

（1）根据工件加工表面形状正确选择和装夹刨刀。

（2）根据工件大小和形状确定工件装夹方法，并夹紧工件。

（3）将工作台调整到使刨刀刀尖略高于工件待加工面的位置。

（4）调整滑枕的行程长度、起始位置及往复次数。

（5）转动工作台横向进给手柄，将工作台移至刨刀下面。开动机床，摇动刀架手柄，使刨刀刀尖轻微接触工件表面。

（6）转动工作台横向进给手柄，使工件移至一侧离刀尖 3~5 mm 处。

（7）摇动刀架手柄，按选定的背吃刀量，使刨刀向下进刀。

（8）转动棘轮护罩和棘爪，调整好工作台的进给量和进给方向。

（9）开动机床，刨削工件宽度 1~1.5 mm 时停车，用钢直尺或游标卡尺测量背吃刀量是否正确，确认无误后，开车将整个平面刨完。

4.4.2 刨垂直面

如图 4-18 所示，刨垂直面就是用刀架垂直进给来加工平面的方法，主要用于加工狭长工件的两端面或其他不能在水平位置加工的平面。刨垂直面时需注意：

（1）装夹工件时，应用角尺或按划线校正，以保证加工面与工作台面垂直，并与刨削方向平行，此外，工件的待加工面应伸出工作台面或对准 T 形槽。

（2）应使用偏刀，刀架转盘的刻线应准确对准零线，以便刨刀能沿垂直方向移动，保证刨刀垂直进给方向与工作台台面垂直。

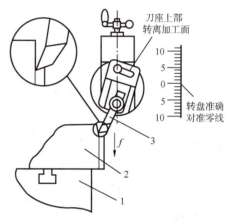

图 4-18 刨削垂直面
1—工作台；2—工件；3—偏刀

（3）刀座上端应偏离加工面一个合适的角度（一般为 10°~15°），以便刨刀在返回行程抬刀时离开加工表面，减少刨刀与工件的摩擦，并避免划伤已加工表面，如图 4-18 所示。

4.4.3 刨斜面

刨斜面最常用的方法是正夹斜刨，即通过倾斜刀架进行刨削，刀架的倾斜角度应等于工件待加工斜面与机床纵向垂直面的夹角，从而使滑板的手动进给方向与斜面平行。刀座倾斜的方向与刨垂直面相同，如图 4-19 所示，其他和刨水平面相同，在牛头刨床上刨斜面只能手动进给。

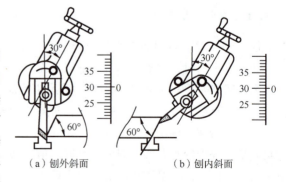

（a）刨外斜面　　（b）刨内斜面

图 4-19 刨削斜面

4.4.4 刨矩形工件

矩形工件要求相对两面互相平行,相邻两面互相垂直,其刨削顺序如图4-20所示。基本步骤如下:

(1)以较为平整和较大毛坯平面为粗基准,刨削平面1,如图4-20(a)所示。

(2)以面1为精基准,将面1紧贴固定钳口,在活动钳口与工件中部之间垫一圆棒,然后夹紧,刨削平面2,如图4-20(b)所示。

(3)以面1为精基准,将面1紧贴固定钳口,已加工过的面2也作为精基准,紧贴钳底,刨削平面4,如图4-20(c)所示。

(4)以面1为精基准,将面1朝下放在平行垫铁上,工件夹在两钳口之间。夹紧时,用手锤轻轻敲打,以使面1与垫铁贴实,最后刨削平面3,如图4-20(d)所示。

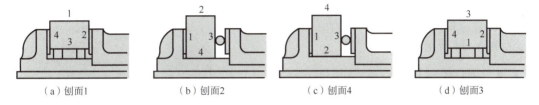

(a)刨面1　　　(b)刨面2　　　(c)刨面4　　　(d)刨面3

图4-20　矩形工件刨削步骤

4.4.5 刨T形槽

刨T形槽所用刨刀有切槽刀、弯头切刀、角度刨刀等。其刨削步骤如下:

(1)在工件上画出T形槽加工线,如图4-21所示。

(2)按划线找正,用切槽刀刨直槽,使其宽度等于T形槽槽口的宽度,深度等于T形槽的深度,如图4-22(a)所示。

(3)用弯头切刀刨右侧凹槽,如凹槽高度较高,一刀不能刨完时,可分几次刨削完,但凹槽的垂直面要用垂直走刀精刨一次,这样才能使槽平整。按同样的方法刨削左侧凹槽,如图4-22(b)、(c)所示。

(4)用45°刨刀对槽口倒角,如图4-22(d)所示。

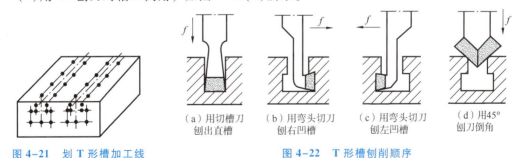

图4-21　划T形槽加工线　　　图4-22　T形槽刨削顺序

4.4.6 刨V形槽

刨V形槽所用刨刀有直槽刀、左偏刀、右偏刀等。其刨削步骤如下:

(1)在工件上划出V形槽的加工线。

(2)用偏刀粗刨,去除大部分加工余量,并精刨上平面,如图4-23(a)所示。

（3）用切槽刀刨出 V 形槽底部的直槽，如图 4-23（b）所示。

（4）用左偏刀、右偏刀并用偏转刀座和倾斜刀架等刨削斜面的方法，分别刨出两侧斜面，如图 4-23（c）、（d）所示。

 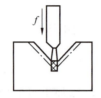 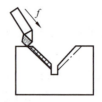 

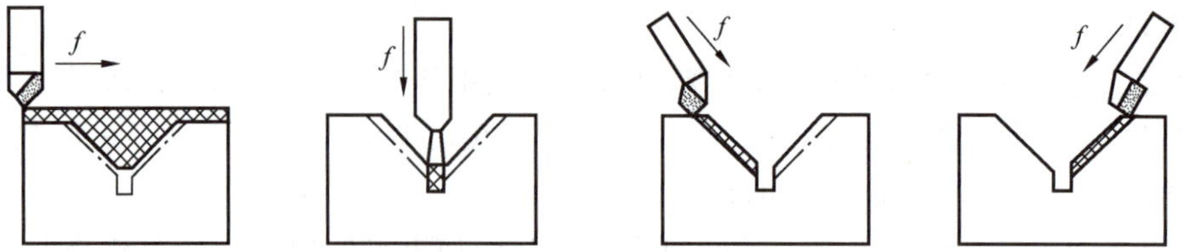

（a）偏刀刨削　　　（b）切槽刀刨削底部直槽　　　（c）左偏刀刨削斜面　　　（d）右偏刀刨削斜面

图 4-23　V 形槽刨削方法

在刨削 90°V 形槽时，也可以将工件倾斜装夹，使 V 形槽的一个斜面处于水平位置，另一个斜面处于垂直位置，然后按加工台阶面的方法进行刨削，如图 4-24 所示。

4.4.7　刨燕尾槽

燕尾槽的燕尾部分是两个对称的内斜面。其刨削方法是刨直槽和刨内斜面的综合，但需要专门刨燕尾槽的左、右偏刀。刨燕尾槽的步骤如图 4-25 所示。

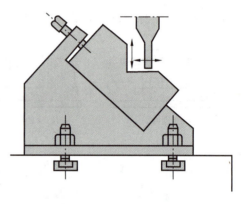

图 4-24　90°V 形槽的刨削

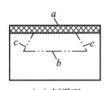 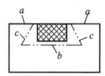 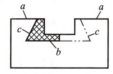 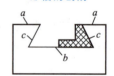

（a）刨平面　　　（b）刨直槽　　　（c）刨左燕尾槽　　　（d）刨右燕尾槽

图 4-25　刨燕尾槽的步骤

思考与训练

4-1　刨削加工的范围有哪些？

4-2　铣削用量包括哪几个要素？含义是什么？

4-3　牛头刨床由哪些部分组成？各起什么作用？

4-4　摇臂机构在刨床中起什么作用？它是如何工作的？

4-5　直头刨刀和弯头刨刀各自的特点是什么？如何选用？

4-6　刨削时工件的装夹方法有哪些？

4-7　薄壁工件如何装夹？

4-8　矩形工件如何加工才能保证平行度和垂直度的要求？

第5章 磨削加工

知识图谱

5.1 磨削加工概述

📖 **知识点**

- 外圆、内孔、平面等基本磨削方式与磨削运动；
- 典型磨削过程与磨削阶段；
- 磨削过程的冷却。

✋ **技能点**

- 几种基本磨削方式；
- 磨削加工的冷却方法。

磨削是用磨具(如砂轮、砂带、油石、研磨剂等)以较高的线速度对工件表面进行加工的方法，可用于加工各种表面，如内外圆柱面和圆锥面、平面及各种成形表面等，还可以刃磨刀具和进行切断等，工艺范围十分广泛。

磨削加工的特点：比较容易获得高的加工精度和较低的表面粗糙度，在一般加工条件下，尺寸公差等级为 IT5~IT6，表面粗糙度 Ra 为 0.32~1.25 μm。另外，磨床可以加工其他机床不能或很难加工的高硬度材料，特别是淬硬零件的精加工。

5.1.1 磨削方式与磨削运动

根据工件被加工表面的形状和砂轮与工件的相对运动，磨削加工有外圆磨削、内圆磨削、平面磨削、无心磨削等几种主要加工类型。

1. 外圆磨削

外圆磨削是用砂轮外圆周面来磨削工件的外回转表面的磨削方法。如图 5-1、图 5-2 所示，它不仅能加工圆柱面，还能加工圆锥面、端面、球面和特殊形状的外表面等。

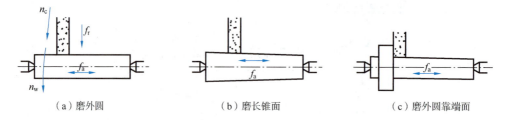

(a)磨外圆　　　　　(b)磨长锥面　　　　　(c)磨外圆靠端面

图 5-1　纵向磨削法磨削加工类型

磨削中，砂轮的高速旋转运动为主运动。磨削速度是指砂轮外圆的线速度 v_c，单位为 m/s。

进给运动有工件的圆周进给 n_w、轴向进给 f_a 和砂轮相对工件的径向进给运动 f_r。

工件的圆周进给速度是指工件外圆的线速度 v_w，单位为 m/s。

轴向进给量 f_a 是指工件转一周沿轴线方向相对于砂轮移动的距离，单位为 mm/r，通常 $f_a = (0.02 \sim 0.08)b$；b 为砂轮宽度，单位为 mm。

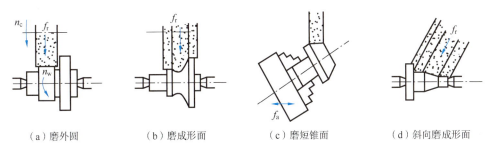

(a)磨外圆　　　　(b)磨成形面　　　　(c)磨短锥面　　　　(d)斜向磨成形面

图 5-2　横向磨削法磨削加工类型

径向进给量 f_r 是指砂轮相对于工件在工作台每双(单)行程内径向移动的距离,单位为 mm/dstr 或 mm/str。

2. 内圆磨削

普通内圆磨削方法见图 5-3,砂轮高速旋转做主运动 n_c,工件旋转作圆周进给运动 n_w,同时砂轮或工件沿其轴线往复运动做纵向进给运动 f_a,工件沿其径向做横向进给运动 f_r。

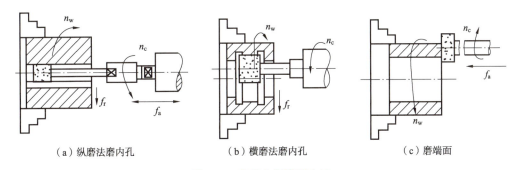

(a)纵磨法磨内孔　　　　(b)横磨法磨内孔　　　　(c)磨端面

图 5-3　普通内圆磨削方法

与外圆磨削相比,内圆磨削有以下一些特点:

(1)磨孔时砂轮直径受到工件孔径的限制,直径较小;小直径的砂轮很容易磨钝,需要经常修整和更换。

(2)为了保证正常的磨削速度,小直径砂轮转速要求较高,目前生产的普通内圆磨床砂轮转速一般为 10 000~24 000 r/min,有的专用内圆磨床砂轮转速达 80 000~100 000 r/min。

(3)砂轮轴的直径由于受孔径的限制比较细小,而悬伸长度较大,刚性较差,磨削时容易产生弯曲和振动,使工件的加工精度和表面粗糙度难于控制,限制了磨削用量的提高。

3. 平面磨削

平面磨削常见的方式有周边磨削和端面磨削两种。

(1)周边磨削。如图 5-4 所示,用砂轮的周边作为磨削工作面,砂轮与工件的接触面积小。摩擦发热小,排屑及冷却条件好,工件受热变形小,且砂轮磨损均匀,所以加工精度较高。但是砂轮主轴处于水平位置,呈悬臂状态,刚度较差。不能采用较大的磨削用量,生产效率较低。

(2)端面磨削。如图 5-5 所示,用砂轮的端面作为磨削工作面。端面磨削时,砂轮轴伸出较短,磨头架主要承受轴向力,所以刚性较好,可以采用较大的磨削用量;另外,砂

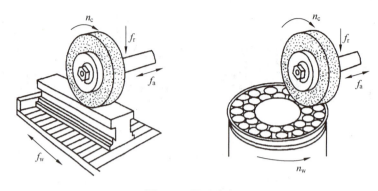

图 5-4 周边磨削

轮与工件的接触面积较大,同时参加磨削的磨粒数较多,生产效率较高。但是,由于磨削过程中发热量大,冷却条件差,脱落的磨粒及磨屑从磨削区排出比较困难,所以工件热变形大,表面易烧伤。且砂轮端面沿径向各点的线速度不等,使砂轮磨损不均匀,因此磨削质量比周边磨削要差些。

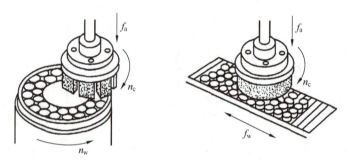

图 5-5 端面磨削

除上述几种磨削类型外,实际生产中常用的还有螺纹磨削、齿轮磨削等方法,在大批大量生产中,还有许多如曲轴磨削、凸轮轴磨削等专门化和专用磨削方法。

5.1.2 磨削特点

1. 磨削机理

磨削过程是由磨具上的无数个磨粒的微切削刃对工件表面的微切削过程构成的。如图 5-6 所示,磨料磨粒的形状是很不规则的多面体,不同粒度号磨粒的顶尖角多为 90°~120°,并且尖端均带有半径 r 的圆角,经修整后的砂轮,磨粒前角可达 $-80°\sim-85°$。因此,磨削过程与其他切削方法相比具有自己的特点。

单个磨粒的典型磨削过程可分为三个阶段:

(1) 滑擦阶段。磨粒切削刃开始与工件接触,切削厚度由零开始逐渐增大,由于磨粒具有绝对值很大的实际负前角和相对较大的切削刃钝圆半径,所以磨粒并未切削工件,而只是在其表面滑擦而过,工件仅产生弹性变形。这一阶段称为滑擦阶段。在这一阶段的特点是磨粒与工件之间的相互作用主要是摩擦作用,其结果是磨削区产生大量的热,使工件的温度升高。

(2) 耕犁阶段。当磨粒继续切入工件，磨粒作用在工件上的法向力 F_n 增大到一定值时，工件表面产生塑性变形，使磨粒前方受挤压的金属向两边塑性流动，在工件表面上耕犁出沟槽，而沟槽的两侧微微隆起（见图 5-7），此时磨粒和工件间的挤压摩擦加剧，热应力增加。这一阶段称为耕犁阶段。这一阶段的特点是工件表面层材料在磨粒的作用下，产生塑性变形，表层组织内产生变形强化。

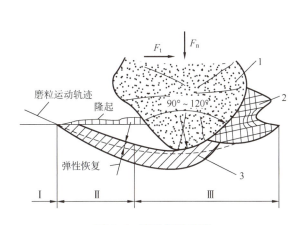

图 5-6 磨粒切削过程

Ⅰ—滑擦阶段；Ⅱ—耕犁阶段；Ⅲ—切削阶段；

1—磨粒；2—切屑；3—工件

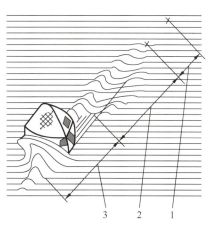

图 5-7 磨削过程中的隆起现象

1—滑擦区；2—耕犁区；3—切削区

(3) 切削阶段。随着磨粒继续向工件切入，切削厚度不断增大，当其达到临界值时，被磨粒挤压的金属材料产生剪切滑移而形成切屑。这一阶段以切削作用为主，但由于磨粒刃口钝圆的影响，同时也伴随有表面层组织的塑性变形强化。

在一个砂轮上，各种磨粒随机分布，形状和高低各不相同，其切削过程各有差异。其中一些突出和比较锋利的磨粒，切入工件较深，经过滑擦、耕犁和切削三个阶段，形成非常微细切屑。由于磨削温度很高而使磨屑飞出时氧化形成火花，比较钝的、突出高度较小的磨粒，切不下切屑，只是起耕犁作用，在工件表面上挤压出微细的沟槽；更钝的、隐藏在其他磨粒下面的磨粒只能滑擦着工件表面。可见磨削过程是包含切削、耕犁和滑擦作用的综合复杂过程。切削中产生的隆起残余量增加了磨削表面的粗糙度，但实验证明，隆起残余量与磨削速度有着密切关系，随着磨削速度的提高而下降，因此高速磨削能减小表面粗糙度。

2. 磨削阶段

磨削时，由于径向分力的作用，致使磨削时工艺系统在工件径向产生弹性变形，使实际磨削深度与每次的径向进给量有所差别。所以实际磨削过程可分为三个阶段。

(1) 初磨阶段。在砂轮最初的几次径向进给中，由于工艺系统的弹性变形，实际磨削深度比磨床刻度所显示的径向进给量要小。工艺系统刚度越差，此阶段越长。

(2) 稳定阶段。随着径向进给次数的增加，机床、工件、夹具工艺系统的弹性变形抗力也逐渐增大。直至上述工艺系统的弹性变形抗力等于径向磨削力时，实际磨削深度等于径向进给量，此时进入稳定阶段。

(3) 光磨阶段。当磨削余量即将磨完时，径向进给运动停止。由于工艺系统的弹性变形逐渐恢复，实际径向进给量并不为零，而是逐渐减小。为此，在无切入情况下，增加进给次数，使磨削深度逐渐趋于零，磨削火花逐渐消失，同时，工件的精度和表面质量在逐渐提高。

因此，在开始磨削时，可采用较大的径向进给量，压缩初磨和稳定阶段以提高生产效率，适当增加光磨时间，可更好地提高工件的表面质量。

5.1.3 磨削加工时的冷却

磨削加工时，由于磨削速度很高，切削厚度很小，切削刃很钝，所以切除单位体积切削层所消耗的功率为车、铣等切削方法的 10~20 倍，磨削所消耗能量的大部分转变为热能，使磨削区形成高温。

磨削温度常用磨削点温度和磨削区温度来表示。磨削点温度是指磨削时磨粒切削刃与工件、磨屑接触点的温度。磨削点温度非常高(1 000~1 400 ℃)，它不但影响表面加工质量，而且对磨粒磨损以及切屑熔着现象也有很大的影响。砂轮磨削区温度就是通常所说的磨削温度，是指砂轮与工件接触面上的平均温度，约为 400~1 000 ℃，它是产生磨削表面烧伤、残余应力和表面裂纹的原因。磨削过程中产生大量的热，使被磨削表面层金属在高温下产生相变，从而其硬度和塑性发生变化，这种表层变质现象称为表面烧伤。高温的磨削表面形成一层氧化膜，氧化膜的颜色决定于磨削温度和变质层深度，所以可以根据表面颜色来推断磨削温度和烧伤程度。例如，淡黄色为 400~500 ℃，烧伤深度较浅；紫色为 800~900 ℃，烧伤层较深。轻微的烧伤需经酸洗才会显示出来。

表面烧伤损坏了零件表层组织，影响零件的使用寿命。避免烧伤的办法是要减少磨削热和加速磨削热的散热，具体可采取如下降低磨削温度的措施。

1. 合理选用供液方法

选用冷却性能好的磨削液与合适的供液方法，把磨削液注入磨削区以降低磨削温度。由于磨削液所具有的润滑、冷却和洗涤作用，故对改善砂轮的磨损、堵塞及磨削质量十分有益。

在磨削加工中，由于高速回转的砂轮周围产生的气流，砂轮内部喷射出的气流以及砂轮回转的离心力等原因，使得磨削液进入磨削区十分困难，实际达到磨削区的液体很少，大部分只在磨削区的外围。因此，如何使磨削液渗透到磨削区便成为非常重要的问题。目前常用的供液方法主要有普通供液法、喷射供液法、穿流供液法、喷雾冷却法和浸渍砂轮供液法等。

(1)普通供液法(又称浇注法)，如图 5-8 所示，利用齿轮泵或低压泵(0.1~0.2 MPa)通过喷嘴向磨削区供给磨削液。这是一般通用磨床使用的普通供液方法。用这种供液法，喷嘴的尺寸、位置可以自由变更，供液装置比较廉价，故广泛使用，但磨削液向磨削区的渗入效果较差。

(2)喷射供液法，如图 5-9 所示，是用管径非常小的喷嘴，用 1 MPa 以上的高压向磨削区供液。喷射供液与普通供液相比较，其砂轮的耐用度几乎可以延长到大约 3 倍。此外，喷射供液由于磨削时的冷却效果显著，致使磨削区温度下降，喷射压力越大磨削区温度越低。

2. 合理选用砂轮

要选择合理的磨粒类型、选择硬度较软、组织疏松的砂轮，并及时修整。大气孔砂轮散热条件好，不易堵塞，能有效地避免烧伤；树脂结合剂砂轮退让性好，与陶瓷结合剂砂轮相比，不易使工件烧伤。

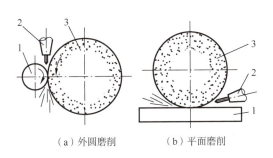 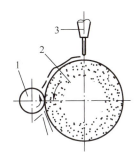

图 5-8　普通供液法
1—工件；2—喷嘴；3—砂轮

图 5-9　喷射供液法
1—工件；2—砂轮；3—高压喷嘴

3. 合理选择磨削用量

磨削时砂轮切入量对磨削温度影响最大，提高砂轮速度，使摩擦速度增大，消耗功率增多，从而使磨削温度升高；提高工件的圆周进给速度和工件轴向进给量，使工件和砂轮接触时间减少，能使磨削温度降低，可减轻或避免表面烧伤。

5.2　砂　　轮

知识点

- 砂轮的 5 个特性因素及其选择方法；
- 砂轮的形状尺寸及代号的识别；
- 砂轮使用时的安全知识；
- 砂轮的钝化。

技能点

- 砂轮的安装方法；
- 砂轮静平衡与动平衡的试验方法；
- 砂轮的修整方法。

磨削的工具是砂轮。它是由磨料和结合剂两种材料经过压制和烧结而制成的多孔体，如图 5-10 所示。每一磨粒都有切削刃，磨削切削过程和铣削相似。

5.2.1　砂轮的组成要素及选择

1. 砂轮的组成要素

砂轮由磨料、气孔和结合剂等组成，如图 5-10 所示。

（1）磨料。磨料直接参加磨削工作，必须硬度高、耐热性好，还必须具有锋利的棱边和一定的

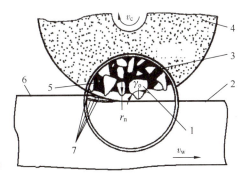

图 5-10　砂轮的组成
1—过渡表面；2—待加工表面；3—气孔；
4—砂轮；5—结合剂；6—已加工表面；7—磨粒

强度。常用的磨料有两类：刚玉类，韧性大，适宜磨削各种钢材及可锻铸铁；碳化硅类，硬度高、性脆而锋利，用于磨削铸铁、黄铜等脆性材料及硬质合金刀具。表 5-1 列出了常用磨料的性能与适用范围。

表 5-1 常用磨料的性能与适用范围

磨料名称		原代号	新代号	成　分	颜色	力学性能	反应性	热稳定性	适用磨削范围
刚玉类	棕刚玉	GZ	A	Al_2O_3 95% TiO_2 2%～3%	褐色	硬度高，强度高	稳定	2 100 ℃ 熔融	碳钢、合金钢
	白刚玉	GB	WA	Al_2O_3 >90%	白色				淬火钢、高速钢
碳化硅类	黑碳化硅	TH	C	SiC>95%	黑色		与铁有反应	>1 500 ℃ 汽化	铸铁、黄铜等
	绿碳化硅	TL	GC	SiC>95%	绿色				硬质合金等
高磨硬料类	立方氮化硼	JLD	CBN	B、N	黑色	硬度高	高温时与水、碱有反应	<1 300 ℃ 稳定	高强度钢、耐热合金等
	人造金刚石	JR	SD	碳结晶体	乳白色			>700 ℃ 石墨化	硬质合金、宝石等

(2) 结合剂。结合剂在砂轮中起黏结作用，它的性能决定了砂轮的强度、耐冲击性、耐腐蚀性和耐热性。此外，它对磨削温度，磨削表面质量也有一定的影响。常用的结合剂有陶瓷结合剂、树脂结合剂、橡胶结合剂等，性能及用途见表 5-2。

表 5-2 常用结合剂性能及用途

名　称	代　号	性　能	用　途
陶瓷	V-A-	耐热，耐腐蚀，气孔率大，易保持砂轮廓形，弹性差，不耐冲击	应用最广，可制薄片砂轮以外的各种砂轮
树脂	B-S-	强度及弹性好，耐热及耐腐蚀性差	制作高速及耐冲击砂轮，薄片砂轮
橡胶	R-X-	强度及弹性好，能吸振，耐热性很差，不耐油，气孔率小	制作薄片砂轮，精磨及抛光用砂轮
菱苦土	Mg-L-	自锐性好，结合能力较差	制作粗磨砂轮
金属（常用青铜）	-J-	强度最高，自锐性较差	制作金刚石磨具

(3) 粒度。粒度是指磨料颗粒大小。磨料的粒度分为两大类，颗粒尺寸粗大的磨料称为磨粒，颗粒尺寸细小的磨粒称为微粉。粒度号越大则颗粒尺寸越小，一般可用筛选法或显微镜测量法来区别。磨粒的粒度号是指磨粒通过的筛网在每英寸长度上筛孔的数目；微粉粒度号值是基本颗粒的最大尺寸。

常见的粒度号与颗粒尺寸见表 5-3，不同粒度磨具的使用范围见表 5-4。

(4) 硬度。砂轮的硬度是指结合剂黏结磨粒的牢固程度，也是指磨粒在切削力作用下从砂轮表面脱落的难易程度。磨粒黏结得越牢固越不易脱落，即砂轮硬度越硬，反之越软，需要注意的是砂轮硬度与磨料硬度是不同的两个概念。砂轮的硬度对磨削的生产率和磨削表面质量都有很大的影响。砂轮硬度的分级如见表 5-5。

表 5-3　粒度号与磨料颗粒尺寸

磨粒粒度号	颗粒尺寸/μm	磨粒粒度号	颗粒尺寸/μm	磨粒粒度号	颗粒尺寸/μm
14#	1 600～1 250	70#	250～200	W40	40～28
16#	1 250～1 000	80#	200～160	W28	28～20
20#	1 000～800	100#	160～125	W20	20～14
24#	800～630	120#	125～100	W14	14～10
30#	630～500	150#	100～80	W10	10～7
36#	500～400	180#	80～63	W7	7～5
46#	400～315	240#	63～50	W5	5～3.5
60#	315～250	280#	50～40	W3.5	3.5～2.5

表 5-4　不同粒度磨具使用范围

磨料粒度	一般使用范围
14#～24#	磨削钢锭、铸件去毛刺、切钢坯等
36#～46#	一般平面磨、外圆磨、无心磨等
60#～100#	精磨、刀具刃具磨
120#～W20	精磨、珩磨、螺纹磨
＜W20	精细研磨、镜面磨

表 5-5　砂轮硬度等级

硬度等级				软硬级别
A	B	C	D	超软
E	F	G	—	很软
H	—	J	K	软
L	M	N	—	中
P	Q	R	S	硬
T	—	—	—	很硬
—	Y	—	—	超硬

注：表中按顺序，A 为最软，Y 为最硬。

（5）组织。组织是指砂轮结构的松紧程度。即指磨粒、结合剂和气孔三者所占体积的比例，也表示砂轮中磨粒排列的紧密程度。组织分为紧密、中等和疏松三大类，共 15 级（0～14 级）。砂轮组织号及磨粒率（相应的磨粒占砂轮体积的百分比）见表 5-6。组织号越大，磨粒排列越疏松，即砂轮空隙越大。

表 5-6　砂轮组织号及磨粒率

级别	紧密				中等				疏松						
组织号	0	1	2	3	4	5	6	7	8	9	10	11	12	13	14
磨粒率（磨粒占砂轮体积的百分比）	62	60	58	56	54	52	50	48	46	44	42	40	38	36	34

2. 砂轮的形状和尺寸及代号

为了适应不同类型的磨床上磨削各种形状和尺寸的工件的需要，砂轮有许多种形状和尺寸。常用的砂轮形状、代号及用途见表 5-7。

表 5-7 常用砂轮的形状、代号及用途

砂轮名称	形状代号	简图	主要尺寸 D	主要尺寸 d	主要尺寸 H	主要用途
平行砂轮	P		3~90 100~1 100	1~20 20~350	2~63 63~500	用于磨外圆、内圆、平面、螺纹、无心磨削及刃磨刀口等
双斜边形砂轮	PSX		125~500	20~305	50~400	用于磨削齿轮和螺纹等
双面凹砂轮	PSA		200~900	75~305	50~400	主要用于外圆磨削和刃磨刀具、无心磨削的砂轮和导轮等
薄片砂轮	PB		50~400	6~127	0.2~5	主要用于切断和开槽等
筒形砂轮	N		250~600	25~100	75~150	用于端面磨平面
杯形砂轮	B		100~300	20~140	30~150	用于磨平面、内圆及刃磨刀具
碗形砂轮	BW		100~300	20~140	30~150	用于导轨磨、端磨平面及刃磨刀具
碟形砂轮	D		75 100~300	13 20~400	8 10~35	用于磨铣刀、铰刀、拉刀等，大尺寸的用于磨齿轮端面

为了便于识别砂轮的全部特征，每个砂轮上均有一定的标志印在砂轮端面上。其顺序是磨料、粒度号、硬度、结合剂、形状、尺寸(砂轮与磨头的尺寸是指外径、厚度、内径；

油石与砂瓦的尺寸是指长度、宽度、高度)等。

一双面凹砂轮,其基本特性参数如下:

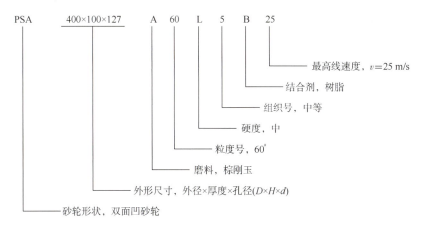

3. 砂轮的选择

在实际生产中,应从实际情况出发加以分析,选用比较适合的砂轮。

(1)磨削硬材料,应选择软的、粒度号大的砂轮;磨削软材料,应选择硬的、粒度号小的、组织号大的砂轮;磨削软而韧的工件时,应选大气孔的砂轮。

(2)粗磨时为了提高生产率,应选择粒度号小、软的砂轮;精磨时为了提高工件表面质量,应选择粒度号大、硬的砂轮。

(3)大面积磨削或薄壁件磨削时,应选择粒度号小、组织号小、软的砂轮。

(4)成形磨削时,应选择粒度号大、组织号小、硬的砂轮,一般选用 $100^{\#} \sim 240^{\#}$,L 或 M、组织号 $3^{\#} \sim 4^{\#}$ 的砂轮。磨淬硬钢选用 H~K 的砂轮;磨未淬硬钢选用L~N的砂轮。

(5)刃磨刀具,一般用 $3^{\#} \sim 100^{\#}$ 的砂轮;刃磨高速钢刀具,一般用 J 或 K 的砂轮;刃磨硬质合金刀具,一般用 L~N 的砂轮。

5.2.2 砂轮的安装与平衡

1. 砂轮的安装

不同形状和尺寸的砂轮,安装方法也各不相同,常用的几种安装方法如图 5-11 所示。一般孔径较大的平形砂轮用带台阶的法兰盘装夹在主轴上,如图 5-11(a)所示,砂轮先用螺母和螺钉夹紧在两个法兰盘之间,然后再把法兰盘和砂轮一起装到砂轮轴的外锥体上,用螺母拧紧。一般砂轮则用两块法兰盘用螺母直接夹紧安装在砂轮轴上,如图 5-11(b)所示。图 5-11(c)所示为直径较小的平形和碗形砂轮,用螺母和垫圈直接紧固在砂轮轴上。更小的砂轮则用黏胶剂黏固在轴颈或接长轴上,如图 5-11(d)所示小内圆磨砂轮,用氧化铜和磷酸做黏结剂,将砂轮黏结在接长轴上,再把接长轴安装到内圆磨床的砂轮轴上。

安装砂轮前,首先要检查所选砂轮有无裂纹,这可通过外形观察,或用木棒轻敲,如发清脆声者为良好,发嘶哑声者为有裂纹,有裂纹的砂轮绝对禁止使用。

砂轮内孔与砂轮轴或法兰盘外圆之间,不能过紧,否则磨削时受热膨胀,易使砂轮胀裂,也不能过松,否则砂轮容易发生偏心,失去平衡,以致引起振动。一般配合间隙为 0.1~0.8 mm,高速砂轮间隙要小一些。

用法兰盘装夹砂轮时两个法兰盘直径应相等,如图 5-11(b)所示,其外径应不小于砂轮外径的 1/3。在法兰盘与砂轮端面之间应用厚纸板或耐油橡皮等做衬垫,如图 5-11(b)中的 6,使压力均匀分布,螺母的拧紧力不能过大,否则砂轮会破裂。注意紧固螺纹的旋向,应与砂轮的旋向相反,即当砂轮逆时针旋转时,螺母用右旋螺纹,这样砂轮在磨削力作用下,会带动螺母越旋越紧。

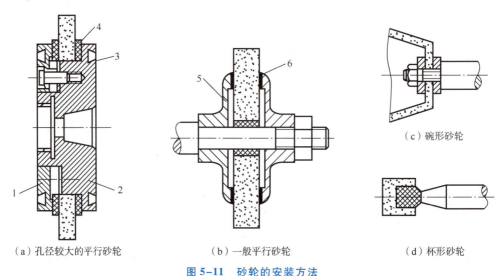

图 5-11 砂轮的安装方法

1、2、5—法兰盘;3—平衡块槽;4—厚弹性垫板;6—弹性垫板

2. 砂轮的平衡

一般直径大于 125 mm 的砂轮都要进行平衡,使砂轮的重心与其旋转中心相重合。

由于几何形状的不对称,外圆与内孔的不同心,砂轮各部分松紧程度的不一致,以及安装时的偏心等原因,砂轮重心往往不在旋转中心线上,导致产生不平衡现象。不平衡的砂轮易使砂轮主轴产生振动或摆动,因而使工件表面产生振痕,使主轴与轴承迅速磨损,甚至造成砂轮破裂事故。一般砂轮直径越大,圆周速度越快,工件表面粗糙度要求越高,砂轮的平衡就越重要。

砂轮平衡的方法有三种:静平衡、动平衡、自动平衡。

(1)砂轮的静平衡。就是在砂轮法兰盘的环形槽内装入几块平衡块(图 5-12),通过调整平衡块的位置,使砂轮重心与它的回转中心线重合。

砂轮静平衡的步骤如下:

① 校正平衡架导轨 5 表面至水平位置。

② 将需要平衡的砂轮 3 装夹在法兰盘 1 上,并套在平衡心轴 2 上,放在平衡架 6 上进行平衡。

③ 用手轻轻推动砂轮,让砂轮在导轨上缓慢滚动。如果砂轮不平衡,则砂轮会在导轨上摆动,当摆动停止时,重心必处在砂轮的下方位置。此时在其上方的轻点处用粉笔作一记号。

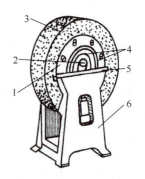

图 5-12 砂轮的静平衡

1—法兰盘;2—芯轴;
3—砂轮;4—平衡块;
5—平衡导轨;6—平衡架

④ 在砂轮轻的一边，装上第一个平衡块 4，并在其两侧对称地各装一个平衡块。

⑤ 检查砂轮是否平衡。如果不平衡，则可同时移动两侧对称的平衡块，向砂轮轻的一边移动，直至平衡为止。

⑥ 用手轻轻拨动砂轮，使砂轮缓慢滚动；如果在任何位置都能使砂轮静止，则说明砂轮已平衡好了。

⑦ 拧紧平衡块的紧固螺钉。

(2) 砂轮的动平衡。经静平衡后的砂轮，一般可以满足一定的使用要求。但是，由于受平衡架导轨的水平精度、平衡心轴的圆度及滚动摩擦等因素的影响，静平衡的精度仍不太高。大直径砂轮，由于重量很重，静平衡时不仅劳动强度很大，费时较多，同时由于过重的重量会使平衡架和平衡心轴产生变形，因而会影响平衡精度。此外，用静平衡法平衡宽砂轮时只能达到静态平衡，当砂轮高速旋转时，又可能产生动态不平衡。因此，对于高精度磨床和大砂轮、宽砂轮磨床，要采用动平衡方法，方能达到较好的平衡效果。

砂轮的动平衡可用动平衡仪进行。动平衡仪一般由传感器、电子仪器和闪光灯组成。砂轮组件的不平衡所引起的振动，由传感器接收转换成电信号，经放大器放大，一方面在仪器上指示出不平衡量的大小，另一方面通过闪光灯发出的同步闪光显示出砂轮组件重心偏移的方位。找出砂轮组件的不平衡重量和方位后，通过加平衡块或移动平衡块的位置，便可使砂轮组件达到动平衡。

(3) 砂轮的自动平衡。经过静平衡或动平衡的砂轮，由于使用过程中的多次修整和对磨削液吸附的差异，以及磨削过程中的不均匀磨损等，会使砂轮产生新的动态不平衡。因此，在高精度磨削和高速磨削时，常采用砂轮自动平衡装置，对砂轮的不平衡情况随时进行检测，并加以自动补偿，使砂轮在磨削过程中始终保持良好的平衡状态。

5.2.3 砂轮的修整

1. 砂轮的钝化

新的砂轮，表面形成不同粗细程度的微刃，具有良好的切削性能。砂轮工作一段时间以后，砂轮的工作表面就会钝化。

砂轮钝化主要有磨粒磨钝[见图 5-13(a)]、砂轮外形失真[见图 5-13(b)]、砂轮堵塞[见图 5-13(c)] 三种形式。

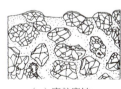
(a) 磨粒磨钝

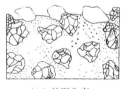
(b) 外形失真

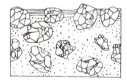
(c) 堵塞

图 5-13 砂轮的钝化

砂轮的磨粒磨钝以后，磨粒的锋利棱角完全变钝，从而失去磨削能力。磨钝的砂轮继续磨削，会使工件表面烧伤，产生螺旋进给痕迹，并造成强烈的磨削噪声。

砂轮外形失真是由于砂轮表面的磨粒不均匀脱落造成的。砂轮外形失真后，会影响工件的表面形状精度和表面粗糙度。

磨削韧性材料时,砂轮最容易堵塞,堵塞的砂轮一般表面发亮,磨削时砂轮与工件间会产生很大的摩擦和挤压。因此需要修整,以保持良好的切削性能。

2. 修整工具

修整砂轮常用金刚石笔,它具有极高的硬度,其尖端角度为70°~80°,如图5-14所示。修整时,磨粒碰到金刚石坚硬的尖角,就会碎裂并形成新的微刃。由于金刚石与砂轮的接触面积小,故引起的弹性变形也小,从而可获得精细的修整表面。

金刚石的大小,可按砂轮直径选择,直径较大时选用大颗粒,直径小时选用小颗粒,一般修整直径为400 mm左右的砂轮,可选用0.4~1克拉(每克拉等于0.2 g)的金刚石。金刚石是贵重物品,应牢固地镶焊在专用刀杆上,使用前应用手检查金刚石是否有松动,有松动的金刚石不能使用。

3. 砂轮圆周面的修整

(1)修整方法及步骤。

① 将砂轮修整器底座1安装在工作台上并用螺钉紧固(见图5-15)。

② 将金刚石4紧固在圆杆2的前端,将圆杆固定在支架3上。

③ 启动砂轮5和液压泵,并快速引进砂轮,调整并紧固工作台挡铁。

④ 使金刚石棱角对准砂轮,移动支架,使金刚石靠近砂轮。

⑤ 砂轮作横向进给,并开启切削液泵和切削液喷嘴,启动工作台液压纵向进给按钮。

(2)修整用量。修整用量包括横向进给量和纵向进给量,可按粗修整或精修整选取(见表5-8)。

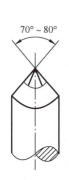

图5-14 金刚石笔

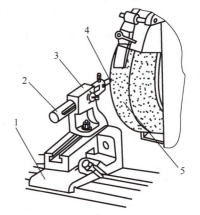

图5-15 砂轮圆周面的修整

1—底座;2—圆杆;3—支架;4—金刚石;5—砂轮

表5-8 砂轮修整用量

项 目	横向进给量/mm	纵向进给量/mm
粗修整	0.01~0.03	0.4
精修整	0.005~0.01	0.2~0.05

(3)注意事项。

① 安装金刚石时,应尽量使其与水平面的倾角为5°~15°,与端面的偏角一般为20°~30°,当金刚石磨钝后(前端呈平面),可将金刚石转一角度,以利用棱角修整,如

图 5-16 所示。

② 金刚石的安装高度要低于砂轮中心 1~2 mm，以防止金刚石扎入砂轮，如果高于砂轮中心时，金刚石尖锋易嵌入砂轮，并容易产生振动，使金刚石颗粒容易脱落，砂轮容易碎裂。

③ 金刚石笔修整砂轮时在磨床工作台上的安装位置，应尽量与砂轮磨削工件的位置相当［见图 5-17（a）］，如位置相差太大［见图 5-17（b）］，当砂轮架导轨与床身导轨不垂直时，砂轮与工件可能只局部接触，形成螺旋形磨痕。

④ 切削液应充分地浇注在金刚石上，不能间断，以防止金刚石因骤冷骤热而碎裂。

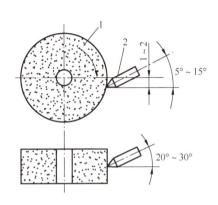

图 5-16　金刚石的安装角度与高度
1—砂轮；2—金刚石

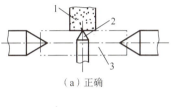

（a）正确

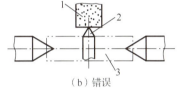

（b）错误

图 5-17　金刚石刀杆的安装位置
1—砂轮；2—金刚石；3—工件

5.2.4　砂轮使用时的安全知识

磨削加工工作时，砂轮高速旋转，若砂轮有缺陷或安装使用不当，就会破裂飞出，很容易造成操作伤害。所以，正确安装和使用砂轮，对于保证磨削人员的安全是十分必要的。砂轮是一种脆性物体，高速旋转时产生很大的离心力，一旦离心力超过砂轮的强度，就会破裂伤人，砂轮受到高（低）温影响，受震荡或使用不当，也会出现同样的事故。因此，掌握在转动、保管、安装和使用砂轮中的有关保障安全的事项是非常重要的。

砂轮的储存、运输和使用的安全要求：

（1）在搬运和储存砂轮过程中，不应使砂轮受到强烈的震动和撞击，不然就会造成裂纹、破碎和磕边缺口现象，从而给使用留下隐患。

（2）选择不使砂轮受潮、受冻和受高温的地方存储砂轮，以确保其强度。以橡胶为结合剂的砂轮要避免与油类接触，以树脂为结合剂的以二年为宜，超过存放年限的砂轮，要经过严格地检验，确认无问题方可使用。

（3）砂轮机必须安装合适的防护罩，以防砂轮突然破碎后飞出碎片伤人。

（4）磨削前，应使砂轮空转 1~3 min，观察判断安装是否合理，运转是否正常。磨削操作时，应站在砂轮旋转方向的侧面，防止万一砂轮碎片飞出而受伤害。

（5）不准用砂轮磨有色金属及木材、纤维板等。因为这些材质的磨屑极易堵塞砂轮磨面，导致降低磨削效率和磨削时产生打滑、振动和噪声，既影响质量，还容易发生事故。

（6）安装砂轮要符合要求。夹持砂轮的单面法兰盘盘径不应小于砂轮外径的 1/3，而且两个夹盘盘径必须相应。砂轮内孔与轴配合要留有适当的空隙，以免磨削时的热膨胀导致砂轮碎裂；但配合间隙不宜过大，否则砂轮会产生偏斜，失去平衡。固定砂轮螺母，其螺纹应和砂轮旋转方向相反，以免因转动螺母脱出，发生意外事故。

（7）正确选用磨削用具，这既是保证质量和效率的重要因素，又是保证安全的重要手段。首先，砂轮线速度不得超过规定的安全线速度；其次，磨削用量，包括砂轮圆周线速度、工作圆周线速度、纵向进给速度、砂轮横向或垂直进给量等，要选择适当。通常磨削加工量较小的情况下，如果任意加大磨削量，可能会损坏砂轮，甚至发生事故。

（8）砂轮机应装有吸尘装置，以保障操作不受粉尘危害。吸出砂粒尘埃要经过净化处理，保持作业环境清洁。

5.3 外圆磨削

知识点

- 外圆磨床的结构组成；
- 磨床的液压传动系统；
- 外圆磨削质量分析。

技能点

- 工件的正确装夹；
- 外圆磨削方法；
- 磨台阶方法；
- 外圆锥面磨削方法；
- 无心磨削方法。

外圆磨削在外圆磨床上进行，是用砂轮外圆周面来磨削工件的外回转表面的磨削方法。它能加工圆柱面、圆锥面、端面、球面和特殊形状的外表面等各类外回转表面。

5.3.1 万能外圆磨床

图 5-18 所示为 M1432A 万能外圆磨床。其中，M 表示磨床的代号；1 表示外圆磨床组；4 表示万能外圆磨床型；32 表示最大磨削直径为 320 mm；A 表示在性能和结构上做过第一次重大改进。

1. 主要组成部分及其功能

M1432A 是由床身、工作台、头架、尾座和砂轮架等部件组成。

（1）床身。床身用于安装各部件，上部有工作台和砂轮架，内部装有液压传动系统。

（2）工作台。工作台有两层，下工作台沿床身导轨作纵向往复运动，上工作台相对下工作台能作一定角度的回转，以便磨削圆锥面。

（3）头架。头架上有主轴，可用顶尖或三爪自定心卡盘夹持工件旋转。头架由双速电动机带动，可以使工件获得不同的转速。

（4）尾座。尾座是用于磨细长工件时支持工件的，它可以在工作台上作纵向调整，当

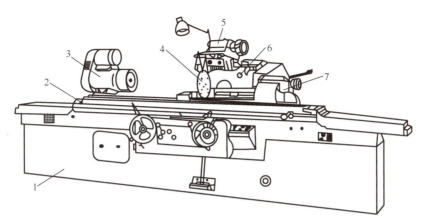

图 5-18　M1432A 万能外圆磨床
1—床身；2—工作台；3—头架；4—砂轮；5—内磨头；6—砂轮架；7—尾座

调整到所需位置时将其紧固。扳动尾座上的手柄时，顶尖套筒可以推出或者缩进，以便装夹或卸下工件。

(5) 砂轮架。砂轮装在砂轮架的主轴上，由单独的电动机经传动带直接带动旋转，砂轮架可沿着床身后部的横向导轨前后移动，移动的方式有自动周期进给、快速引进和退出、手动三种，前两种是由液压传动实现的。

万能外圆磨床与普通外圆磨床所不同之处，只是在前者的砂轮架、头架和工作台上都装有转盘，能回转一定的角度，并增加了内圆磨具等附件。因此它不仅可以磨削外圆柱面，还可以磨削内圆柱面以及锥度较大的内、外圆锥面和端面。

2. 外圆磨床磨削运动

在外圆磨床上进行外圆磨削时，有以下几种运动：
(1) 砂轮的高速旋转运动是磨削外圆的主运动。
(2) 工件随工作台的纵向往复运动是磨外圆的纵向进给运动。
(3) 工件由头架主轴带动旋转是磨削外圆的圆周进给运动。
(4) 砂轮做周期性的横向进给运动。

5.3.2　工件的装夹

在外圆磨床上磨削零件时，工件定位是否正确、夹紧是否牢固会影响加工精度和操作的安全。外圆磨削一般有以下几种装夹方法。

1. 顶尖装夹

常用于轴类零件，安装时工件支持在两顶尖之间，如图 5-19 所示，装夹方法与车削中所用方法基本相同。但为保证磨削精度，减少顶尖加工带来的误差，磨床所用的顶尖是不随工件一起转动的。这种方法的特点是装夹方便，定位精度高。

(1) 对中心孔的技术要求。中心孔是工件的定位基准，因此它在外圆磨削中占有非常重要的地位。中心孔的形状误差和其他缺陷，如圆度、碰伤、拉毛等都会影响工件的加工精度。当中心孔为椭圆形时，工件也会被磨成椭圆形；如中心孔钻得太深或太浅都会使顶尖与中心孔的接触不良，从而影响定位精度；中心孔钻偏或两端中心孔不同轴，也会影响顶尖与中心孔的接触位置；通常对中心孔的锥角也有一定的要求。

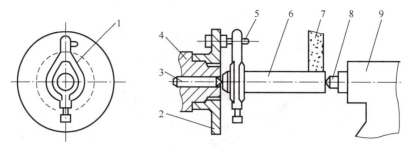

图 5-19 顶尖装夹

1—夹头；2—拨盘；3—前顶尖；4—头架主轴；5—拨杆；
6—工件；7—砂轮；8—后顶尖；9—尾座

为了保证工件的磨削精度，对中心孔有以下要求：

① 60°锥面的锥角要正确，锥面不能有圆度和多角形误差。中心孔用涂色法检验，与顶尖的接触面应大于80%以上。

② 60°锥面不能有毛刺、碰伤等缺陷。要求较高的中心孔取表面粗糙度 Ra 为 0.4 μm。

③ 两端中心孔应处于同一轴线上。

④ 中心孔的尺寸可按工件直径选取。对于大型工件，取较大中心孔。

⑤ 对于特殊零件，可以采用特殊结构的中心孔。例如，磨削大型精密转子，其圆度公差为 0.001 25 mm，由于转子两端为硬度较低的材料，磨削时不能承受较大的压力，从而产生变形。特殊中心孔用淬硬钢制成，并用加工中心螺纹装入工件轴的两端。

(2) 对顶尖的技术要求。顶尖的60°锥角用量规检查，接触面应大于80%；表面粗糙度一般为 $Ra0.4$ μm，表面无毛刺和压痕，磨耗的顶尖需及时修磨；莫氏圆锥用量块检查，接触面也应大于80%；顶尖的头部和柄部的同轴度公差在 0.005 mm 以内。

(3) 用两顶尖装夹工件需注意以下事项：

① 两顶尖装入机床后，要检查头架顶尖与尾座顶尖的对正情况。

② 注意清理中心孔内的残留杂物，防止用硬物撞击中心孔端部。

③ 磨削时，中心孔内应加润滑油，大型工件则可加润滑脂。

④ 使用半顶尖时，要防止削扁部分刮伤中心孔。

⑤ 合理调节顶紧力。尾座顶尖的顶紧力太大，会引起细长工件的弯曲变形，并且会加快中心孔磨损；机床配件磨削大型工件时，则需要较大的顶紧力。磨削时须将尾座套筒锁紧。磨削一批工件时，需逐件调整顶紧力。

⑥ 要注意夹头偏重对加工的影响，防止将工件磨成心脏形。

2. 卡盘装夹

磨床上应用的卡盘有三爪自定心卡盘、四爪卡盘和花盘三种。无中心孔的圆柱形工件大多采用三爪自定心卡盘，不对称工件采用四爪卡盘，形状不规则的采用花盘装夹。

3. 心轴装夹

盘套类空心工件常以内孔定位磨削外圆，往往采用心轴来装夹工件。常用的心轴种类和车床类似，心轴必须和卡箍、拨盘等传动装置一起配合使用，装夹方法与顶尖装夹相同。

5.3.3 外圆磨削方法

磨外圆常用的方法有纵向磨削法、切入磨削法和分段磨削法三种。

1. 纵向磨削法

磨削外圆时，砂轮的高速旋转为主运动，工件作圆周进给运动，同时随工作台沿工件轴向做纵向进给运动。在工作台单行程或往复行程一次时，砂轮作一次横向进给，经过多次循环进给磨去工件全部余量。采用纵磨法每次的横向进给量少，磨削力小，散热条件好，它特别适合外圆的精磨。磨削时适当地进行无火花磨削（光磨），则可以获得较高的加工精度和较低的表面粗糙度值。是目前生产中使用最广泛的一种方法。但工件磨削长度接近或小于砂轮宽度时，则此法不宜使用（见图5-20）。

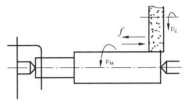

图 5-20 纵向磨削法

纵向法的磨削余量一般为 0.3～0.5 mm，通常将磨削划分为粗磨和精磨两个阶段。

粗磨要求以最短的时间磨去工件大部分余量，从而提高生产率。

精磨是在粗磨后再磨去极少的余量，以使工件达到精度要求，精磨余量一般为 0.05 mm 左右。

纵向法磨削用量选择如下：粗磨时，磨削余量为 0.01～0.03 mm；精磨时，磨削余量 <0.01 mm。粗磨时，进给量 $r=(0.4～0.8)B$；精磨时，进给量 $r=(0.2～0.4)B$，式中 B 为砂轮宽度。砂轮的线速度通常选用 35 m/s，但它会随砂轮直径的减小而下降。工件的转速可按表5-9选择。

表 5-9 磨削外圆时工件转速的选择

工件直径/mm	<20	20～50	50～80	80～110	110～150
工件转速/(r/min)	150～250	100～180	50～100	40～70	30～50

纵向磨削法应注意，砂轮超越工件两端的长度应控制在砂轮宽度的 1/3～1/2 以内（见图5-21），使砂轮在工件全长内均匀磨削，保证工件的圆柱度公差。

2. 横向磨削法（切入法）

采用这种磨削形式，在磨削外圆时工件不需做纵向进给运动，砂轮以缓慢的速度连续或断续地沿工件径向做横向进给运动，直至达到精度要求。因此就要求砂轮的宽度比工件的磨削宽度大，一次行程就可完成磨削加工的全过程，如图5-22所示。所以加工效率高，切入法适用于磨削长度小于砂轮宽度的工件。同时它也适用于成形磨削。然而，在磨削过程中，砂轮与工件接触面积大，磨削力大，必须使用功率大、刚性好的机床。另外，磨削热集中，磨削温度高，势必影响工件的表面质量，必须用充分的切削液来降低磨削温度。

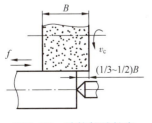

图 5-21 砂轮超越长度

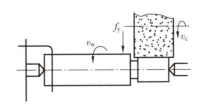

图 5-22 横向磨削法

3. 分段磨削法

分段磨削法是切入磨削法和纵向磨削法的综合，故又称综合磨削法。如图 5-23 所示，先用切入法将工件分段粗磨，留余量 0.03～0.05 mm。切入磨削时相邻两段间有 5 mm 左右的重叠。最后用纵向法精磨至要求的尺寸。

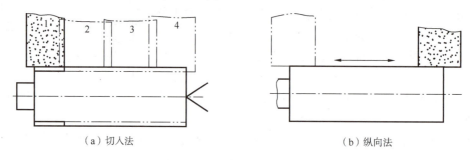

图 5-23 分段磨削法

分段磨削法适用于磨削余量较多，且工件磨削长度与砂轮宽度的比值为 3～4 的工件。

5.3.4 台阶磨削方法

磨削台阶轴外圆，应正确选择磨削的方法。当工件磨削的长度小于砂轮的宽度时，应采用切入磨削法，或采用成型砂轮切入磨削法。当工件磨削的长度较长时，可用纵向磨削法或分段磨削法。

1. 台阶轴外圆柱面的磨削方法

(1) 用纵向磨削法磨削最长的外圆柱面，以便找正工作台，使工件的圆柱度在规定公差之内。

(2) 用纵向法磨削台阶旁的外圆时，需细心调整工作台行程，使砂轮在越出台阶时不发生碰撞。

(3) 为使砂轮在工件全长均匀磨削，待砂轮磨至台阶旁换向时可使工作台停留片刻。

(4) 按工件加工顺序安排磨削，先磨削精度较低的外圆，对于精度要求最高的外圆应安排在最后精磨。

(5) 按工件的磨削余量划分粗、精磨削，一般留精磨余量为 0.06 mm 左右。

(6) 在精磨前后，用百分表测量工件外圆的径向圆跳动。

2. 台阶轴端面的磨削方法

(1) 用金刚石将砂轮的端面修整成内凹形。

(2) 磨端面时需将砂轮横向退出 0.1 mm，以防砂轮与已加工外圆表面接触。

(3) 手摇工作台纵向进给手轮，慢慢且均匀地进给。可观察磨削火花，控制磨削进给量。

(4) 按端面的磨削余量划分粗、精磨削。

(5) 用样板平尺测量端面平面度和用百分表测量端面圆跳动。

5.3.5 外圆锥面磨削方法

磨外圆锥通常可采用转动工作台、转动头架和转动砂轮架的方法完成。

1. 转动工作台磨外圆锥

用转动工作台磨削外圆锥,调整机床方便,加工精度较高。但受机床回转角度的限制,只能磨削圆锥半角小于 9°的圆锥体,如图 5-24 所示。

工件通常用两顶尖装夹,装夹时应使工件圆锥的大端靠机床头架方向,工件的轴线由两顶点确定按照工件圆锥的位置,磨削时只要将上工作台相对下工作台按逆时针方向转过工件圆锥半角($\alpha/2$)即可;通常用试磨的方法来精确调整工作台。在试磨工件全长以后,用圆锥套规测量工件的锥度,并按擦痕判断工作台的调整方向和调整量。若其擦痕靠近大端时,则说明工件的锥度太大,工作台应按顺时针方向调整;反之,工作台应按逆时针方向调整。工作台调整后要及时锁紧。

磨削时应先粗磨,后精磨,按加工余量和加工要求分配磨削余量,最后的检测可用圆锥套规着色检验。

2. 转动头架磨外圆锥

当磨削较大圆锥角的圆锥时,可用卡盘装夹工件,用转动头架的方法磨外圆锥,如图 5-25 所示。工件装夹后要适当校正,以防止工件歪斜;然后把头架按逆时针方向回转工件圆锥半角($\alpha/2$),头架回转角度的大小可由刻度盘读出,调整后锁紧螺母。由于刻度盘的读数误差较大,故需要再作精确地调整。

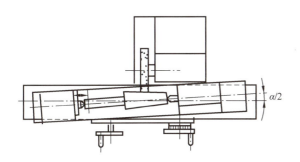

图 5-24 转动工作台磨外圆锥

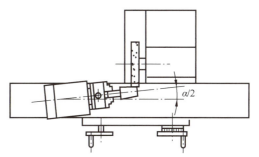

图 5-25 转动头架磨外圆锥

磨削方法可采用纵向法磨削,也可采用切入法磨削。

3. 转动砂轮架磨外圆锥

当磨削锥度较大、磨削圆锥素线较短的工件,要用转动砂轮架的方法来磨削,如图 5-26 所示。工件用两顶尖装夹。由于受到砂轮架以及砂轮位置的限制,装夹工件时工件圆锥的大端应靠尾座方向,以便砂轮能横向切入磨削。砂轮架调整时松开螺母,将砂轮架按逆时针方向回转一个工件圆锥半角($\alpha/2$),调整后锁紧螺母。砂轮架调整后,可用横磨法试磨工件并进一步调整。由于砂轮架调整较困难,故通常用工作台的补偿调整,以修正砂轮架的回转角度,但调整时应注意工作台的回转方向。

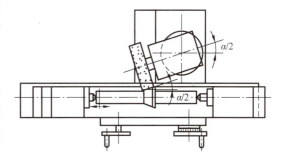

图 5-26 转动砂轮架磨外圆锥

5.3.6 外圆磨削质量分析

在磨外磨削过程中，由于有多种因素的影响，零件表面容易产生各种缺陷。常见的缺陷及解决措施如下。

1. 多角形缺陷

零件表面沿母线方向上出现一条条等距的直线痕迹，其深度小于 0.5 μm，如图 5-27 所示。

产生的原因主要是由砂轮与工件沿径向产生周期性振动所致。振动的原因：砂轮或电动机不平衡；轴承刚性差或间隙过大；两顶尖莫氏锥度部分与头架、尾座套筒接触不良；工件的中心孔与顶尖

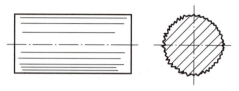

图 5-27 多角形缺陷

接触不良；砂轮磨损不均匀或本身硬度不均匀，砂轮切削刃变钝等。消除振动的措施：仔细调节砂轮静平衡和电动机的动平衡并采取隔振措施；顶尖莫氏锥度部分与机床头架、尾座锥孔接触面积不小于 80%；选用合适的砂轮并及时修整；调整主轴轴承间隙；修研工件中心孔等。

2. 螺旋形缺陷

磨削后的工件表面呈现出很浅的螺旋痕迹，痕迹的间距等于工件每转的纵向进给量。几种螺旋形缺陷如图 5-28 所示。

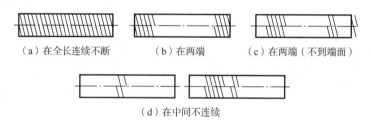

(a) 在全长连续不断　　(b) 在两端　　(c) 在两端（不到端面）

(d) 在中间不连续

图 5-28 几种螺旋形缺陷

产生的主要原因：由于砂轮微刃的等高性破坏或砂轮局部与工件接触时都会产生螺旋形缺陷。例如，砂轮母线与工件母线不平行；砂轮两边硬度偏高；头架、尾座刚性不等；砂轮主轴刚性差；导轨润滑油压力过高或油太多使工作台漂浮而产生摆动等原因都能产生螺旋形缺陷。消除缺陷的措施：修整砂轮，保持微刃等高；调整轴承间隙与主轴上的母线精度，允许上母线翘头 0.003~0.005 mm/100 mm；砂轮两边修成台肩形或倒圆角，使其不参与切削；工作台润滑油要合适，同时要有卸载装置，使导轨润滑油成为低压供油。

3. 拉毛（划伤或划痕）

拉毛缺陷如图 5-29 所示。产生的原因：砂轮磨粒自锐性过强；切削液不清洁；砂轮罩上磨屑落在砂轮与工件之间，将工件拉毛。消除拉毛的措施有：砂轮磨料选择韧性高的材料；砂轮硬度可适当提高；砂轮修正后用切削液、毛刷清洗；清理砂轮罩上的磨屑；用纸质过滤器或涡旋分离器对切削液进行过滤。

4. 烧伤

磨削后工件表面呈黑褐色，可分为螺旋形烧伤和点烧伤，如图 5-30 所示。产生烧伤的原因：砂轮硬度偏高；横向或纵向进给量过大；砂轮切削刃变钝；散热不良等。消除措

施有：严格控制进给量（高精度磨削时不应有火花出现）；降低砂轮硬度；及时修正砂轮；切削液要充分。

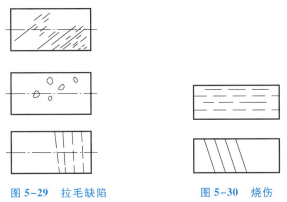

图 5-29　拉毛缺陷　　　图 5-30　烧伤

5.3.7　无心磨削方法

无心磨削是工件不定中心的磨削，主要有无心外圆磨削和无心内圆磨削两种方式。无心磨削不仅可以磨削外圆柱面、内圆柱面和内外锥面，还可磨削螺纹和其他形状表面。下面以无心外圆磨削为例做一介绍。

1. 工作原理

无心外圆磨削与普通外圆磨削方法不同，工件不是支承在顶尖上或夹持在卡盘上，而是放在磨削轮与导轮之间，以被磨削外圆表面作为基准、支承在托板上，如图 5-31（a）所示。砂轮与导轮的旋转方向相同，由于砂轮的旋转速度很大，但导轮（用摩擦系数较大的树脂或橡胶作结合剂制成的刚玉砂轮）则以较低的速度旋转，依靠摩擦力限制工件的旋转，使工件的圆周速度基本等于导轮的线速度，从而在砂轮和工件间形成很大的速度差，产生磨削作用。

为了加快磨削过程和提高工件圆度，工件的中心必须高于砂轮和导轮的中心连线，这样工件与砂轮和导轮的接触点不可能对称，从而使工件上凸点在多次转动中逐渐磨圆。实践证明：工件中心越高，磨削过程越快，越易获得较高圆度；但高出距离不能太大，否则导轮对工件的向上垂直分力会引起工件跳动。一般取 $H=(0.15\sim0.25)d$，d 为工件直径。

2. 磨削方式

无心外圆磨削有两种磨削方式：贯穿磨削法（纵磨法）和切入磨削法（横磨法）。

（1）贯穿磨削法。使导轮轴线在垂直平面内倾斜一个角度 α，如图 5-31（b）所示，这样把工件从前面推入两砂轮之间，它除了作圆周进给运动以外，还由于导轮与工件间水平摩擦力的作用，同时沿轴向移动，完成纵向进给。导轮偏转角 α 的大小，直接影响工件的纵向进给速度。α 越大，进给速度越大，磨削表面粗糙度越高。通常粗磨时取 $\alpha=2°\sim6°$，精磨时取 $\alpha=1°\sim2°$。贯穿磨削适用于磨削不带凸台的圆柱形工件，磨削表面长度可大于或小于磨削轮宽度。磨削加工时一个接一个连续进行，生产率高。

（2）切入磨削法。先将工件放在托板和导轮之间，然后使磨削砂轮横向切入进给，来磨削工件表面。这时导轮中心线仅需偏转一个很小的角度（约 30′），使工件在微小轴向推力的作用下紧靠挡块，得到可靠的轴向定位，如图 5-31（c）所示。

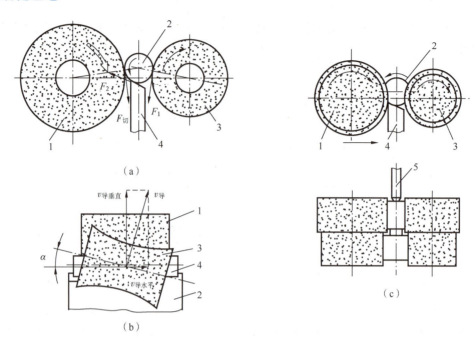

图 5-31 无心外圆磨削
1—砂轮；2—工件；3—导轮；4—托板；5—挡块

3. 特点与应用范围

在无心外圆磨床上磨削外圆，工件不需打中心孔，装卸简单省时。用贯穿磨削时，加工过程可连续不断运行；工件支承刚性好，可用较大的切削用量进行切削，而磨削余量可较小（没有因中心孔偏心而造成的余量不均现象），故生产效率较高。

由于工件定位面为外圆表面，消除了工件中心孔误差、外圆磨床工作台运动方向与前后顶尖的连线不平行以及顶尖的径向跳动等项误差的影响，所以磨削出来的工件尺寸精度和几何精度都比较高，表面粗糙度值也较小。但无心磨削调整费时，只适于成批或大规模生产；又因工件的支承及传动特点，只能用来加工尺寸较小、形状比较简单的零件。此外，无心磨削不能磨削不连续的外圆表面，如带有键槽、小平面的表面，也不能保证加工面与其他被加工面的相互位置精度。

5.4 内圆磨削

知识点

- 内圆磨床的结构组成；
- 内圆磨削质量分析。

技能点

- 工件的正确装夹；
- 内圆磨削方法；

- 台阶孔磨削方法;
- 锥孔磨削方法。

5.4.1 内圆磨床

内圆磨床主要用于磨削圆柱孔、圆锥孔及端面等,普通内圆磨床如图5-32所示。由床身、工作台、头架、砂轮架、滑鞍等部件组成。

头架3装在工作台2上,并由它带着沿床身1上的导轨做纵向往复运动,头架主轴由电动机经过带传动做圆周进给运动;头架可绕垂直轴线转动一个角度,以便磨削圆锥孔。砂轮架4上装有磨削内孔的砂轮主轴,由电动机带动,砂轮架沿滑鞍5的导轨做周期性的横向进给,液压或手动控制。

5.4.2 工件的装夹

磨削内圆时,工件大多数是以外圆和端面作为定位基准。通常采用三爪自定心卡盘、四爪卡盘、花盘及弯板等夹具装夹工件,其中最常用的是用四爪卡盘通过找正装夹工件,如图5-33所示。

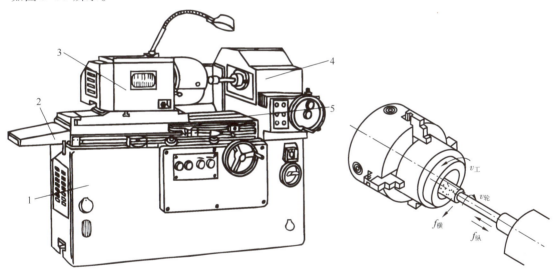

图5-32 M2120内圆磨床　　　　　　　　图5-33 四爪卡盘装夹工件
1—床身;2—工作台;3—头架;4—砂轮架;5—滑鞍

5.4.3 磨内圆的方法

内圆磨削与外圆磨削相比,由于砂轮直径受工件孔径的限制,一般较小,而悬伸长度相对较长,刚性差,磨削量不能大,所以生产率较低;又由于砂轮直径较小,砂轮的圆周速度较低,加上冷却排屑条件不好,所以表面粗糙度难以达标。因此,磨削内圆时,为了提高生产率和加工精度,砂轮和砂轮轴应尽可能选用较大直径,砂轮轴伸出长度应尽可能的短。磨削内圆的运动与磨削外圆基本相同,但砂轮的旋转方向与磨削外圆相反。

通常是在内圆磨床或万能外圆磨床上磨削内圆。磨内孔一般采用纵向磨和横向磨两种方式,如图5-34所示。磨削时,砂轮与工件的接触方式有两种,一种是后面接触如

图 5-35(a)所示；另一种是前面接触，如图 5-35(b)所示，在内圆磨床上采用后面接触，在万能外圆磨床上采用前面接触。

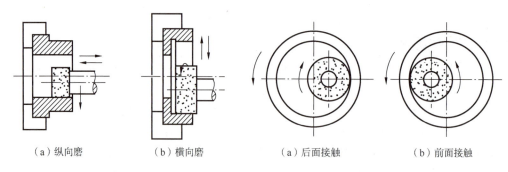

图 5-34　磨内孔的方法　　　　图 5-35　砂轮在工件孔中的磨削位置

5.4.4　磨台阶孔和锥孔的方法

1. 磨台阶孔

(1)砂轮的选择。与磨内孔一样，砂轮与工件的接触面积大，产生的切削力和切削热都较大，排屑和冷却都较困难。因此应选择砂轮直径较大、粒度较粗和中软的砂轮，其形状应为杯形砂轮。

(2)磨削准备。根据内孔的形状可采用纵向磨削法和横向磨削法，调整好工作台的行程，固定好工作台行程挡铁的位置，把砂轮修成内凹形。再把工件用四爪单动卡盘装夹在工作台上。选用合适的、刚度较好的砂轮接长轴，安装好砂轮。

(3)粗磨与精磨。按磨削余量把两孔一端面的磨削划分粗磨和精磨两阶段。粗磨前先用对刀试磨法找正头架，粗磨时可采用较大的切削用量，以便在较短时间内磨去大部分余量。精磨时则应减少切削用量。一般粗磨时，a_p 取 0.01~0.02 mm，留精磨余量为 0.04~0.08 mm；精磨时，c_p 取 0.005 mm，通过光磨可达尺寸要求。

2. 磨不通孔

(1)磨不通孔前的准备工作。

① 磨削不通孔的磨削方法最好是采用横向磨削法。首先调整好工作台的行程，防止砂轮与工件的端面碰撞。磨端面前需将砂轮端面修成内凹形(见图 5-36)，以减少砂轮与工件的接触面积，提高加工质量。同时调整头架的主轴轴线与工作台纵向运动方向平行。

② 用四爪单动卡盘装卡好工件，选用刚度较好的接长轴。

③ 磨削不通孔时，磨屑更容易在孔中积累，因此特别注意浇注充足的切削液以利于排屑和冷却。同时为提高内圆砂轮的自砺性，也常采用粒度较粗，硬度较软的杯形内磨砂轮。

(2)粗磨与精磨。按磨削余量将端面磨削和内孔面磨削分成粗磨和精磨两阶段。磨削首先用对刀试磨法找正头架。磨削的顺序应是先将砂轮端面与工件孔端面接触，纵向进给并轻靠端面。当端面粗磨后，再横向进给并磨内孔表面，因此砂轮的长度应长于孔的深度(见图 5-37)。精磨也是按这个顺序进行。在每一阶段中，孔磨好后，不能立即退刀，应先横向退刀后，再纵向退刀，否则工件表面会出现拉毛、螺形痕迹等。

粗磨时可采用较大的切削量，以便在较短时间内磨去大部分余量。

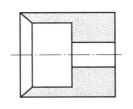
图 5-36 砂轮端面修成内凹形

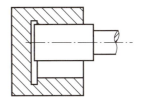
图 5-37 砂轮长于孔深

3. 内圆锥面磨削

磨削内圆锥面可以在内圆磨床和万能外圆磨床上进行。磨削方法和磨圆锥面需要注意的事项。

（1）转动头架磨内圆锥面。在内圆磨床上磨各种锥度的内锥孔，以及在万能外圆磨床上磨锥度较大的内锥孔时可采用这种方法（见图 5-38）。

（2）转动工作台磨内圆锥面。在万能外圆磨床上磨锥度不大的内锥孔时可采用这种方法（见图 5-39）。

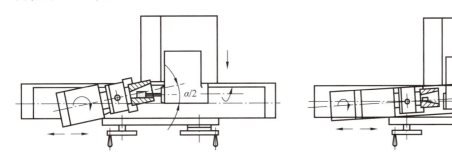

图 5-38 转动头架磨削内圆锥面　　　　　　图 5-39 转动工作台磨内圆锥面

（3）磨圆锥面时应注意事项如下：

① 工件的装夹方法和找正与磨外圆和磨内圆的相同。

② 根据磨床上的刻度所确定的工作台和头架等的转角都不是很准确的，所以在磨第一个零件时，应进行试磨和测量，并根据测量的结果，再对机床进行补充调整。试磨应以测量后余量较大的一端开始，一般只要磨出锥体长度的 1/2~2/3，就可以进行测量。

③ 磨内锥孔时，要求砂轮的回转中心与锥孔的回转中心等高，否则锥孔的母线会出现双曲线形状。

5.4.5 内圆磨削质量分析

1. 内圆柱面磨削的缺陷及消除方法

（1）表面不光洁。产生的原因是砂轮圆周速度低；砂轮修整得太粗；头架主轴松动；接长轴刚性差；砂轮安装不妥使磨削中产生振动。

消除的方法：尽可能将砂轮直径增大些；重新修整砂轮；检查头架主轴增加接长轴刚性；正确安装和修整砂轮。

（2）表面烧伤。产生的原因是砂轮粒度过细硬度过硬；排屑不良、砂轮被塞实，磨削深度太大，散热条件差。

消除的方法：正确选择砂轮特性；及时清除磨屑和修整砂轮；分粗、精磨。精磨时尽量选择小些并光磨；尽可能使用冷却液。

2. 内圆锥面磨削的缺陷及消除方法

磨削圆锥表面时，常见的表面粗糙度值大，同轴度误差，内外锥面接触情况差，主要是由锥度不准确、圆锥母线不直、圆度误差大等现象引起的。

（1）锥度不准确。锥度不准确主要由于测量不准确引起工作台、头架、砂轮架的位置调整不准确；精磨圆锥面时砂轮的锋锐程度、砂轮越程宽度、工作台换向停留时间、光磨次数等与调整锥度时的状态不一致；磨削直径小而长度大的圆锥孔时，砂轮心轴细长、刚性差、砂轮圆周速度低，则砂轮磨削能力低、易造成锥度变化；磨削热引起的热变形，故造成锥度不准确。

（2）圆锥母线不直。磨削内锥孔时，砂轮旋转轴线与工件旋转轴线不等高，锥孔母线就形成双曲线。不等高差距越大，误差也越大。应控制砂轮主轴与头架主轴的等高性及夹具中心线与砂轮中心的等高性。

（3）圆度误差。圆锥面产生圆度误差的原因及消除方法与磨削内、外柱面时相同。通常用专用的内圆磨削夹具，使工件的定位精度与回转精度靠夹具保证。

5.5 平面磨削

知识点

- 平面磨床的结构组成；
- 平面磨削质量分析。

技能点

- 工件的正确装夹；
- 平面磨削方法；
- 垂直面和斜面磨削方法；
- 薄形工件磨削方法。

5.5.1 平面磨床

M7120B 平面磨床主要由床身、工作台、立柱、砂轮架及砂轮修整器等部件组成，如图 5-40 所示。其功能主要是用砂轮外圆磨削淬硬钢和未淬硬钢、铸铁等各种金属材料，需要时也允许使用砂轮端面磨削不高的侧边或沟槽，装夹方法视工件材料形状的不同可以采用电磁工作台或直接紧固于工作台上进行磨削加工。

1. 主要组成部分及其功用

（1）工作台。工作台 2 装在床身 1 的导轨上，由液压驱动作往复运动，也可用手轮操纵，以进行必要的调整。工作台上装有电磁吸盘或其他夹具，用来装夹工件。

（2）砂轮架。它沿床鞍 5 的水平导轨作横向进给运动，也可由液压驱动或由手轮操纵。

床鞍 5 可沿立柱 8 的导轨作垂直移动，以调整磨头的高低位置及完成垂直进给运动，这一运动是通过转动进给手轮来实现的。砂轮由装在壳体内的电动机直接驱动旋转。

2. 平面磨床的磨削运动

平面磨床主要用于磨削工件上的平面。平面磨削的方式通常可分为周磨与端磨两种。周磨为用砂轮的圆周面磨削平面，这时需要以下几个运动：

（1）砂轮的高速旋转，即主运动。

（2）工件的纵向往复运动，即纵向进给运动。

（3）砂轮周期性横向移动，即横向进给运动。

（4）砂轮对工件作定期垂直移动，即垂直进给运动。

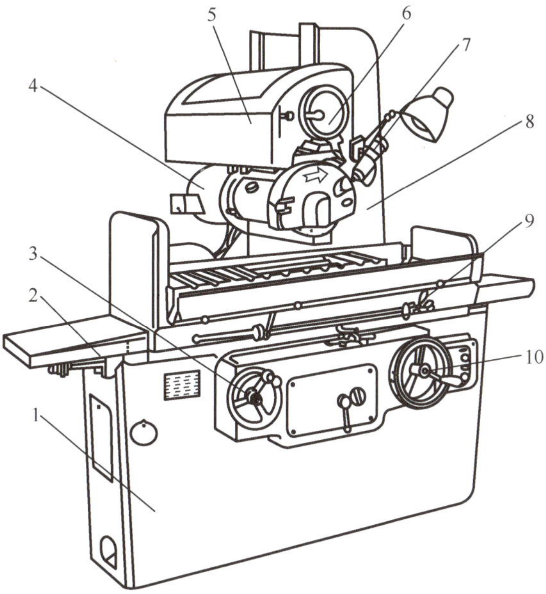

图 5-40　M7120B 型平面磨床
1—床身；2—工作台；3—驱动工作台手轮；
4—砂轮架；5—床鞍；6—横向进给手轮；
7—砂轮修整器；8—立柱；9—行程挡块；10—垂直进给手轮

端磨是用砂轮的端面磨削平面。这时需要下列运动：砂轮高速旋转；工作台圆周进给；砂轮垂直进给。

5.5.2　工件的装夹

平面磨削可以通过电磁吸盘对钢、铸铁等导磁工件以磁力作用直接安装在工作台上。磨削尺寸小或壁薄的零件时，因零件与吸盘接触面小、吸力弱、易被磨削力弹出造成事故。所以，装夹这类工件时，必须在工件的四周用挡铁围住，如图 5-41 所示。

平面磨削也可由压板安装，对磨削大型工件的平面时，可直接利用磨床工作台的 T 形槽和压板装置来安装工件，还可由辅助夹具安装，例如，用 V 形架装夹，如图 5-42 所示。

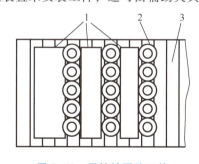

图 5-41　用挡铁围住工件
1—挡板；2—工件；3—电磁吸盘

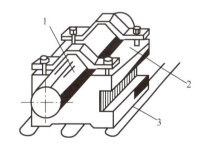

图 5-42　在磁性吸盘上用 V 形架装夹
1—工件；2—V 形架；3—磁性吸盘

对于在电磁吸盘上没有合适的平面作为定位基准面的零件，也可将精密夹具放在电磁吸盘上进行安装；图 5-43 所示为用精密角铁装夹零件，再安装在电磁吸盘上进行磨削。对于非磁性的薄片形零件，可采用图 5-44 所示的真空吸盘进行安装。

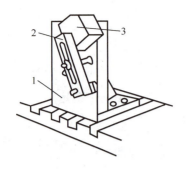

图 5-43 用精密角铁装夹工件

1—角铁；2—压板；3—工件

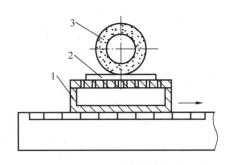

图 5-44 用真空吸盘装夹薄片工件

1—真空吸盘；2—工件；3—砂轮

5.5.3 磨平面

磨平面多在平面磨床上进行，工艺特点与磨外圆、内圆相同。砂轮旋转为主运动，并相对于工件做纵、横进给运动。平面磨削适用于淬硬工件及具有平行表面的零件精加工，如滚动轴承环、活塞环等平面磨削可达到的平面度一般为 6~5 级，表面粗糙度值 Ra 可达 1.0~0.2 μm。

根据磨削时砂轮工作表面的不同，磨削平面有周磨和端磨。在实际生产中，端面磨削一般用于粗磨。零件结构较简单、精度较低、批量大、平面大的工件，一般采用圆台立轴平面磨床，磨削方法十分简单。圆周面磨削则是加工精度较高的零件一般采用卧轴矩台平面磨床，所以应用极为广泛。其磨削方法与外圆磨床基本相同。

磨削工件上相互平行的两个平面或平行于某一基准面的一个平面，是平面磨削的主要加工内容。平面加工的主要技术要求是尺寸精度、平面度、平面之间平行度和表面粗糙度。

1. 平行面工件的磨削步骤

(1) 做磨削前准备工作，磨削前应将定位表面上的毛刺、飞边及热处理后的氧化层清除掉，并检查余量的大小。

(2) 将工件安装在电磁吸盘或平口钳上。

(3) 将砂轮移动至工件上面，使砂轮工作表面至工件表面的距离约 0.5 mm。调整好纵向进给挡铁后使砂轮反向。

(4) 启动磨头使砂轮旋转，并使砂轮垂直下降，出现火花后，使磨头横向进给，直至磨完整个平面，再作垂直进给。

(5) 精磨平面。

(6) 卸下工件。

2. 平行面磨削应注意事项

(1) 正确选择磨削步骤，先确定两平面中先磨哪一面。一般可先将面积较大、平面度、表面质量较好的表面作为粗基准。

(2) 工件必须装夹稳固。

(3) 零件批量大时，应根据工件余量的多少进行分组磨削，以提高生产效率。

(4) 翻面装夹工件时，应根据工件的平行度误差情况，调换装夹位置。工件横向有平行度误差时，装夹工件应前后调换位置；纵向有平行度误差时，工件应左右调换位置。

(5) 磨削精度较高的零件时，修整砂轮的金刚石工具应尽量安置在吸铁台面上，以避免磨头横梁导轨的误差对修整砂轮的影响。

5.5.4 磨垂直面

1. 用精密平口钳装夹工件磨垂直平面

如图5-45所示,把平口钳底平面吸紧在电磁吸盘上,将工件夹在钳口内磨一个平面,之后把平口钳连同工件一起翻转90°,将平口钳侧面吸紧在电磁吸盘上,磨削垂直面。

2. 用圆柱角尺找正磨垂直面

将圆柱角尺放在标准平板上,将已磨好的平面靠在角尺圆柱的母线上看其接触部分是否透光均匀。如工件的上部透光,在工件的右底面垫纸;工件的下部透光在工件的左底面垫纸,直至接触部透光均匀为止。之后将工件连同垫纸一起放在电磁吸盘上,通电吸住后,磨垂直平面(见图5-46)。

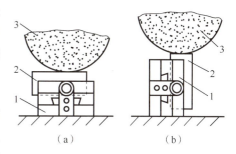

图5-45 用平口钳装夹磨削垂直平面
1—平口钳;2—工件;3—砂轮

3. 用精密角铁装夹工件磨垂直面

如图5-47所示,将精密角铁(弯板)吸紧在电磁吸盘上,把工件上精加工过的面贴紧在角铁(弯板)的垂直面上,用百分表找正被加工面成水平位置,之后用压板、螺钉将工件压紧,可获得较高的垂直精度。

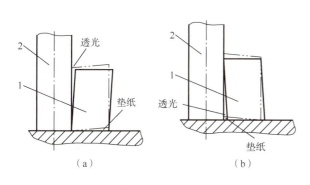

图5-46 用圆柱角尺透光、垫纸找正垂直度
1—工件;2—圆柱角尺

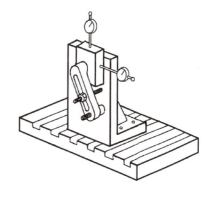

图5-47 用精密角铁装夹与找正工件

5.5.5 磨斜面

1. 用正弦电磁吸盘装夹工件磨斜面

正弦电磁吸盘装夹工件磨削斜面,如图5-48所示。

(1)正弦电磁吸盘的角度调整:

① 根据图样要求,按下列计算公式算出量块高度:

$$H = L\sin\beta \tag{5-1}$$

式中　H——量块高度,mm;
　　　L——正弦圆柱的中心距,mm;

机械制造工艺

β ——工件角度。

② 松开正弦电磁吸盘压紧螺钉，将电磁吸盘抬起，垫入量块。

③ 放下电磁吸盘，使电磁吸盘圆柱体正好搁在量块上。

④ 锁紧螺钉，并在正弦电磁吸盘两侧面装上定位挡板。

（2）工件的装夹与找正：

① 将工件放到正弦电磁吸盘上，并与定位挡板靠平。

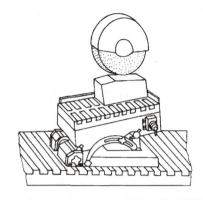

图 5-48　正弦电磁吸盘装夹工件磨斜面

② 转动通磁开关，将工件吸住。

③ 将正弦电磁吸盘连同工件一起放到机床工作台面上，放置方向应根据工件形状来确定，如工件斜面长度大于厚度，则正弦电磁吸盘应与工作台面运动方向平行放置。

④ 用百分表找正工件端面，使其与工作台运动方向平行。

⑤ 转动工作台电磁吸盘工作状态选择开关至吸住。

（3）磨削步骤：

① 调整工作台挡铁位置，使砂轮在越出工件斜面的距离内往复运动。

② 砂轮架作垂直进给，使砂轮接近工件斜面。

③ 启动砂轮与工作台，磨削斜面至图样要求。

2. 用正弦精密平口钳装夹磨斜面

当磨削小型斜面或非磁性材料的斜面时，通常可采用正弦精密平口钳装夹。

（1）正弦精密平口钳的角度调整。正弦精密平口钳的角度调整与正弦电磁吸盘的角度调整基本相同。调整时，旋松螺钉 2，将正弦规抬起，在圆柱 4 和底座 6 之间垫入量块 5，然后放下正弦规，旋紧螺钉 2，通过撑条 1 把正弦规紧固（见图 5-49）。

（2）工件的装夹与找正。

① 将正弦精密平口钳放到机床电磁吸盘台面上，找正钳口夹紧平面，使其与工作台纵向运动方向平行，然后通磁吸住平口钳（见图 5-50）。

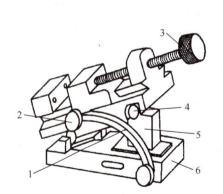

图 5-49　正弦精密平口钳的角度调整
1—撑条；2—螺钉；3—螺杆；4—圆柱；
5—量块；6—底座

图 5-50　正弦精密平口钳钳口
夹紧平面的找正

②转动螺杆3夹住工件。如果工件斜面厚度较小,可在钳口底面垫上合适的垫块,使工件斜面高出钳口平面,然后用百分表找正工件侧面并夹紧工件。

(3)磨削步骤。正弦精密平口钳磨削步骤基本上与用正弦电磁吸盘装夹磨削工件的加工步骤相同。在调整时,除了调整工作台行程距离外,还要调整砂轮架横向移动距离,特别是砂轮架在工件两端换向的位置,以防止砂轮撞到正弦平口钳上。

思考与训练

5-1 砂轮的硬度是指什么?

5-2 磨削加工过程分哪三个阶段?如何运用这一规律提高磨削生产率和减小表面粗糙度值?

5-3 什么是表面烧伤?如何避免表面烧伤?

5-4 在万能外圆磨床上磨外圆锥面有哪几种方法?适用于什么场合?机床应如何调整?

5-5 简述无心外圆磨床的磨削特点。

5-6 内圆磨床有哪几部分组成?

5-7 磨内圆与磨外圆相比有哪些特点?

5-8 平面磨削方法有哪几种?各有什么特点?

5-9 磨削45钢、灰铸铁等一般材料时,如何调整磨削用量,才能使表面粗糙度值较小?

第6章 钻削、镗削与拉削加工

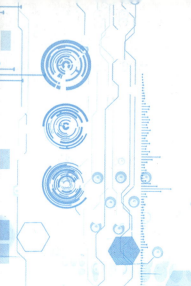

知识图谱

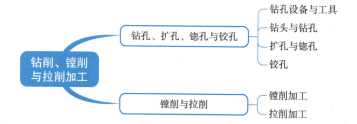

6.1 钻孔、扩孔、锪孔与铰孔

知识点

- 孔加工的方法及选择；
- 钻孔、扩孔和铰孔的刀具结构。

技能点

- 各类钻孔工具的使用；
- 钻孔和铰孔的方法；
- 扩孔的操作方法。

机械零件上有很多孔，其中有一部分孔要在车床、铣床和镗床上加工，另一部分则要由钳工利用钻床来加工。钻孔、扩孔和铰孔是钳工加工的基本操作，应用十分广泛。

用钻头在实体材料上加工孔的方法叫钻孔；用扩孔钻扩大工件上原有的孔叫扩孔；用锪钻刮平孔的端面，使端面与孔的轴线垂直，以及按照要求将孔端锪成个各种形状的加工叫锪孔；用铰刀对孔进行提高孔径尺寸精度和表面质量的精加工叫铰孔。表6-1列出了钻孔、扩孔和铰孔所能达到的精度等级和表面粗糙度。

表 6-1 钻孔、扩孔和铰孔的精度等级与表面粗糙度

项 目	钻 孔	扩 孔	铰 孔
精度等级	IT11~IT13	IT9~IT11	IT7~IT9
表面粗糙度 $Ra/\mu m$	12.5~6.3	6.3~3.2	3.2~0.8

在钻床上钻孔时,工件都是固定不动的,钻头要同时完成两个运动,如图 6-1 所示。一是主运动,即钻头绕本身轴线的旋转运动 v,也就是切下切屑的运动;二是进给运动,即钻头沿本身轴线方向所做的直线进给运动 f,也就是能让切削连续进行的运动。

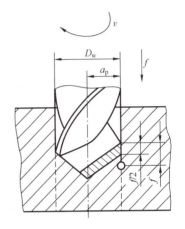

图 6-1 钻孔时钻头的运动

6.1.1 钻孔设备和钻孔工具

1. 钻孔设备

钳工钻孔时,常用的设备有台式钻床、立式钻床、摇臂钻床和手电钻等。

(1)台式钻床。台式钻床简称台钻,其外形结构如图 6-2 所示。

台钻是一种放在钳工台案上使用的小型钻床,钻孔直径一般在 12 mm 以下。由于加工孔的直径较小,台钻的主轴转速一般较高,最高转速接近 36×10^6 r/min。主轴的运动是由电动机经塔轮和三角胶带带动,改变三角胶带在塔轮上的位置,即可调节主轴的转速,以满足不同钻孔直径的需要。扳动进给运动手柄,通过其中的齿轮与齿条的啮合,可使主轴实现进给运动。图示台钻的工作台和主轴架均可在立柱上调节其位置,以适应工件高度。台钻小巧灵活,使用方便,但一般自动化程度较低。适用于单件、小批量生产中加工小型零件上的各种孔。

(2)立式钻床。立式钻床简称立钻。这类钻床的钻孔直径有 25 mm、35 mm、40 mm 和 50 mm 等几种。图 6-3 所示为常用立式钻床,它主要由主轴、主轴变速箱、进给箱、电动机、立柱、工作台和机座等组成。电动机的运动通过主轴变速箱使主轴获得需要的各种转速,从而带动钻头旋转。主轴把运动传给进给箱,可自动作轴向进给。利用手柄操纵,也可以实现手动轴向进给。进给箱和工作台可沿立柱上的导轨调整其上下移动,以适应在不同高度的工件上进行钻削加工。由于在立式钻床上通过移动工件位置的方法,使被加工孔的中心与主轴中心对中,因而操作很不方便,生产率不高,也不适于加工大型零件,故常用于单件、小批生产中加工中小型工件。

(3)摇臂钻床。图 6-4 所示为摇臂钻床的外形图。它有一个能绕立柱旋转的摇臂,摇臂还可沿立柱作升降移动。主轴箱装在摇臂上,并可沿导轨作横向移动。这样就可以很方便地调整主轴的位置,使其对准被加工孔的中心,而不需要移动工件。因此,摇臂钻床适用于在笨重的大工件上进行多孔的加工,工件可以直接放在工作台或机座上。

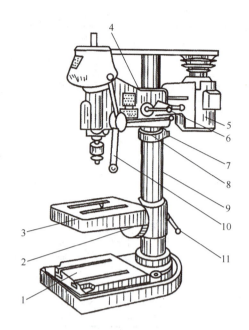
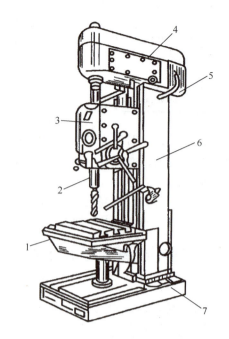

图 6-2 台式钻床
1—钻床底座；2—锁紧螺钉；3—工作台；4—头架；
5—电动机；6—手柄；7—螺钉；8—保险环；
9—立柱；10—进给手柄；11—锁紧手柄

图 6-3 立式钻床
1—工作台；2—主轴；3—进给变速箱；
4—主轴变速箱；5—电动机；6—床身；7—底座

钻床主轴下端有莫氏锥孔，用以连接钻夹头的锥柄、带锥柄的刀具和夹具。

(4) **手电钻**。手电钻多用来钻直径小于 12 mm 的孔，常用在不方便使用钻床钻孔的情况下，其电源电压有单相 220 V 和安全电压 36 V，三相 380 V。使用手电钻前要检查地线是否接好。电线的绝缘层是否破损。钻孔时用力不宜过猛，孔将钻透时，应减小压力，如手电钻钻速较低时，也应减轻压力。发现故障，应及时切断电源，检查原因。

2. 钻孔工具

(1) **钻夹头**。圆柱柄钻头用钻夹头装夹。钻夹头上端有锥孔，紧配一根上下两端都有莫氏锥度的芯棒后，便可装入钻床主轴的锥孔内使用，如图 6-5 所示。夹头体的三个斜孔中装有带螺纹的卡爪，用来夹紧钻头。带螺纹的卡爪环形螺母啮合。当带有小伞齿轮的钥匙插入夹头体侧面的孔中转动时，外套端部的大伞齿轮和压合在外套中的两半环形螺母便同时转动，三个卡爪便可同时推出或缩入从而夹紧或放松钻头。

(2) **钻套和楔铁**。圆锥柄钻头用钻套装夹。钻套的内外表面都是莫氏锥度。按内表面

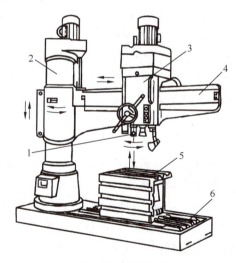

图 6-4 摇臂钻床
1—主轴；2—立柱；3—主轴变速箱；
4—摇臂；5—工作台；6—底座

直径的大小，钻套分为 1~5 号，1 号直径最小。一般立式钻床主轴锥孔是 3 号或者 4 号锥体，当较小的钻头要装到大的锥孔中时，就要用钻套作过渡连接。使用钻套时，一定要将锥体的内外表面擦干净，以保证结合良好。

楔铁是用来从钻套中取出钻头的。楔铁带圆弧的一边要放在上面，以防止将长圆孔打坏。取出的钻头，要用手扶接，以免落下时损坏钻床台面或钻头，如图 6-6 所示。

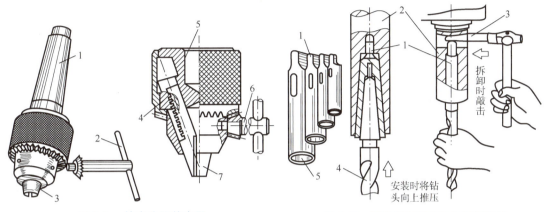

图 6-5　钻夹头及其应用
1—锥柄；2—扳手；3、7—自动定心夹爪；
4—环形螺纹；5—锥柄安装孔；6—扳手

图 6-6　用过渡套筒安装与拆卸钻头
1—过渡套筒；2—钻床主轴；
3—楔铁；4—钻头；5—锥孔

（3）快换钻夹头。快换钻夹头是一种能在主轴转动情况下，更换钻头或其他刀具的装夹工具，如图 6-7 所示。更换刀具时，一手将外压环向上提起，钢珠外移，装有钻头的可换套筒不受钢珠的卡阻，便靠自重落下，另一只手接住取出，然后再把另一个装有钻头的可换套筒装上，放下外压环，钢珠又卡入可换套筒的凹坑内，于是带动钻头旋转。快换钻夹头装卸迅速，使用方便，应用广泛。

6.1.2　钻头与钻孔

1. 麻花钻

（1）麻花钻的组成部分。麻花钻是钻孔的主要刀具。多数是用高速钢制成，并经热处理淬硬。标准麻花钻由柄部、颈部和工作部分三部分组成，如图 6-8（a）所示。

柄部是钻头的夹持部分，用来传递扭矩。直径小于 13 mm 的钻头，柄部多做成圆柱形的直柄，直径大于 13 mm 的钻头，柄部多做成圆锥形的锥柄。锥柄后端的扁尾，用来增加传递的扭矩和便于从钻套中打出钻头。

颈部是工作部分和柄部的联结部分，便于磨削时的砂轮退刀。钻头的规格和商标也常刻印在此处。

工作部分包括切削部分和导向部分。

切削部分主要包括横刃和两个主刀刃［见图 6-8（b）］，担负主要的切削工作。

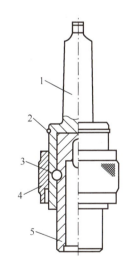

图 6-7　快换钻夹头
1—锥柄；2—铜丝环；3—钢珠；
4—外压环；5—可换套筒

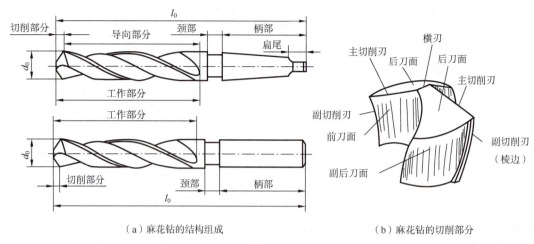

(a)麻花钻的结构组成　　　　　(b)麻花钻的切削部分

图 6-8　麻花钻的组成部分

导向部分在钻孔时起引导钻头方向的作用,也是切削部分的后备部分。导向作用是靠两条沿螺旋槽高出约 0.5～1 mm 的棱边(刃带)来完成的,它的直径略有倒锥度,前大后小,每 100 mm 长度内减小 0.03～0.12 mm。由于棱边很窄,且有倒锥度,故减少了钻头与孔壁之间的摩擦。导向部分上的两条螺旋槽,用来形成切削刃和前角,并起着排屑和输送冷却液的作用。

2. 工件的装夹

一般钻削孔径小于 8 mm,而工件又易用手握持稳固时,可以直接用手拿住工件钻孔。在长工件上钻削较大尺寸的孔时,可在钻床台面上利用紧固螺栓靠紧,以防止工件顺时针转动飞出。对于不易用手拿稳的小工件或钻孔直径较大时,必须用手虎钳[见图 6-9(a)]或平口虎钳装夹[见图 6-9(c)]。平口虎钳适宜装夹外形平整的工件。钻孔直径更大时,还要用螺栓将平口虎钳固定在钻床台面上。

在轴或套筒类工件上钻孔,常用压板、螺栓将工件装夹在 V 形架上,如图 6-9(b)所示。

钻削大孔或遇不适合用虎钳装夹的工件时,可直接用压板、螺栓把它固定在钻床台面上[见图 6-9(d)]。采用这种方法装夹时应注意使螺栓尽量靠近工件,垫铁高度应等于或略高于所压工件被夹部分的高度,这样才能获得较大的夹紧力和较好的夹紧效果。如果被压紧表面已经过精加工时,应在压板下垫一块铜皮或铝皮,以免夹伤精加工表面。

3. 钻孔方法

(1)在平面上划线钻孔的方法。钻孔前先划好线,把钻孔中心的样冲眼打大些;用钻头对准样冲眼锪一个小窝,检查小窝与所划的圆孔线是否同心(称试钻);如果略有偏斜,可移动工件找正,如果偏斜较多或钻孔较大,可用样冲或尖錾在偏移的相反方向錾几条槽(见图 6-10)再试钻;较小的孔也可在偏斜的方向用垫铁垫高些再试钻。直到试钻的窝位正确后才可正式钻孔。

钻通孔时,在将要钻穿前,必须减小进给量。采用自动走刀的,这时应改成手动走刀。避免因进给量突然增大而"啃刀",使钻孔质量降低或损坏钻头。

钻不通孔(盲孔)时,试钻后要按钻孔深度调整好钻床上的挡块、深度标尺的位置,或用其他方法控制钻孔深度。

第6章 钻削、镗削与拉削加工

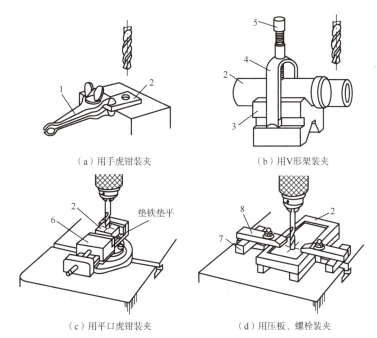

(a) 用手虎钳装夹　　　　(b) 用V形架装夹

(c) 用平口虎钳装夹　　　(d) 用压板、螺栓装夹

图 6-9　工件的装夹

1—手虎钳；2—工件；3—V 形架；4—弓架；5—压紧螺钉；6—平口虎钳；7—垫铁；8—压板

钻孔深度达到直径 3 倍时，钻头必须经常退出排屑，并注意冷却，防止钻头折断或退火。钻孔直径超过 30 mm 时，一般分两次钻削。先用 0.6～0.8 倍孔径的钻头钻孔，再用所需孔径的钻头扩孔。这样可以减小轴向力，保护机床。

（2）在圆柱面上按划线钻径向孔的方法。钻孔前先在轴或套筒类零件的圆柱面上和端面上划好线；钻夹头内装入钻头或定位工具，使下部进入 V 形架的槽内，用手转动钻轴找正，使钻轴中心线位于 V 形槽的中央，将 V 形架紧固在钻台上；把工件安装到 V 形架上，角尺找正，使工件端成的中心线与钻床台面垂直（见图 6-11），将工件夹紧；然后试钻，待位置正确后钻孔。

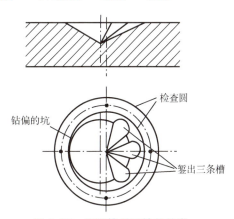

图 6-10　用錾槽纠正钻偏的窝

（3）在斜面上钻孔。在斜面上用普通钻头钻孔时，为防止钻头单边切削而造成孔偏或折断钻头，必须在钻孔前先錾或铣出一个小平面（见图 6-12），然后再用钻头钻孔。

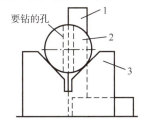

图 6-11　用角尺找正中心孔

1—角尺；2—工件；3—V 形架

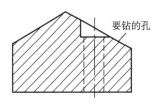

图 6-12　在斜面上钻孔

153

(4)钻半圆孔。在工件上钻半圆孔,要先用一块与工件材料相同的垫块,将它和工件合并在一起,夹紧在虎钳中,在接合面处冲样冲眼,然后钻孔如图 6-13 所示。

在装配工作中,常要在两个接合零件之间(如轴承和箱体孔)加工骑缝销钉孔或螺钉孔,由于两个零件的材料常常硬软不一致,这时,样冲眼要打在材料硬的零件上,且在钻削过程中,钻头应朝软材料一边偏移,最后钻出的孔,才会位于两个零件中间。

以上钻孔方法,多用于单件,小批生产中。在成批和大量生产中,广泛应用钻模钻孔。后者,钻头从钻套中钻下去就能保证孔距位置精度,省去了划线,试钻等时间,大大提高了生产效率,图 6-14 所示为在一套筒零件上径向钻孔的固定式钻模。

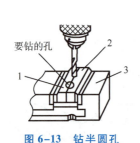

图 6-13 钻半圆孔
1—垫块;2—工件;3—虎钳

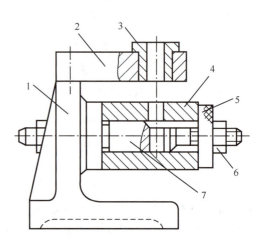

图 6-14 固定式钻模
1—夹具体;2—钻模板;3—钻套;4—工件;
5—快换垫圈;6—夹紧螺母;7—定位心轴

4. 钻削用量

(1)切削深度 a_p。在实心材料上钻孔时(见图 6-14),$a_p = d_0/2$(mm),在空心材料上扩孔时

$$a_p = (d_0 - d)/2 \tag{6-1}$$

式中 d——空心直径,mm。

(2)进给量 f。钻头每转一圈,沿轴向移动的距离叫进给量,单位用 mm/r 表示。

(3)切削速度 v。钻头转动时,钻头直径外端点的线速度称为切削速度,单位用 m/min 表示它可由下式计算:

$$V = \pi d_0 n / 1\,000 \tag{6-2}$$

式中 d_0——钻头直径,mm;

n——钻头每分钟转数,r/min。

钻削用量的选择是指选择切削速度或转速及进给量。钻削用量越大,生产率越高。但钻削用量受到钻床功率、钻头强度和耐用度等因素限制,不能选择过大。一般来说,钻孔直径小时,转速应快些,进给量要小些;钻硬材料时,转速和进给量都要小些。用高速钢钻头在碳钢材料上钻削直径 2~20 mm 的孔时,切削速度可取 20~30 m/min,转速可取为 300~500 r/min;进给量可取 0.05~0.4 mm/r。

6.1.3 扩孔、锪孔

用麻花钻或专用扩孔钻扩大工件原有的孔径或使铸锻出的孔径扩大叫扩孔。直径为 10～32 mm 的为锥柄扩孔钻，如图 6-15(a)所示，直径为 25～80 mm 的为套式扩孔钻，如图 6-15(b)所示。扩孔钻的切削刃一般有三个或四个，故导向性能好，工作平稳。扩孔钻没有横刃[见图 6-15(c)]，轴向切削力小，不易偏斜，因而可获得较高的尺寸精度和表面质量。

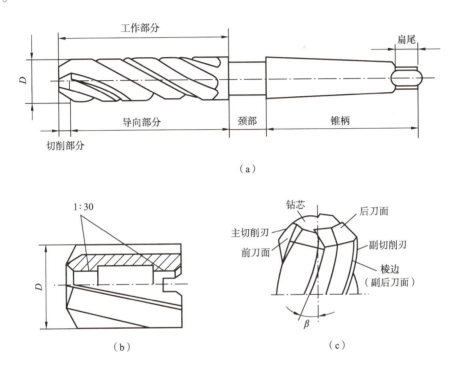

图 6-15 扩孔钻

由于扩孔钻的工作条件较好，故进给量可以比钻孔时大 1.5～2 倍。除了铸铁和青铜材料外，其他材料的工件扩孔时，都要使用切削液。

用锪钻或锪刀刮平孔的端面或切出沉孔的方法叫锪孔。常用的锪钻有圆柱形埋头锪钻、锥形锪钻和端面锪钻等。

图 6-16(a)为锪圆柱形沉头孔用的锪钻。它的端面刀刃是主刀刃，起主切削作用，圆周刀刃起修光作有。为了保持原有的孔与沉头孔同心，锪钻前端带有导柱，与已有孔相配合，起定心作用。

图 6-16(b)为锪圆锥形沉头孔用的锪钻。它的锥角有 60°、75°、90°和 120°四种，刀刃有 6～12 条。

图 6-16(c)为锪与孔垂直的凸台端面锪钻。

锪孔应采用较低的转速，常采用手动进刀，并注意控制锪孔深度。

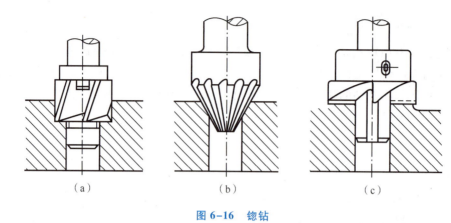

图 6-16 锪钻

6.1.4 铰孔

用铰刀从工件孔壁上切除微量金属层,以提高其尺寸精度和减小表面粗糙度的方法叫铰孔。

1. 铰刀

(1) 直槽整体圆柱铰刀。

直槽整体圆柱铰刀有手铰刀和机铰刀两种。手铰刀 [图 6-17(a)] 尾部为直柄,工作部分较长;机用铰刀 [见图 6-17(b)] 多为锥柄,装在钻床或车床上进行铰孔。

铰刀由工作部分、颈部和柄部组成。工作部分又分为切削部分和修光部分。

切削部分呈锥形,担任主要的切削工作。机铰刀切削部分较短,锥角 2φ 较大,加工钢料时 2φ 取为 24°~30°,加工铸铁时,取为 6°~10°。手铰刀为便于铰削,2φ 取为 0°~3°,铰刀的前角 γ_0 一般为 0°;后角 α_0 = 5°~8° [见图 6-17(c)]。

修光部分刀刃上留有棱边,其上的前角和后角都为 0° [见图 6-17(d)],棱边能起导向、修光、定孔径和便于测量等作用。为减少棱边与孔壁摩擦,棱边不宜过宽,一般取 0.15~0.25 mm。为了减少铰刀与孔壁的摩擦和避免孔的扩张,工作部分的后半部制有倒锥。机铰刀的倒锥为 0.04~0.06 mm,手铰刀为 0.005~0.008 mm。

铰刀的刀齿数多采用偶数等齿距分布排列,有的手铰刀做成不等齿距的,其目的是提高铰孔的稳定性和孔壁质量。

刀具厂出厂的铰刀分一号、二号、三号 3 种类型。其外径都留有 0.005~0.02 mm 的研磨量,供使用时按需要的尺寸进行研磨。一号铰刀适用铰削 H8 的孔;研磨后可铰削 N7、M7、K7 的孔;二号铰刀适用于铰削 H10 的孔,研磨后可铰削 H7 的孔;三号铰刀适用于铰削 H4 的孔,研磨后可铰削 H8 的孔。

机用铰刀一般用高速钢或硬质合金制造,手铰刀可用碳素工具钢制造。

(2) 圆锥铰刀。

这种铰刀用于铰削圆锥孔。其切削部分的锥度有 1/50,1/30,1/10 和莫氏锥度等几种,后两种锥度较大,常由 2~3 把(粗铰刀,中铰刀,精铰刀)组成一套,使用时,依次对孔进行铰削,如图 6-18 所示。

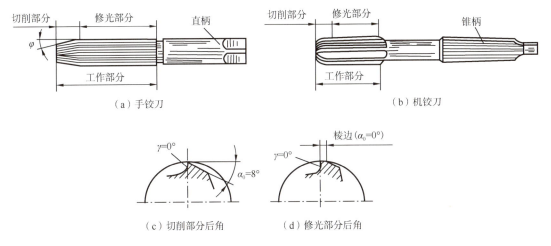

图 6-17 铰刀

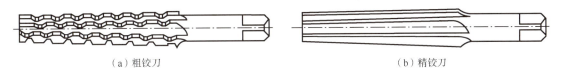

图 6-18 圆锥铰刀

2. 铰削余量和冷却润滑液

铰孔余量的大小直接影响铰孔的质量。余量太大，会使切屑挤塞在铰刀的刀齿槽中，冷却润滑液不能进入切削区，严重影响孔壁质量，还会造成铰刀负荷过大而加快其磨损，甚至刀刃崩碎。余量太小，不能去掉上道工序留下的加工痕迹，使铰孔达不到质量要求。铰削余量随孔径加大而增加，铰削 50 mm 以下的孔时，粗铰可取 0.15～0.35 mm，精铰可取 0.04～0.15 mm。

正确使用冷却润滑液对铰孔质量和铰刀的寿命都有很大的影响。在钢料上铰孔，一般用乳化液、硫化油或菜油润滑冷却。在铸铁上铰孔，一般不加切削液。如要求质量较高，可加煤油。在青铜或铝合金上铰孔，可加菜油或煤油。

3. 手铰的方法和注意事项

（1）工件装夹要牢固，防止薄壁工件夹变形。

（2）铰孔前先涂一些切削液在孔和铰刀的表面上。

（3）铰孔时两手用力要均匀，顺时针方向转动铰刀。如铰刀反转，切屑要挤在铰刀后面和孔壁之间，使孔壁划伤，铰刀磨损或刀刃崩裂。

（4）铰削过程中，施加压力不能太大，进给量的大小要适当而均匀。如果刀具转不动时，不能硬扳，也不能反转，而应小心地边正转，边抽出铰刀。然后检查铰刀是否被切屑卡住或孔内有硬点，清除切屑后继续铰削。

（5）铰孔完毕，顺时针旋转退出铰刀。

（6）铰圆锥孔时，对直径小而浅的孔，可先按小头直径钻孔，然后用锥铰刀铰孔；对于直径大而深的圆锥孔，应先钻出阶梯孔，然后用锥铰刀铰削。

6.2 镗削与拉削

> **知识点**
> - 镗削加工的运动与特点;
> - 镗床的类型与镗刀的结构;
> - 拉削加工的运动与特点;
> - 拉刀的结构与拉削方式。

> **技能点**
> - 镗刀与拉刀的使用;
> - 镗削加工与拉削加工的操作方法。

6.2.1 镗削加工

镗削加工是用镗刀在镗床上加工直径较大的孔、内成形面以及有一系列位置精度要求的孔系的一种加工方法。

1. 镗床的运动

镗削加工时,工件装夹在工作台上,镗刀安装在镗杆上并做旋转的主运动,进给运动由镗杆的轴向移动或工作台的移动来实现。

2. 镗削的工艺特点

(1)镗削适宜加工机座、箱体、支架等外形复杂的大型零件上孔径较大、尺寸精度较高、有位置精度要求的孔和孔系。

(2)镗削加工灵活性大,适应性强。在镗床上除可加工孔和孔系外,配备一些基本附件后,还可以车外圆、车端面、车螺纹、铣平面等。加工尺寸可大也可小,对于不同的生产类型和精度要求的孔都可以用这种加工方法,如图 6-19 所示。

(3)镗削加工能获得较高的精度和较小的表面粗糙度值。一般尺寸公差等级为 IT8 ~ IT7,Ra 值为 $1.6 \sim 0.8~\mu m$。镗孔的一个很大特点是能够修正上道工序造成的轴线歪曲、偏斜等缺陷。

(4)镗床和镗刀调整复杂,操作技术要求高,在不使用镗模的情况,生产率低。在大批量生产中,可使用镗模来提高生产率。

3. 镗床类型

镗床的主要类型有:卧式镗床、坐标镗床、金刚镗床。此外还有立式镗床、深孔镗床、落地镗床及落地铣镗床等。

(1)卧式镗床。对于一些较大的箱体类零件,如机床主轴箱、变速箱等,这类零件需要加工多个尺寸不同的孔,而孔本身精度要求高,在孔的轴线之间有严格的同轴度、垂直度、平行度及孔间距精度的要求。如果在钻床上加工就很难保证精度。根据工件的精度要求,可在卧式镗床或坐标镗床上加工。

第6章 钻削、镗削与拉削加工

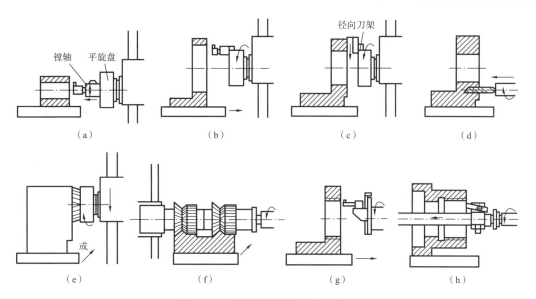

图 6-19 卧式镗床的主要加工方法

图 6-20 为卧式镗床的外形图。它由床身 8、主轴箱 1、前立柱 2、后支承 9、后立柱 10、下滑座 7、上滑座 6 和工作台 5 等部件组成。加工时，刀具装在镗杆 3 或平旋盘 4 上，由主轴箱 1 可以获得各种转速和进给量。主轴箱 1 可沿前立柱 2 的导轨上下移动。在工作台 5 上安装工件，工件与工作台一起随下滑座 7 或上滑座 6 做纵向或横向移动。工作台 5 还可绕上滑座 6 的圆导轨在水平面内调整一定的角度位置，以便加工成一定角度的孔或平面。装在镗杆上的镗刀可随镗杆做轴向移动，实现轴向进给或调整刀具的轴向位置。当镗杆伸出较长时，用后支承 9 来支承它的左端，以增加刚性。当刀具装在平旋盘 4 的径向刀架上时，径向刀架可带着刀具作径向进给运动，可车削端面。

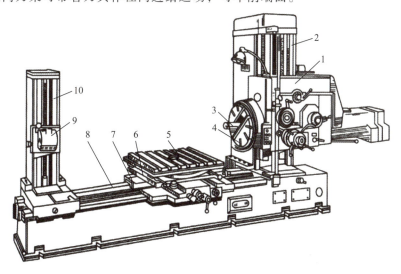

图 6-20 卧式镗床
1—主轴箱；2—前立柱；3—镗杆（镗轴）；4—平旋盘；5—工作台；
6—上滑座；7—下滑座；8—床身；9—后支承；10—后立柱

（2）坐标镗床。坐标镗床具有测量坐标位置的精密测量装置，它的主要零部件的制造精度和装配精度都很高，有良好的刚性和抗振性。它是一种高精度级机床，主要用于镗削精密的孔（IT5 或更高）和位置精度要求很高的孔系（定位精度达 0.002～0.01 mm），如钻模、镗模的精密孔。

坐标镗床除镗孔、钻孔、扩孔、铰孔、精铣平面和沟槽外，还可以进行孔距和直线尺寸的精密测量以及精密刻线、划线等。坐标镗床主要用于工具车间单件生产，近年来也有用在生产车间加工孔距要求较高的零件，如飞机、汽车和机床等行业加工某些箱体零件的轴承孔。

根据坐标镗床的布局和形式的不同可分为立式单柱、立式双柱和卧式等类型。图 6-21 为立式单柱坐标镗床。

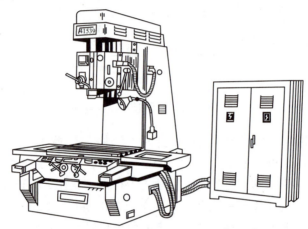

图 6-21 立式单柱坐标镗床

4. 镗刀

镗刀是在车床、镗床、自动机床以及组合机床上使用的孔加工刀具。镗刀种类很多，按切削刃数量可分为单刃镗刀和双刃镗刀。

图 6-22（a）为镗通孔的单刃镗刀；图 6-22（b）为镗盲孔的单刃镗刀。图 6-23 为单刃微调镗刀。微调镗刀多用于坐标镗床、数控机床上加工箱体类零件的轴承孔。松开紧固螺母，旋转有精密刻度的精调螺母，将镗刀调到所需直径后再拧紧紧固螺母即可镗孔。单刃镗刀的结构简单，制造容易，调整方便，能纠正被镗孔轴线的偏斜。

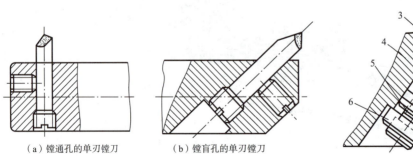

(a) 镗通孔的单刃镗刀　　(b) 镗盲孔的单刃镗刀

图 6-22 单刃镗刀

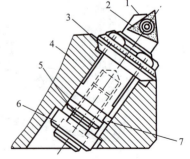

图 6-23 单刃微调镗刀

1—镗刀头；2—刀片；3—调整螺母；4—镗刀杆；
5—紧固螺母；6—垫圈；7—导向键

常用的双刃镗刀有固定式镗刀和浮动式镗刀。固定式镗刀主要用于粗镗或半精镗直径大于 40 mm 的孔。如图 6-24 所示,镗刀块由高速钢制成整体式,也可由硬质合金制成焊接式或可转位式。工作时,镗刀块通过楔块或在两个方向上倾斜的螺钉夹紧在镗刀杆上。安装后镗刀块相对镗杆的位置误差会造成孔径扩大,所以镗刀块与镗杆上方孔的配合要求较高,方孔对镗杆轴线的垂直度与对称度误差应小于 0.01 mm。

精镗大多采用浮动式镗刀。图 6-25 为常用的浮动式镗刀,通过调节两切削刃的径向位置来保证所需的孔径尺寸。该镗刀以间隙配合装入镗杆的方孔中,无须夹紧,靠切削时作用于两侧切削刃上的背向力来自动平衡其切削位置,因而能自动补偿由刀具安装误差和镗向圆跳动所产生的加工误差。由于镗刀在镗杆中是浮动的,因此无法纠正孔的直线度误差和相互位置误差。

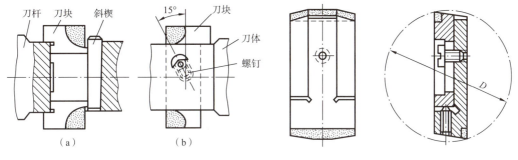

图 6-24 固定式镗刀   图 6-25 浮动式镗刀

6.2.2 拉削加工

拉削加工就是利用各种不同的拉刀,在相应的拉床上切削出各种内、外几何表面的一种加工方法,是一种高效率的加工方法。

1. 拉床的运动

拉削时,拉刀与工件间的相对运动为主运动,一般为直线运动。拉削时拉刀使被加工表面在一次进给中成形,所以拉床的运动简单,只有主运动,而没有进给运动。拉削过程的进给量是由相邻两刀齿的齿高差(齿升量)来完成的。

2. 拉削的工艺特点

(1)生产率高。拉削时,由于拉刀同时工作的刀齿数多、切削刃长,且拉刀的刀齿分粗切齿、精切齿和校准齿,在一次工作行程中就能够完成工件的粗、精加工及修光,机动时间短,因此拉削的生产率很高。

(2)加工精度高,表面质量好。拉刀为定尺寸刀具,具有校准齿进行校准、修光工作。拉床采用液压系统,传动平稳;拉削速度低,一般为 2~8 m/min,不会产生积屑瘤,因此拉削加工质量好。尺寸公差等级可达 IT8~IT7,表面粗糙度 Ra 可达 0.8~0.4 μm。

(3)加工范围广。拉削不仅可广泛用于各种截面形状的内、外表面的加工,还可以拉削一些形状复杂的成形表面,如图 6-26 所示。拉削的孔径一般为 8~125 mm,孔的深径比一般不超过 5。但不能加工台阶孔和盲孔。

(4)刀具成本高。拉刀结构复杂,制造成本高,且加工每一种表面都需要专用拉刀,所以,拉削加工适于大批量生产。

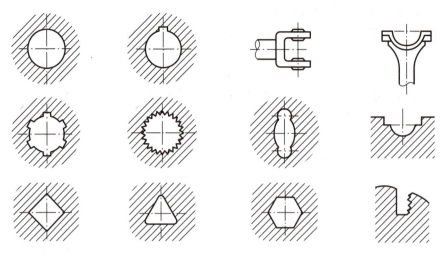

图 6-26　拉削的典型表面形状

3. 拉床

拉床是用拉刀进行加工的机床。拉削时，拉刀做平稳的低速直线运动，所以拉刀承受的切削力很大。拉床的主运动通常由液压系统驱动。拉床按用途可分为内表面拉床和外表面拉床两类；按机床的布局形式可分为卧式和立式拉床两类。拉床的主参数是额定拉力。

4. 拉刀

拉削加工方法应用广泛，拉刀的种类也很多。按加工工件表面的不同，可分为内拉刀和外拉刀两类。内拉刀是用于加工工件内表面的，常见的有圆孔拉刀、键槽拉刀及花键拉刀等；外拉刀是用于加工工件外表面的，如平面拉刀、成形表面拉刀及齿轮拉刀等。

（1）拉刀的特点。拉刀是一类加工内、外表面的多齿高效刀具，它依靠刀齿尺寸或廓形变化切除加工余量，以达到要求的形状尺寸和表面粗糙度。

① 切削刃与被加工表面的横截面形状相同。

② 切削刃的高度逐齿递增，其递增量即为齿升量。

③ 拉刀的最后几个齿为修光齿，其形状、尺寸与被加工表面的最后尺寸形状完全一致。

（2）拉刀结构。以图 6-27 所示的圆孔拉刀为例，拉刀的组成及各部分的作用如下。

① 头部。头部是拉刀与机床的连接部分，用以夹持拉刀，传递动力。

② 颈部。颈部是头部和过渡锥部之间的连接部分，此处可以打标记。

③ 过渡锥部。过渡锥部是颈部与前导部之间的锥度部分，起对准中心的作用，拉刀易于进入工件孔。

④ 前导部。前导部引导拉刀的切削齿正确地进入工件孔，可防止刀具进入工件孔后发生歪斜，同时还可以检查预加工孔尺寸是否太小。

⑤ 切削部。切削部刀齿担负着拉刀的切削工作，切除工件上全部拉削余量。它由粗切齿、过渡齿和精切齿组成。

⑥ 校准部。校准部由 4~8 个刀齿组成，用以校正孔径，修光孔壁，还可以做精切齿的后备齿。

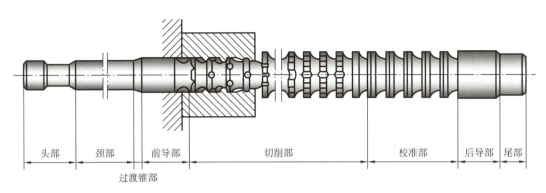

图 6-27 圆孔拉刀的组成

⑦ 后导部。后导部用以保证拉刀最后的正确位置,防止拉刀即将离开工件时,工件下垂而损坏已加工表面。

⑧ 尾部。当拉刀又长又重时,尾部用于承托拉刀,防止拉刀下垂,一般拉刀则不需要。

(3) 拉削方式。拉削方式是指用拉刀把加工余量从工件表面切下来的方式。它决定每个刀齿切下的切削层的截面形状,即所谓拉削图形。拉削方式选择得恰当与否,直接影响刀齿负荷的分配、拉刀的长度、拉削力的大小、拉刀的磨损和寿命及加工表面的质量和生产率。

拉削方式可分为分层式拉削、分块式拉削和综合式拉削三大类。

(1) 分层式拉削。分层式拉削包括成形式和渐成式两种。

① 成形式拉削。其各刀齿的廓形与被加工表面的最终形状一样。它们一层层地切去加工余量,最后由拉刀的最后一个切削齿和校准齿切出工件的最终尺寸和表面,如图 6-28 所示。采用这种拉削方式能达到较小的表面粗糙度值。但由于每个刀齿的切削层宽而薄,单位切削力大,且需要较多的刀齿才能把余量全部切除,因此,按成形式拉削设计的拉刀较长、刀具成本高、生产率低、并且不适于加工带硬皮的工件。

② 渐成式拉削。按渐成式设计的拉刀,各刀齿可制成简单的直线或圆弧,它们一般与被加工表面的最终形状不同,被加工表面的最终形状和尺寸是由各刀齿切出的表面连接而成的,如图 6-29 所示。这种拉刀制造比较方便,但它不仅具有成形式的同样缺点,而且加工出的工件表面质量较差。

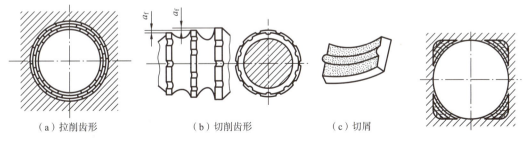

(a) 拉削齿形　　(b) 切削齿形　　(c) 切屑

图 6-28 成形式拉削图形　　图 6-29 渐成式拉削图形

(2) 分块式拉削。拉刀的切削部分是由若干齿组成的。每个齿组中有 2~5 个刀齿,它们的直径相同,共同切下加工余量中的一层金属,每个刀齿仅切去一层中的一部分。图 6-30

为三个刀齿列为一组的分块式拉刀刀齿的结构与拉削图形。前两个刀齿1、2无齿升量,在切削刃上磨出交错分布的大圆弧分屑槽,切削刃也呈交错分布,最后一个刀齿3呈圆环形,不磨出大圆弧分屑槽,但为了避免第三个刀齿切下整圈金属,其直径应较同组其他刀齿直径略小。

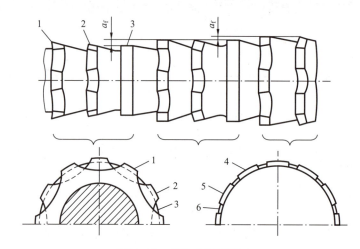

图6-30 分块式拉削图形
1、2、3—第一、第二、第三齿;4、5、6—被第一、第二、第三齿切下的金属层

(3)综合式拉削。综合式拉削集中了成形式与分块式的优点,即粗切齿制成轮切式结构,精切齿则采用同廓式结构,这样既缩短了拉刀长度,提高了生产率,又能获得较好的工件表面质量。我国生产的圆孔拉刀多采用这种结构。图6-31为综合轮切式拉刀刀齿的结构与拉削图形。拉刀上粗切齿4与过渡齿5采用轮切式刀齿结构,各齿均有较大的齿升量;过渡齿齿升量逐渐减小;精切齿6采用同廓式刀齿结构,其齿升量较小;校准齿7没有齿升量。

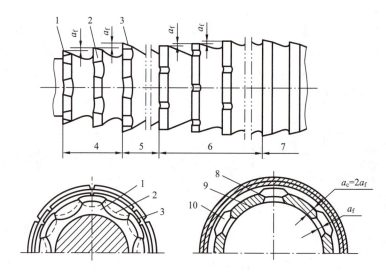

图6-31 综合式拉削图形
1、2、3—第一、第二、第三齿;4—粗切齿;5—过渡齿;6—精切齿;7—校准齿;
8、9、10—被第一、第二、第三齿切下的金属层

思考与训练

6-1 什么是钻孔、扩孔、锪孔和铰孔？各使用什么刀具？
6-2 麻花钻由哪几部分组成？各有何作用？
6-3 镗削加工的工艺范围是什么？
6-4 镗削加工的机床有哪些种类？
6-5 拉削加工有什么特点？

第7章 机械加工工艺基础知识

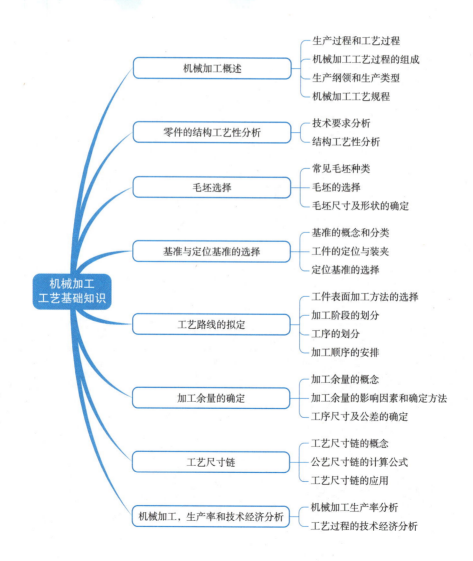

7.1 机械加工概述

📖 **知识点**

- 生产过程和工艺过程；
- 机械加工工艺过程的组成；
- 生产纲领与生产类型；
- 机械加工工艺规程。

📝 **技能点**

- 机械加工工艺规程文件、工序卡的熟悉和读懂。

机械加工是一种用加工机械对工件的外形尺寸或性能进行改变的过程。按被加工的工件处于的温度状态，分为冷加工和热加工。一般在常温下加工，并且不引起工件的化学或物相变化，称冷加工。一般在高于或低于常温状态的加工，会引起工件的化学或物相变化，称热加工。冷加工按加工方式的差别可分为切削加工和压力加工。热加工常见有热处理，锻造，铸造和焊接。

7.1.1 生产过程和工艺过程

1. 生产过程

机械产品在制造时，将原材料变为成品的全过程称为生产过程。生产过程一般包括：

(1) 生产与技术准备，如工艺设计、二类工装的设计制造、生产计划的编制、生产资料准备等。

(2) 毛坯制造，如铸造、锻造、焊接、冲压等。

(3) 零件机械加工，如切削加工、热处理、表面处理等。

(4) 产品装配，如总装、部装、调试检验和油漆等。

(5) 产品的检验、试验等。

(6) 生产服务，如原材料、外购件以及工具的采购、运输、保管等。

2. 工艺过程

工艺过程是指在生产过程中改变生产对象的形状、尺寸、相对位置和性质等，使其成为成品或半成品的过程。如毛坯的制造、机械加工、热处理、装配等过程均为工艺过程。

在工艺过程中，采用机械加工的方法直接改变生产对象的形状、尺寸和表面质量，使之成为合格零件的工艺过程，称为机械加工工艺过程。同样，装配工艺过程是指将加工好的零件装配成机器使之达到所要求的装配精度并获得预定技术性能的工艺过程。

机械加工工艺过程和装配工艺过程是机械制造工艺学的两项重要内容。

7.1.2 机械加工工艺过程的组成

机械加工工艺过程是由一个或若干个顺序排列的工序组成的，而工序又可以分为若干个安装、工位、工步和走刀。

机械制造工艺

1. 工序

工序是指一个或一组工人，在一个工作地点（或设备）对一个或同时对几个工件所连续完成的那一部分工艺过程。区分工序的主要依据，是工作地点（或设备）是否变动和完成的那部分工艺内容是否连续。

例如，加工如图 7–1 所示的法兰盘零件，单件小批量生产时，其加工工艺过程见表 7–1；大批量生产时，其加工工艺过程见表 7–2。

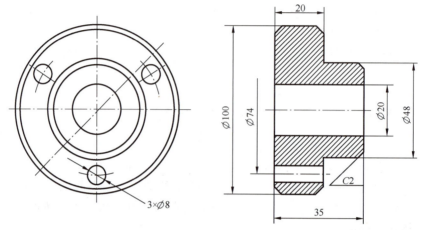

图 7–1　法兰盘零件

由表 7–1 可以看出，该零件的机械加工分车削和钻削两道工序。因为两者的操作工人、机床已经改变，加工连续性已发生变化。而在车削加工工序中，虽然含有多个加工表面和多种加工方法（如车外圆、钻孔等），但仍然是同一工人、同一台车床，所以是同一工序。而表 7–2 中，虽然工序 1 和工序 2 同为车削，但是两个工人各操作不同的车床、加工连续性已变化，所以为两道工序；同样，工序 3、工序 4 是由两个钳工分别在不同的钻床上用不同直径的钻头完成不同的任务（钻孔和去毛刺、倒角），设备和工作地均已变化，所以也为两道工序。

表 7–1　法兰盘零件单件小批量生产机械加工工艺过程

工序号	工序名称	安　装	工　步	工 序 内 容	设　备
1	车削	I	1	（用三爪自定心卡盘夹紧毛坯小端外圆） 车大端端面	车床
			2	车大端外圆至⌀100 mm	
			3	钻⌀20 mm 孔	
			4	倒角	
		II	5	（工件调头，用三爪自定心卡盘夹紧毛坯小端外圆） 车小端端面，保证尺寸为 35 mm	
			6	车小端外圆至⌀48 mm，保证尺寸为 20 mm	
			7	倒角	
2	钻削	I	1	（用夹具装夹工件） 依次加工⌀8 mm 的孔	钻床
			2	在夹具中去毛刺和倒角	

表 7-2 法兰盘零件大批量生产机械加工工艺过程

工序号	工序名称	安装	工步	工序内容	设备
1	车削	I	1	（用三爪自定心卡盘夹紧毛坯小端外圆）车大端端面	车床
			2	车大端外圆至⌀100 mm	
			3	钻⌀20 mm 的孔	
			4	倒角	
2	车削	I	1	（以大端端面及涨胎心轴定位夹紧）车小端端面，保证尺寸为 35 mm	车床
			2	车小端外圆至⌀48 mm，保证尺寸为 20 mm	
			3	倒角	
3	钻削	I	1	（钻床夹具）依次加工钻⌀8 mm 孔	钻床
4	钳工	I	1	去毛刺、倒角	钻床

工序不仅是组成工艺过程的基本单元，也是制订时间定额，配备工人，安排作业和进行质量检验的基本单元。

2. 安装

工件在加工前，在机床或夹具上先占有一正确位置的过程称为定位，保持定位不变然后再夹紧的过程称为装夹。工件经过一次装夹后所完成的那一部分工序内容称为安装。在一道工序中可以有一个或多个安装。

表 7-1 中工序 1 要经过两个安装，而工序 2 只有一个安装。在零件加工中应尽量减少装夹次数，因为多一次装夹就多一次装夹误差，也增加了辅助时间。因此生产中常用各种回转工作台、回转夹具或移动夹具等，以便在工件一次装夹后，可使其处于不同的位置加工。

3. 工位

为了减少装夹次数，避免装夹误差，加工中常用各种回转工作台或移动夹具等，以便在工件一次装夹后，分几个不同的位置进行加工。为完成一定的工序内容，一次装夹后，工件相对机床或刀具所占据的每一个位置，称为工位。

图 7-2 所示为一种利用回转工作台在一次装夹后顺序完成装卸工件、钻孔、扩孔和铰孔四个工位加工的实例。

4. 工步

工步是指在一个工序中（一次安装或一个工位），其加工表面、切削刀具和切削用量都不变的情况下，所连续完成的那一部分工序。它是加工工序中的主要组成部分。一个工序可以包括几个工步，也可以只有一个工步。表 7-1 中的车削工序，在安装 I 中有四个工步，分别是车大端面、车外圆、钻⌀=20 mm 的孔和倒角加工，加工表面和使用的刀具都不同。

构成工步的任何一个要素（加工表面、刀具及加工连续性）发生改变后，即成为另一个工步。但下列情况也应看作一个工步。

(1)对于那些一次装夹中连续进行的若干相同的工步应视为一个工步。如图 7-1 所示,零件上 3 个 ⌀=8 mm 孔的钻削,可以作为一个工步;

(2)为了提高生产率,有时用几把刀具同时加工几个表面,此时也应视为一个工步,称为复合工步,复合工步可以提高生产率,如图 7-3 所示。

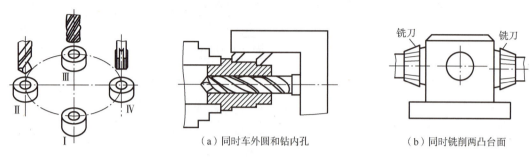

图 7-2 多工位加工

Ⅰ—装卸工件;Ⅱ—钻孔;
Ⅲ—扩孔;Ⅳ—铰孔

(a)同时车外圆和钻内孔　　(b)同时铣削两凸台面

图 7-3 复合工步

5. 走刀

在一个工步内,若被加工表面切去的金属层很厚,需分几次切削,则每进行一次切削就是一次走刀。一个工步可以包括一次走刀或几次走刀。

7.1.3 生产纲领与生产类型

1. 生产纲领

生产纲领是指企业在计划期内生产的产品产量。企业的计划期一般为 1 年,所以生产纲领通常又称为产品的年产量。零件的生产纲领要计入备品和废品的数量,计算式如下:

$$N = Qn(1 + a + b) \tag{7-1}$$

式中　N——某零件的年生产纲领,件/年;

　　　Q——产品的年生产纲领,台/年;

　　　n——每台产品中该零件的数量,件/台;

　　　a——备品的百分率,%;

　　　b——废品的百分率,%。

生产纲领的大小对生产组织形式和零件加工工艺过程起着重要的作用,它决定了所应选用的工艺方法和工艺装备,不同的生产批量采用的加工工艺可能各不相同。

2. 生产类型

生产类型是指企业(或车间、工段、班组、工作地)生产专业化程度的分类。生产类型一般可分为:单件生产、成批生产、大量生产三种。

(1)单件生产。单件生产的主要特点:产品品种多,每种产品的结构、尺寸不同,且产量很少,而且很少重复生产,各个工作地点的加工对象经常改变。例如,重型机械、专用设备和新产品试制等都属于单件生产。

(2)大量生产。大量生产的主要特点:产量大、品种少,大多数工作地点长期重复地进行某个零件的某一道工序的加工。例如,汽车、轴承、家用电器等都属于大量生产。

（3）成批量生产。成批生产的主要特点：分批轮流地生产几种不同的产品，生产呈周期性重复。如机床、电机等属于成批生产。

成批生产又可按其批量大小分为小批量生产、中批量生产、大批量生产三种类型。其中，小批量生产和大批量生产的工艺特点分别与单件生产和大量生产的工艺特点类似；中批量生产的工艺特点介于小批量生产和大批量生产之间。在生产实际中，通常将单件生与小批量生产合并，大批量与大量生产合并，划分为单件小批量生产、中批量生产、大批量生产三种。

生产类型的划分除了与生产纲领有关外，还应考虑产品的尺寸大小、质量的轻重及产品的复杂程度，不同的行业通常划分的标准也不一样。生产纲领与生产类型的关系见表7-3，不同机械产品的零件质量类型划分见表7-4。

表7-3 生产纲领与生产类型的关系

生产类型	零件的年生产纲领/(件/年)		
	重型零件	中型零件	轻型零件
单件量生产	<5	<10	<100
小批量生产	5~100	10~200	100~500
中批量生产	100~300	200~500	500~5 000
大批量生产	300~1 000	500~5 000	500~50 000
大量生产	>1 000	>5 000	>50 000

表7-4 不同机械产品的零件质量型别 单位：kg

机械产品类型	零件的质量		
	重型零件	中型零件	轻型零件
电子机械	>30	>4~30	≤4
机床	>50	>15~50	≤15
重型机械	>2 000	>100~2 000	≤100

生产类型不同，产品制造的工艺方法、所用的设备和工艺装备以及生产的组织形式等均不同。大批量、大量生产应尽可能采用高效率的设备和工艺方法，以提高生产率；单件小批量生产应采用通用设备和工艺装备，也可采用先进的数控机床，以降低生产成本。各类生产类型的工艺特征见表7-5。

表7-5 各类生产类型的工艺特征

工艺特征	生产类型		
	单件小批量生产	中批量生产	大批量生产
零件的互换性	用修配法，钳工修配，缺乏互换性	大部分具有互换性，装配精度要求高时，灵活应用分组装配法和调整法，同时还保留某些修配法	具有广泛的互换性。少数装配精度较高处，采用分组装配法和调整法

续上表

工艺特征	生产类型		
	单件小批量生产	中批量生产	大批量生产
毛坯的制造方法与加工余量	木模手工造型或自由锻造。毛坯精度低，加工余量大	部分采用金属模铸造或模锻。毛坯精度和加工余量中等	广泛采用金属模机器造型、模锻或其他高效方法。毛坯精度高，加工余量小
机床设备及其布置形式	通用机床，按机床类别采用机群式布置	部分通用机床和高效机床。按工件类别分工段排列设备	广泛采用高效专用机床及自动机床，按流水线和自动线排列设备
二类工装	大多采用通用夹具、标准附件、通用刀具和万能量具。靠划线和试切法达到精度要求	广泛采用夹具，部分靠找正装夹，达到精度要求。较多采用专用刀具和量具	广泛采用专用高效夹具、复合刀具、专用量具或自动检验装置。靠调整法达到精度要求
对工人技术要求	需技术水平较高的工人	需一定技术水平的工人	对调整工的技术水平要求高，对操作工的技术水平要求较低
工艺文件	有工艺过程卡，关键工序要工序卡	有工艺过程卡，关键零件要工序卡	有工艺过程卡和工序卡，关键工序要调整卡和检验卡
成本	较高	中等	较低

7.1.4 机械加工工艺规程

规定零件机械加工工艺过程和操作方法等工艺文件称为机械加工工艺规程。它是机械制造工厂主要的技术文件之一。

1. 工艺规程的作用

（1）是指导生产的主要技术文件，是指挥调度生产的依据。企业的生产计划调度、技术准备、原材料、设备、二类工装等配置都是严格按照工艺规程组织进行；同时，工艺规程也是处理生产问题的依据之一，如产品质量、工时成本等问题，可按工艺规程来明确各生产单位的责任。按照工艺规程进行生产，便于保证产品质量、获得较高的生产效率和经济效益。

对于大批量生产企业，由于生产组织严密，分工细致，工艺规程的要求比较详细；对单件小批量生产企业，工艺规程可以简单些。

（2）是生产组织和管理工作的基本依据。在新产品投入生产之前，依照工艺规程，进行有关生产前的技术准备工作。例如，为零件的加工准备机床、设计专用工模夹具、专用量具等；其次，计划调度部门根据工艺规程，安排各零件的投料时间和数量，调控设备负荷，各工作地点按时定额有节奏地进行生产等，使整个企业的各科室、车间、工段和工作地紧密配合，保证均衡地完成生产计划。

（3）是新建和改（扩）建工厂或车间的基本资料。在新建和改（扩）建工厂或车间时，依据工艺规程可以确定完成拟定的产品年产量所需要的机床及其他设备的种类、数量规格；车工厂占地面积；设备布局；所需生产工人的数量、工种及技术等级；辅助部门的设置等。

工艺规程并不是固定不变的，它是生产技术人员在生产过程中实践的总结，不同的行业、不同的地域、不同的企业，其工艺规程可能不一样，应根据实际情况进行调整和完善。

2. 制定工艺规程的原则

工艺规程的制定原则是优质、高产、低成本，即在保证产品质量的前提下争取最好的经济效益。在制定工艺规程时应注意以下问题。

(1)经济上的合理性。在一定的生产条件下，可能会出现几种能保证零件技术要求的工艺方案，此时应通过核算或相互对比，选择经济上最合理的方案，使产品的能源、材料消耗和人工成本最低。

(2)技术上的先进性。在制定工艺规程时，要了解国内外本行业的工艺技术的发展水平，通过必要的工艺试验，在资金允许的条件下，尽量采用先进的工艺和工艺装备。

(3)有良好的劳动条件。在制定工艺规程时，要注意保证工人有良好的操作环境和安全措施。因此，在工艺方案上要注意采用机械化或自动化措施，以减轻工人繁杂的体力劳动。

3. 制定工艺规程的原始资料

制定工艺规程时的原始资料主要有以下几项。

(1)产品的生产纲领(年产量)，以便确定生产类型。

(2)产品零部件工艺路线表或车间分工明细表，用以了解产品及企业的管理情况。

(3)产品图样及技术条件，如零件图和产品装配图。

(4)产品工艺方案，如产品验收质量标准、毛坯资料等。

(5)本企业的生产条件，为使工艺规程切实可行，一定要熟悉本企业的生产条件，如毛坯加工或协作情况，企业现有设备的生产能力、加工精度，工艺装备的设计及制造能力，工人技能水平状况等。

(6)有关工艺标准，如各种工艺手册和图表，本企业的标准、本行业的行业标准等。

(7)国内外同类产品的有关工艺资料，新技术、新工艺、新设备情况等。

工艺规程的制定，要经常研究国内外有关工艺资料，积极引进适用的、先进的工艺技术，不断提高工艺水平，以获得最大的经济效益。

4. 制定工艺规程的步骤

(1)分析零件的生产纲领、确定生产类型。

(2)分析产品零件图样和产品的装配图样，研究零件的技术要求、加工和装配工艺性，了解零件在产品中的功用。

(3)确定毛坯的类型、结构形状、制造方法等。

(4)拟定工艺路线，包括选择定位基准，确定各表面加工方法，划分加工阶段，确定工序的集中和分散程度，合理安排加工顺序等。

(5)确定各工序的加工余量，计算工序尺寸及公差。

(6)选择加工设备、确定需要准备的工模夹具、量具、刀具和辅助刀具。

(7)确定各工序的切削用量及计算时间定额。

(8)编写工艺文件，如工艺过程卡、工序卡、二类工装设计任务书等。

5. 工艺文件格式

将工艺文件的内容，填入一定格式的卡片中，即成为生产准备和施工依据的工艺文件。常用的工艺文件的格式有下列几种。

(1)机械加工工艺过程卡。这种卡片以工序为单位，简要地列出整个零件加工所经过的工艺路线(包括毛坯制造、机械加工和热处理等)。它是制定其他工艺文件的基础,也是生产准备、编排作业计划和组织生产的依据。在这种卡片中,由于各工序的说明不够具体,故一般不直接指导工人操作,而多作为生产管理方面使用。但在单件、小批量生产中,通常不编制详细的加工工序卡片,就以这种卡片指导生产。机械加工工艺过程卡片内容包括零件名称、图号、零件材料、毛坯种类、工序名称、工序内容、加工车间及工段、加工设备、二类工装、加工工时等内容,见表7-6。

表7-6 机械加工工艺过程卡片

工厂		机械加工工艺过程卡片				产品型号		零件图号		共 页	
						产品名称		零件名称		第 页	
材料牌号	(1)	毛坯种类	(2)	毛坯外形尺寸	(3)	每毛坯可制件数	(4)	每台件数	(5)	备注	(6)
工序号	工序名称	工序内容			车间	工段	设备	工艺装备		工时	
										准终	单件
(7)	(8)	(9)			(10)	(11)	(12)	(13)		(14)	(15)
描图											
描校											
底图号											
装订号											
							设计(日期)	审核(日期)	标准化(日期)	会签(日期)	
	标记	处记	更改文件号	签字	日期	标记	处记	更改文件号	签字	日期	

（2）机械加工工艺卡片。这种卡片是以工序为单位，详细地说明整个加工工艺过程。它是用来指导工人生产和帮助车间管理人员和技术人员掌握整个零件加工过程的一种主要技术文件，广泛用于成批生产的零件和比较重要的零件的单件、小批量生产中。机械加工工艺卡片内容包括零件名称、图号、零件材料、毛坯种类、工序和内容、切削参数、工艺装备、工时定额等内容，见表7-7。

表7-7 机械加工工艺卡片

工厂		机械加工工艺卡片		产品型号			零(部)件图号				共 页	
				产品名称			零(部)件名称				第 页	
材料牌号			毛坯种类		毛坯外形尺寸		每毛坯可制件数		每台件数		备注	
工序	装夹	工步	工序内容	同时加工零件数	切削用量				设备名称及编号	工艺装备名称及编号			技术等级	工时定额	
					背吃刀量/mm	切削速度/(m/min)	每分钟转数或往复次数	进给量mm或mm/双行程		夹具	刀具	量具		单件	准终
									编制(日期)	审核(日期)		会签(日期)			
标记	处记	更改文件号	签字	日期	标记	处记	更改文件号	签字	日期						

（3）机械加工工序卡片。对于大批量生产而言，要专门制定每一道工序的加工工序卡片，详细地说明零件每一道工序的要求，以具体指导工人加工。工序卡片上要画工序简图，说明该工序每一工步的加工内容、切削参数、操作要求、工步工时等内容，见表7-8。

表 7-8 机械加工工序卡片

机械加工工序卡片		产品型号		零件图号			共 页	第 页
		产品名称		零件名称				
		车间	工序号	工序名称		材料牌号		
		(1)	(2)	(3)		(4)		
		毛坯种类	毛坯外形尺寸	每毛坯可制件数		每台件数		
		(5)	(6)	(7)		(8)		
		设备名称	设备型号	设备编号		同时加工件数		
		(9)	(10)	(11)		(12)		
		夹具编号	夹具名称		切削液			
		(13)	(14)		(15)			
		工位器具编号	工位器具名称		工序工时			
					准终	单件		
		(16)	(17)		(18)	(19)		
工步号		工步内容	工艺设备	主轴转速 /(r/min)	切削速度 /(m/min)	进给量 /(mm/r)	背吃刀量 /mm	进给次数	工步工时	
									机动	辅助
(20)		(21)	(22)	(23)	(24)	(25)	(26)	(27)	(28)	(29)
描图										
描校										
底图号										
装订号						设计(日期)	审核(日期)	标准化(日期)	会签(日期)	
标记	处记	更改文件号	签字	日期	标记	处记	更改文件号	签字	日期	

7.2 零件的结构工艺性分析

> 📖 **知识点**

- 零件的技术要求分析；
- 零件的结构工艺性分析。

第7章 机械加工工艺基础知识

> **技能点**
> - 典型零件技术分析；
> - 典型零件的结构工艺性分析。

零件图是制定工艺规程最主要的原始资料，在编制加工工艺规程前，首先要人认真分析零件图及产品装配图，熟悉该产品的用途、性能及工作条件，明确该零件在产品中的位置和作用；了解并研究各项技术条件制定的依据，分析主要技术要求和难易程度，以便在拟定工艺规程时采用合适的工艺过程加以保证。

7.2.1 技术要求分析

零件的技术要求主要有：
(1)加工表面的尺寸精度。
(2)加工表面的形状和位置精度。
(3)加工表面粗糙度要求。
(4)材料及热处理要求。
(5)加工数量要求。
(6)去毛刺、倒角、表面处理等其他要求。

工艺性分析 1

工艺性分析 2

工艺性分析 3

零件的尺寸精度、形状和位置精度、表面粗糙度及热处理等要求是否合理、材料选择是否合适、加工数量大小，对确定加工工艺方案和生产成本影响很大。应根据不同的要求采用不同的合适的加工工艺，尽量避免采用过高过难的加工工艺，使得工艺复杂化、加工成本增加。

如图7-4所示为汽车板簧吊耳，原设计吊耳内侧的表面粗糙度 $Ra3.2\ \mu m$，加工时需要精铣，但在使用时，板簧与吊耳两侧面是不接触的，不需要这么高的精度，改为 $Ra=12.5\ \mu m$ 即可，这样在铣削时只需粗铣即可，减少一道工序，减少了铣削时间，加工成本也相应有所降低。

通过对零件技术要求的分析，可以区分主要加工表面和次要表面，采用各种工艺措施予以重点保证；再对零件的结构工艺性分析后，对零件的加工工艺路线及加工方法就形成一个初步的轮廓，从而为下一步制定工艺规程做好准备。

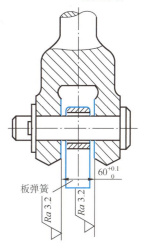

图7-4 汽车板簧吊耳

7.2.2 结构工艺性分析

零件的结构工艺性是指零件在满足使用性能和质量要求的前提下，制造上的可行性和经济性。对功能和质量要求相同的零件，不同的设计人员设计出来的零件，其结构可能会有很大的差异。结构工艺性好，是指其结构形状合理、便于加工、易于测量、方便装配，制造周期短、成本低，下面从几个方面对结构工艺性进行分析，以便制定出合理的工艺规程。

1. 装夹方便

零件的结构应方便加工时的定位和夹紧，装夹次数要少。如图7-5(a)所示锥销零件因

表面粗糙度为 $Ra0.4\ \mu m$，要求较高，需要精车或磨削加工，所以要用顶尖和鸡心夹头装夹，但该结构不便于装夹；若改为如图 7-5(b) 所示结构，则可以方便地用鸡心夹头装夹。

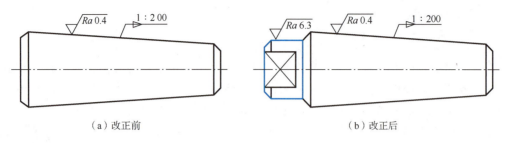

图 7-5　便于装夹的零件结构示例

2. 加工简单

零件的结构应便于使用通用刀具和量具，加工方便简单，减少加工面积及难加工表面，保证加工精度要求，减少安装和换刀次数，节省辅助时间等。表 7-9 为在常规工艺条件下，部分零件结构工艺性分析的示例。

表 7-9　零件结构工艺性分析实例

序号	零件结构			
	工艺性不好		工艺性好	
1		孔离箱壁太近，钻夹头会碰到箱体，箱壁高度尺寸大，需加长钻头才能钻孔，且易引偏		孔移位，离箱体远些，即可方便加工，不需加长钻头
2		车螺纹时，螺纹根部易打刀，且不能清根		留退刀槽，可使螺纹清根，不打刀
3		插齿无退刀空间，小齿轮无法加工		留退刀槽，大齿轮可滚齿或插齿，小齿轮可插齿加工
4		两端轴颈需磨削加工，因砂轮有圆角，不能清根		留砂轮越程槽，磨削时可以清根
5		斜面钻孔，钻头易引偏		更改结构设计，留出平台，即可直接钻孔

续上表

序号	零件结构			
	工艺性不好		工艺性好	
6	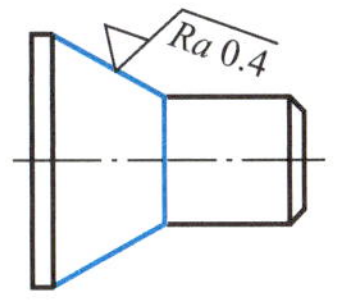	锥面加工时易碰伤圆柱面，且不能清根	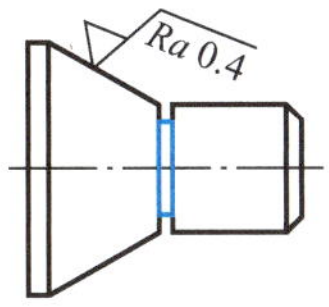	留退刀槽，可方便对锥面进行加工
7	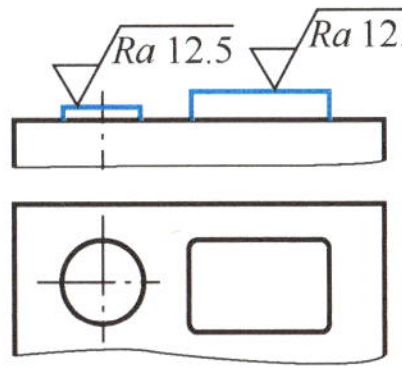	加工面高度不同，需两次调整刀具，影响生产率	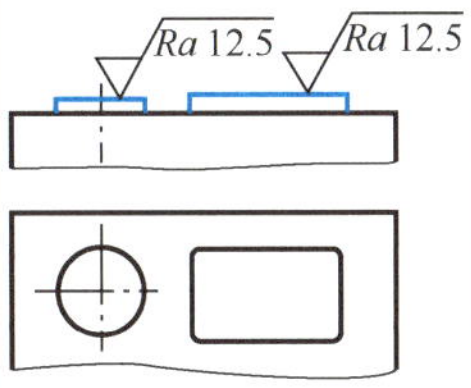	因粗糙度要求低，平面无配合要求，将加工面设计在同一高度，一次调整刀具可加工两个平面
8	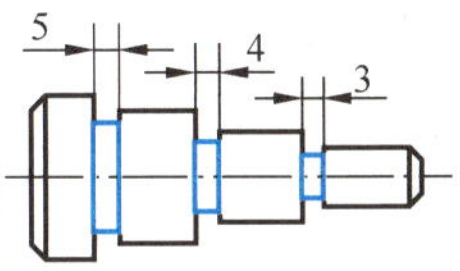	三个退刀槽宽度不一，需要三把不同尺寸的刀具加工	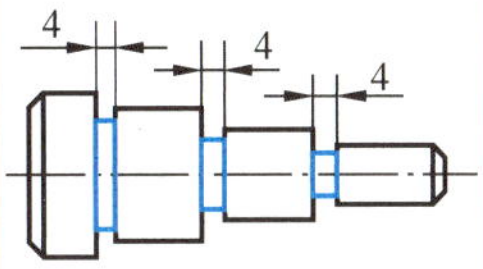	退刀槽为同一宽度，使用一把刀具即可加工，节省辅助时间
9	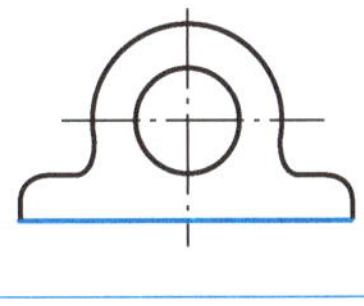	加工面积大、时间长，平面定位不易，且平面度误差大	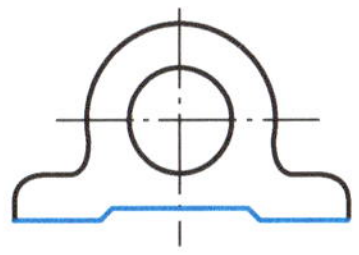	修改结构图，加工面积减小，工时节省，刀具损耗小，易保证平面度
10	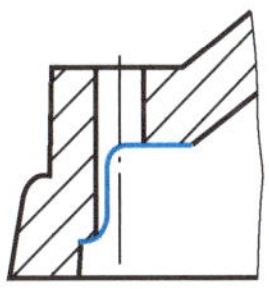	内孔下壁出口处有阶梯面，钻孔时钻头易钻偏或折断	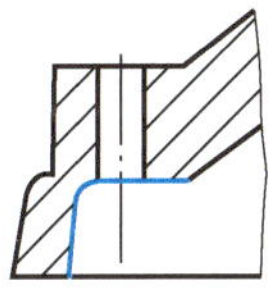	设计内孔下壁出口处为水平，钻孔方便，中心易保证，钻头不会折断
11	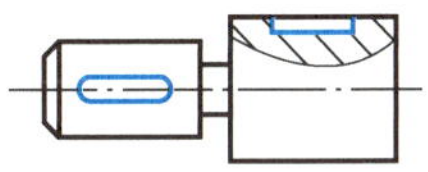	两键槽垂直平面成90°，需两次装夹加工	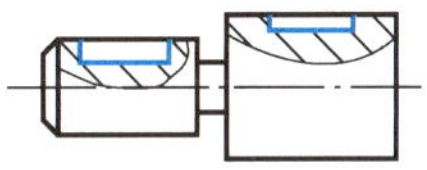	设计两键槽在同一垂直平面，一次装夹即可加工
12	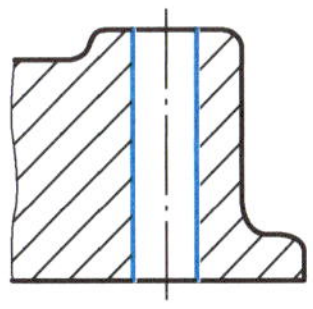	钻孔过深，加工时间长，钻头损耗大、且易跑偏	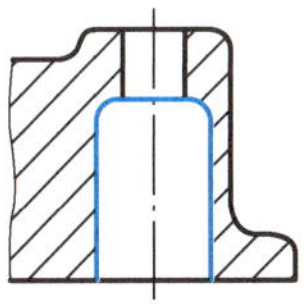	钻孔一端留空刀，钻削时间短，钻头寿命延长、且不易偏斜

3. 测量方便

设计零件结构时，还应考虑测量的可能性与方便性。图7-6所示零件，测量孔中心线与基准面 A 的平行度为 0.01 mm，而图7-6(a)所示的结构，由于底面凸台偏置一角度使得平行度难于测量。修改设计为图7-6(b)所示结构，将工艺凸台对称放置在中心，这样就很好测量了。

机械制造工艺

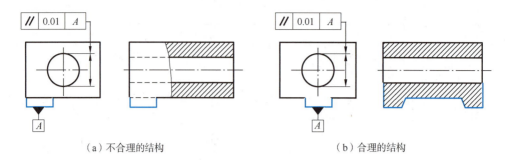

(a) 不合理的结构　　　　　　　(b) 合理的结构

图 7-6　便于测量的零件结构

4. 便于数控加工

从数控加工工艺性考虑，零件的外形、内腔最好采用统一的几何类型或尺寸，这样可以减少换刀次数。还有可能用控制程序或专用程序来缩短程序长度。图 7-7 所示为立铣刀铣削箱体内外圆角，由于圆角半径大小决定着刀具直径大小，很容易看出工艺性好坏。所以箱体内外圆角半径设计为相同的尺寸，这样可以减少换刀次数，且方便编程。

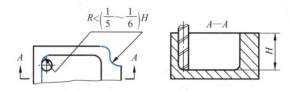

图 7-7　箱体内外圆角数控铣削

另外，在箱体底部圆弧处，应尽量避免设计成球面（此时 $R=r$），因为此时需采用球头铣刀加工，如图 7-8(a) 所示。此铣刀为成形铣刀，需专门设计制造，易磨损，寿命短。一般应考虑采用标准立铣刀铣削，如图 7-8(b) 所示。

如有可能的话，一些零件可设计成对称结构，因为许多数控机床有对称加工的功能，对对称性部分，只需编半边的程序即可，这样可以节省许多编程时间，如图 7-9 所示。

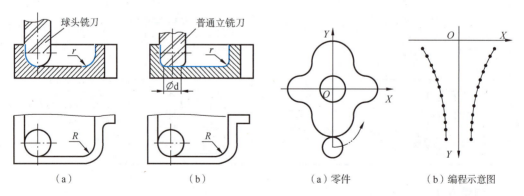

(a)　　　　　　　(b)　　　　　　　(a) 零件　　　(b) 编程示意图

图 7-8　便于数控加工的零件结构　　　图 7-9　便于数控编程的零件结构

5. 方便拆装

零件的结构应方便装配和维修时的拆卸。表 7-10 为在常规装配条件下，部分零件结构的装配工艺性分析的示例。

第7章 机械加工工艺基础知识

表 7-10 零件结构装配工艺性分析实例

序号	零件结构			
	工艺性不好		工艺性好	
1	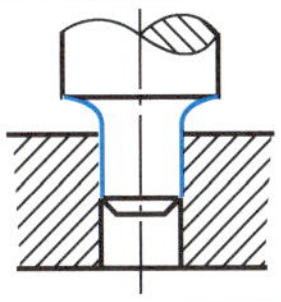	轴肩处有圆角，装配时轴肩无法紧贴支承面	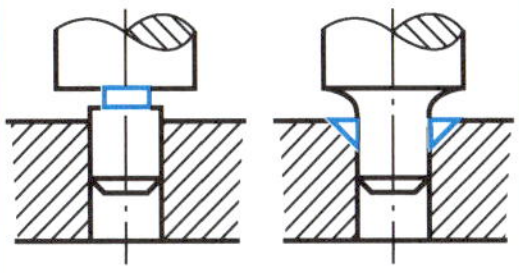	① 轴肩处车退刀槽，即可直接紧贴上支承面装配；② 孔口倒角，也可正常安装
2	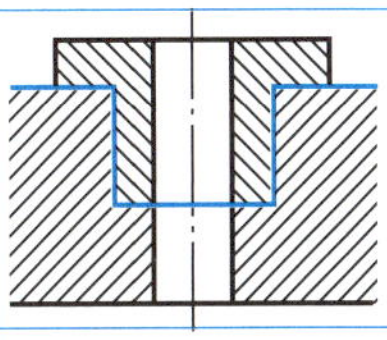	轴肩和底部有两个定位面，装配时无法保证两个定位面都紧密接触	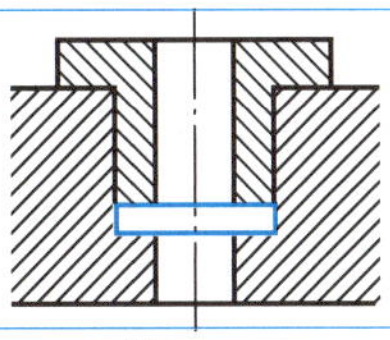	钻套长度缩短，或钻模板孔深加深，这样钻套肩部即可紧贴钻模板上表面
3	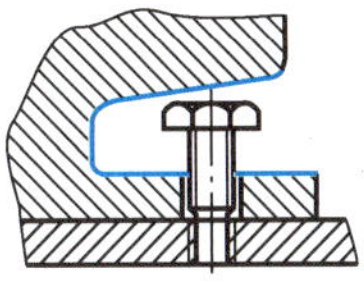	装配空间太小，螺钉无法装进或取出	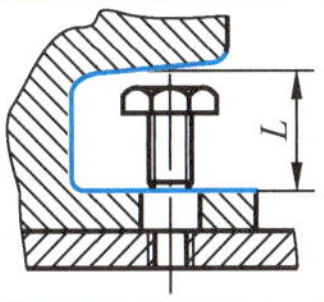	改进结构，增加安装高度，使得螺钉能装进或取出
4	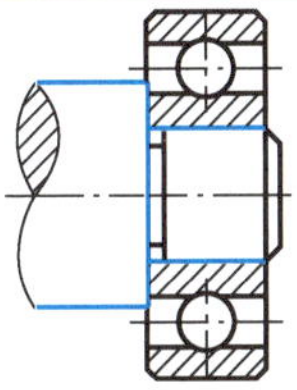	轴肩处直径超过轴承内圈外径，故轴承内圈无法正常拆卸	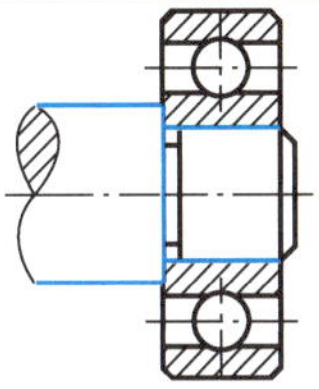	减小轴肩处的直径，使之小于轴承内圈外径，即可正常拆卸
5	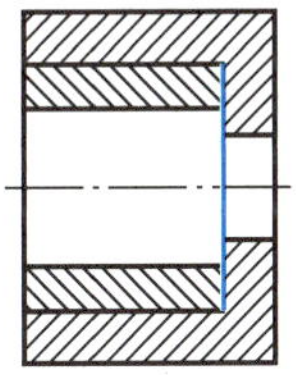	内衬套无法拆卸	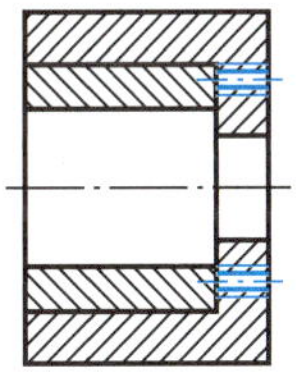	在外壳端面打 4 个螺孔，拆卸时用螺钉可将衬套顶出，也可打光孔，用工具均匀将衬套敲打出来

在工艺分析时发现零件的结构工艺性不好，技术要求不合理或存在其他问题时，应对零件设计提出修改意见，须由设计人员同意，并按规定手续修改，工艺人员未经批准不得擅自修改。

7.3 毛坯选择

知识点

- 常见毛坯种类；
- 毛坯的选择；
- 毛坯尺寸及形状的确定。

技能点

- 毛坯的正确选择；
- 毛坯的形状和尺寸的确定方法。

毛坯种类的选择不仅影响毛坯的制造工艺及费用，而且也与零件的机械加工工艺和加工质量密切相关。为此需要毛坯制造和机械加工两方面的工艺人员密切配合，合理地选择毛坯的种类，结构形状，并绘出毛坯图。

7.2.1 常见毛坯种类

1. 铸件

对形状较复杂的毛坯，一般均采用铸造方法制造。目前铸件大多采用砂型铸造，砂型铸造又可分为手工造型和机器造型。手工造型精度低，毛坯余量大，生产率低，一般用于单件小批量生产或大型复杂零件。对尺寸精度要求较高、大批量生产的小型铸件，可采用特种铸造，特种铸造又分为永久型铸造、精密铸造、压力铸造、熔模铸造和离心铸造等方式。

2. 锻件

受力复杂、机械强度要求高的零件，一般要求锻造。锻造有自由锻造和模型锻造两种。毛坯经锻造后可得到连续和均匀的金属纤维组织。因此锻件的力学性能较好。其自由锻件的精度和生产率较低，毛坯余量较大，主要用于单件、小批量生产和大型锻件的制造。模型锻造件的尺寸精度和生产率较高，毛坯余量小，主要用于生产批量较大的中小型锻件。

3. 型材

型材按截面形状可分为圆钢（管）、方钢（管）、六角钢、扁钢和其他特殊截面形状。就其制造方法，又可分为热轧和冷拉两大类。热轧的型材精度较低，价格较便宜，如槽钢、角钢、工字钢、方钢管等，一般用于普通机械零件。冷拉型材尺寸较小，精度较高，价格也比热轧贵，如方钢管、不锈钢管和其他形状的线材，主要用于毛坯精度要求较高的中小型零件。

4. 焊接件

焊接件是用焊接方法获得的结合件，主要用于单件、小批量生产和大型零件及样机试制。其优点是制造简单、生产周期短、节省材料、减轻重量。但其抗振性较差，热变形大，需经时效处理后才能进行机械加工。

5. 其他毛坯

除此之外，还有冲压件，粉末冶金件，冷挤件，塑料压制件等其他毛坯。

7.2.2 毛坯的选择

选择毛坯时应该考虑以下几个方面的因素。

1. 零件生产类型

大批量生产的零件应选择精度和生产率较高的毛坯制造法来生产，毛坯余量小，加工时间缩短，材料消耗减少，设备和模具制造费用分摊到每个零件中去所占成本很低。如铸件可采用金属模、离心铸造、精密铸造等特种铸造方式；锻件采用模型锻造、精密锻造等方式；型材可选用冷拉和冷轧型材；单件、小批量生产时则应选择精度和生产率较低、设备模具费用较低的毛坯制造方法。

2. 零件的结构形状和外形尺寸

形状复杂的毛坯，一般用铸造方法制造，薄壁零件则不宜用砂型铸造；大型零件可用砂型铸造，一般用途的阶梯轴，如各段直径相差不大，可选用圆棒料；如阶梯轴各段直径相差较大，为减少材料消耗和机械加工的劳动量，可采用锻造毛坯；尺寸大的零件一般选择自由锻造，小型零件可制作成整体毛坯。

3. 零件材料的工艺性

零件的材料大致决定了毛坯的种类。例如，材料为铸铁或青铜之类的零件应选择铸造毛坯；钢质零件当形状不复杂，力学性能要求又不太高时，可选用型材；重要的钢质零件，为保证其力学性能，应选择锻造毛坯。

4. 现有生产条件

选择毛坯时，还要考虑本厂的毛坯制造水平、设备现状情况；以及本区域的外协状况、费用成本等因素来综合考虑。

7.2.3 毛坯尺寸及形状的确定

毛坯的形状和尺寸主要取决于零件的形状尺寸，再加上一定的加工余量，即毛坯加工余量。毛坯制造时，同样会产生误差，毛坯制造的尺寸公差称为毛坯公差。毛坯加工余量和公差大小，直接影响后续机械加工的工作量和原材料的消耗，影响制造周期和制造成本。

现代制造工艺技术的发展趋势之一，是采用新的毛坯工艺，如特种铸造、精密模锻、冷挤、精密冲裁等技术，尽量缩小毛坯余量和公差，使毛坯形状和尺寸尽量和零件趋于一致，争取做到少切削、无切削加工，以节省材料、节省工作量。

毛坯余量和公差大小，与毛坯的制造方法有关，可在相关工艺手册、或行业企业标准中查到，根据企业的实际情况确定选用。

受毛坯的制造方法、机械加工及热处理等工艺因素的影响，毛坯的形状可能与工件的形状有所不同。

1. 增加工艺凸台

有时为了加工时装夹定位方便，有的铸件毛坯需要铸出必要的工艺凸台，图 7-10 所示零件，定位面 C 较小，而加工表面 B 较长，为保证定位稳定、加工时不抖动，毛坯增加了工艺凸台 A，在零件加工后再切去。

2. 采用整体毛坯

图 7-11 所示为连杆，装配时用螺栓将连杆和大头盖组成一个整体，设计毛坯时将两个零件合成一个铸件，待加工到一定阶段后再切开，以保证加工质量，加工也很方便。

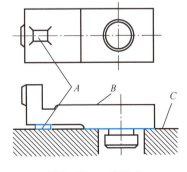

图 7-10　工艺凸台

A—工艺凸台；B—加工面；C—定位面

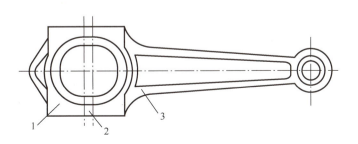

图 7-11　连杆整体毛坯

1—大头盖；2—切开部分；3—连杆

3. 采用多件合一毛坯

对一些形状比较规则的小型零件，经常将多件合成一个毛坯，这样可以提高生产效率，加工过程中也方便装夹。图7-12 连接为滑键，毛坯为锻件，先将若干零件先合成一个毛坯，锻造比较方便；待两侧面和平面铣削加工后，再切割成单个零件，再进行钻孔、攻螺纹等后续工序。

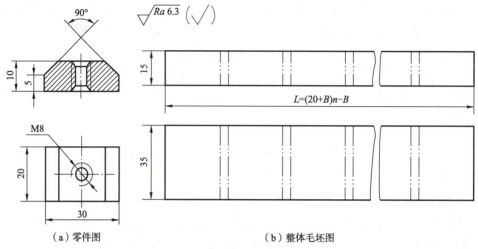

图 7-12　滑键零件及整体毛坯

7.4　基准与定位基准的选择

知识点
- 基准的概念和分类；
- 工件的定位与装夹；
- 定位基准的选择。

技能点
- 工艺基准的正确掌握；
- 工件的定位方法；
- 粗基准、精基准的正确选择。

制定机械加工规程时，定位基准的选择是否合理，将直接影响零件加工表面的尺寸精度以及相互位置精度。同时对加工顺序的安排也有重要影响。定位基准选择不同，工艺过程也将随之而异。

7.4.1　基准的概念和分类

所谓基准是用来确定生产对象上几何要素间的几何关系所依据的那些点、线、面。基准按其作用可分为设计基准和工艺基准两大类。

1. 设计基准

在设计图样上采用的基准称为设计基准。如图 7-13 所示的钻套，轴线 $O-O$ 是各外圆表面及内孔的设计基准；⌀28H7 内孔表面的轴心线是 ⌀40h6 外圆表面的径向跳动和端面 B 的端面跳动的设计基准；在长度方向，端面 A 是端面 B 和端面 C 的设计基准。

2. 工艺基准

在机械加工过程中用来确定加工表面、加工后尺寸、形状、位置的基准称为工艺基准。工艺基准按不同的用途又分为工序基准、定位基准、测量基准和装配基准。

（1）工序基准。在工序图上用来确定本工序的被加工面、加工后的尺寸、形状、位置的基准，称为工序基准。其所标注的加工面尺寸称为工序尺寸。如图 7-14（a）所示，加工 A 面时，母线 B 至 A 面的距离 h 为工序尺寸，一般还有一个 A 面对 B 面的平行度要求，所以母线 B 为本道铣削工序的工序基准。

有时确定一个加工面需要多个工序基准。如图 7-14（b）所示，⌀E 孔为加工表面，要求其中心线与 A 面垂直，与 B 面及 C 面的距离尺寸分别是 L_1，L_2，因此 A、B、C 三个表面均为本道工序的工序尺寸。

（2）定位基准。在加工中用作定位的基准称为定位基准。例如，将图 7-13 所示的钻套零件的内孔套在心轴上加工 ⌀40h6 外圆时，内孔中心线 $O-O$ 即为定位基准。如图 7-14（b）所示的零件，加工 ⌀E 孔时，为保证对 A 面的垂直度，要用 A 面作为定位基准；为保证 L_1，L_2 的距离尺寸，要用 B、C 面作为定位基准，加工一个表面时，同时需要三个定位基准使用。

定位基准

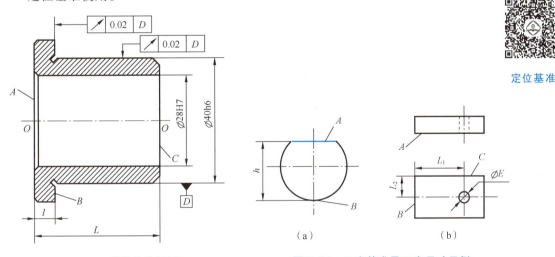

图 7-13　设计基准示例　　图 7-14　工序基准及工序尺寸示例

作为设计基准、或定位基准的点、线、面在工件上有时不一定具体存在，例如，表面的几何中心、对称线、对称面等，但必须由相应的实际表面来体现，这些实际存在的表面称为设计基面或定位基面。

一般来说，对回转体而言，中心线通常都是各回转面的设计基准、或定位基准，最左边的面大都是作为长度方向的设计或定位基准，底面一般都作为高度方向的设计或定位基准。

（3）测量基准。检验已加工表面的尺寸、形状和位置精度时所用的基准称为测量基准。

图 7-13 所示的钻套，测量时通常把心轴装在∅28H7 内孔上，以检验∅40h6 外圆的径向跳动和端面 B 的端面跳动，此时∅28H7 内孔中心线即为测量基准。测量图 7-14（a）所示的零件，测量方式如图 7-15 所示，其母线 B 即为测量基准。

（4）装配基准。装配时用来确定零件或部件在产品中相对位置时所用的基准称为装配基准。图 7-14（b）所示固定板零件、装配时底面 A 即为装配基准。

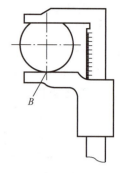

图 7-15　测量基准示例

7.4.2　工件的定位与装夹

1. 工件定位的概念

工件加工面的相互位置精度是由工艺系统间的正确位置关系来保证的。工件在加工前应首先确定在机床或夹具中占据一个正确位置，称为工件定位，然后再夹紧，从定位到夹紧的整个过程称为装夹。因此，工件的装夹直接影响零件加工的质量、经济性和生产效率。

2. 工件定位的方法

随着生产批量、加工精度和工件尺寸大小的不同，工件定位的方法也有所不同。常见的工件定位方法有以下三种。

（1）直接找正法定位。直接找正法定位是用百分表、划针或目测等方法在机床上直接找正工件加工面的设计基准，使其获得正确位置的定位方法。如图 7-16 所示，加工前用四爪单动卡盘将零件装在磨床上，因零件的外圆与内孔有很高的同轴度要求，所以磨削内孔前，先用百分表直接找正外圆，使其径向跳动在允许的范围内，从而保证加工后零件外圆与内孔的同轴度要求。这种方法的定位精度和找正的快慢取决于操作工人的水平，比较费时。一般单件、小批量生产或位置精度要求高、形状相对简单的工件普遍采用直接找正法。

（2）划线找正法定位。划线找正法定位是按照零件图样要求，使用划针等工具，在零件上划出中心线、对称线、待加工表面的加工线，然后按照划好的线在机床上进行找正，使其获得正确位置的方法，如图 7-17 所示。此时划出的线即为定位基准。此法受划线精度和找正精度的限制，定位精度不高，一般为 0.2～0.5 mm。主要用于生产批量小、毛坯精度低、尺寸和重量都比较大的零件，以及毛坯粗糙无法使用夹具进行加工的零件的粗加工。

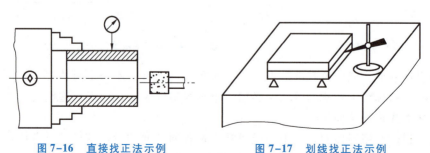

图 7-16　直接找正法示例　　　图 7-17　划线找正法示例

（3）使用专用夹具定位。使用专用夹具定位是直接利用夹具上的定位元件使工件获得正确的位置。图 7-18 所示为用钻模对工件进行钻孔，工件 4 由支承钉 2、支承板 1 和定位销 6 定位，钻头伸进钻套 3，对工件进行钻削加工，由于夹具的定位元件与机床和刀具的相对位置均已预先调整好，故工件定位时不必再逐个调整，即可自动保证 h、c、和 d 尺寸。此法定位迅速、可靠，定位精度较高，广泛用于中批大批量生产中。

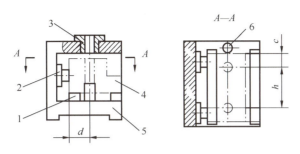

图 7-18 使用夹具定位示例

1—支承板；2—支承钉；3—钻套；4—工件；5—夹具体；6—定位销

7.4.3 定位基准的选择

定位基准的选择是否合理，直接影响到加工后的尺寸精度、形状和位置精度、生产率和成本等方面。定位基准有粗基准和精基准之分。在加工工序中，第一道工序只能以毛坯上未曾加工过的表面为定位基准，则该表面称为粗基准。后面工序中，则利用已加工过的表面为定位基准，称为精基准。

1. 粗基准的选择原则

选择粗基准时，主要是考虑如何分配各加工面的加工余量，以及如何保证加工面与不加工面之间的相互位置精度，再就是为后续工序提供精基准，具体选择一般遵循下列原则：

（1）对于同时具有加工表面和不加工表面的零件，为保证不加工表面与加工表面之间的位置精度，应选择不加工表面作为粗基准。如图 7-19（a）所示。如果零件上有多个不加工表面，则以其中与加工表面相互位置精度要求较高的表面作为粗基准。如图 7-19（b）所示，该零件有 1、2、3 三个不加工表面，若要求加工表面 4 与不加工表面 2 之间的壁厚均匀，则应选择不加工表面 2 作为粗基准来加工台阶孔。

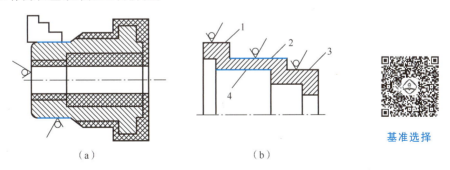

基准选择

图 7-19 粗基准的选择

（2）对于具有较多加工表面的工件，选择粗基难时，应合理分配各加工表面的加工余量。主要应注意以下两点：

① 应保证各主要表面都有足够的加工余量。为满足这个要求，应选择毛坯余量最小的

表面作为粗基准,如图7-20(a)所示,阶梯轴的大、小端余量不同且有偏心,两外圆⌀55和⌀108的轴心线分别为 $O-O$ 和 $O'-O'$,差距为3 mm,因为⌀55外圆的余量较小,故应选择⌀55 mm外圆表面作为粗基准,则整个阶梯轴以 $O-O$ 为轴心线,⌀108外圆单边最大加工余量为7 mm,最小加工余量为1 mm,可以矫正过来,如图7-20(b)所示;如选择⌀108外圆表面作为粗基准加工⌀55外圆,则整个阶梯轴以 $O'-O'$ 为轴心线,⌀55 mm外圆面单边最大加工余量为5.5 mm,最小加工余量为 -0.5 mm,无法矫正即已报废。

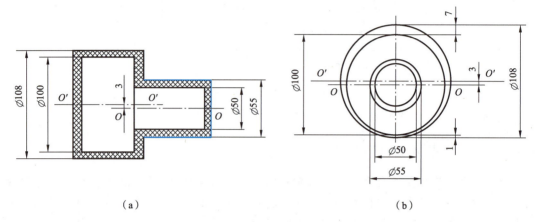

图7-20 选择毛坯余量最小的面作为粗基准

② 为保证工件上的某些重要表面(如导轨和重要孔等),有均匀的加工余量,应选择这些重要表面作为粗基准。如图7-21所示的床身导轨表面是重要表面。要求耐磨性好,且在整个导轨面内具有大体一致的力学性能。因此,在加工导轨时,应选择导轨表面作为粗基准,先加工床身底面,如图7-21(a)所示,然后以底面为精基准再加工导轨平面,如图7-21(b)所示。

(3) 粗基准应避免重复使用。因为粗基准表面粗糙,所以一般情况下,在同一尺寸方向上,粗基准只能使用一次,以免产生较大的重复定位误差。如图7-22所示的轴加工,如重复使用B面作为粗基准加工A面、C面,则A面和C面的轴线将产生较大的同轴度误差。

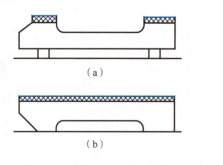

图7-21 床身加工粗基准选择

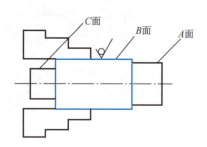

图7-22 重复使用粗基准示例

(4) 粗基准表面应平整,并有较大的面积,没有浇冒口或飞边等缺陷。以便定位可靠,装夹方便。

2. 精基准的选择原则

精基准的选择应从保证零件加工精度出发，同时考虑装夹方便可靠、夹具结构简单。

（1）"基准重合"原则。所谓基准重合，是指设计基准与定位基准重合，以便比较容易地获得加工表面对其设计基准的相对位置精度要求，如果加工表面的设计基准与定位基准不重合，则会增大定位误差。

（2）"基准统一"原则。位置精度要求较高的各加工表面，应尽可能在多数工序中采用同一精基准定位，这就是"基准统一"原则。例如，轴类零件加工时，大多数工序都以中心孔为定位基准；齿轮的齿坯和齿形加工时，大多采用齿轮内孔及基准端面为定位基准。

采用"基准统一"原则可减少工装设计制造的费用，提高生产率，并可避免因基准转换所造成的误差。

（3）"自为基准"原则。有些精加工工序为了保证加工质量，要求加工余量尽可能小而均匀，此时应选择加工表面本身作为定位基准，这就是"自为基准"原则。例如，磨削床身导轨面时，就以床身导轨面作为定位基准找正定位，然后进行加工，如图7-23所示。此时床脚平面只是起一个支承平面的作用，不是定位基准面。此外，铰孔、拉孔、无心磨床磨外圆等，均是采用"自为基准"的原则进行加工的。

（4）"互为基准"原则。有位置精度要求的两个表面在加工时，为了获得均匀的加工余量或较高的位置精度，用其中任意一个表面作为定位基准来加工另外一个表面，这就是互为基准的原则。加工精密齿轮时，先以内孔定位加工齿形面，齿面淬硬后需进行磨齿，因齿面淬硬层较薄，所以要求磨削余量小而均匀，此时可用齿面为定位基准磨内孔，再以内孔为定位基准磨齿面，从而保证齿面的磨削余量均匀，且与齿面的同轴度要求又较易得到保证，如图7-24所示。

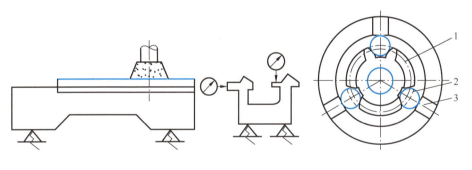

图7-23 机床导轨面自为基准示例　　图7-24 精密齿轮内孔磨削　　基准案例分析
　　　　　　　　　　　　　　　　　　1—齿轮；2—滚柱；3—卡盘

（5）精基准应选择精度较高、定位方便、夹紧可靠、便于操作的表面作为精基准。有时需人为的设计一种精基准面，如顶尖孔、工艺孔、工艺凸台等，作为精基准。这些表面在零件使用中并不起作用，仅仅起定位作用，称为辅助基准。

上面所述粗基准、精基准的选择原则，常常不能全部满足要求，实际应用时往往会出现相互矛盾的情况，这就要求结合零件的实际形状、精度要求和使用功能，综合考虑，解决主要矛盾，选择出合理的加工方案。

7.5 工艺路线的拟定

> **知识点**
> - 工件表面加工方法及选择；
> - 加工阶段的划分；
> - 工序的划分；
> - 加工顺序的安排。

> **技能点**
> - 加工方法的正确选择；
> - 典型零件工艺路线的制定；
> - 典型零件机械加工工艺规程的编制。

工艺路线的拟定是制定工艺规程的关键，其主要内容是选择各个加工表面的加工方法，安排加工顺序、工艺过程的工序数目和工序内容。它与零件的质量技术要求、生产批量、本企业生产设备、工艺装备及员工技术水平等多种因素有关。相同的零件，在不同的企业、不同的生产技术条件下，工艺方案可能是不一样的。本节将介绍带有普遍性的工艺设计原则。但在具体拟定时，应根据各企业的实际情况，制定合理可行的工艺路线。

7.5.1 工件表面加工方法的选择

选择表面加工方法时，一般先根据表面的加工精度和表面粗糙度要求，选定最终加工方法，然后再确定精加工前的准备工序的加工方法，即确定加工方案。由于获得同一精度和同一粗糙度的方案有多种，选择时还要考虑生产率和经济性，考虑零件的结构形状、尺寸大小、材料和热处理要求及工厂的生产条件等。下面分别简要说明表面加工方法选择时主要考虑的几个因素。

1. 经济精度与经济粗糙度

所谓经济精度，是指在正常加工条件下(符合质量要求的设备、工艺装备、标准技术等级的工人、合理的加工时间)，所能达到的精度范围，称为经济精度；与经济精度相对应的表面粗糙度被称为经济表面粗糙度，简称粗糙度。

任何一种加工方法所能达到的加工精度和表面粗糙度均有一个较大的范围，但要获得比一般条件下更加的精度和更小的表面粗糙度值就需要以增大成本或降低生产率为代价。例如，细致的操作、选择低的切削用量，可以获得较高的精度，但会降低生产率，提高成本；反之，如增大切削用量，生产效率提高了，虽然成本降低了，但精度也降低了。所以，对一种加工方法，只有在一定的精度范围内才是经济合理的。

需要指出的是，经济精度及经济粗糙度的数值不是一成不变的，随着工艺技术的不断改进，经济精度及经济粗糙度会逐步提高。

2. 外圆、内孔及平面的加工方法

表 7-11、表 7-12、表 7-13 分别摘录了外圆、孔和平面等典型加工方法。表中包括各种加工方案能达到的经济精度和经济粗糙度（经济精度以公差等级表示）。表 7-14 摘录了各种加工方法加工轴线平行的孔系时的位置精度（用距离误差表示）。这些参数在机械加工的各种手册中均能查到。

表 7-11 外圆表面加工方法

序号	加 工 方 法	经济精度 （公差等级表示）	经济粗糙度值 $Ra/\mu m$	适 用 范 围
1	粗车	IT11～IT13	12.5～50	适用于除淬火钢以外的各种金属
2	粗车—半精车	IT8～IT10	3.2～6.3	
3	粗车—半精车—精车	IT7～IT8	0.8～1.6	
4	粗车—半精车—精车—滚压（或抛光）	IT7～IT8	0.025～0.2	
5	粗车—半精车—磨削	IT7～IT8	0.4～0.8	主要用于淬火钢；也可用于未淬火钢；不宜加工有色金属
6	粗车—半精车—粗磨—精磨	IT6～IT7	0.1～0.4	
7	粗车—半精车—粗磨—精磨—超精加工—（或轮式超精磨）	IT5	0.012～0.1 （或 Rz 0.1）	
8	粗车—半精车—精车—精细车（金刚石车）	IT6～IT7	0.025～0.4 （或 Rz 0.1）	主要用于要求较高的有色金属加工
9	粗车—半精车—粗磨—超精磨（或镜面磨）	IT5 以上	0.006～0.025 （或 Rz 0.05）	极高精度的外圆加工
10	粗车—半精车—粗磨—精磨—研磨	IT5 以上	0.006～0.1 （或 Rz 0.05）	

表 7-12 内孔加工方法

序号	加 工 方 法	经济精度 （公差等级表示）	经济粗糙度值 $Ra/\mu m$	适 用 范 围
1	钻孔	IT11～IT13	12.5	加工未淬火钢和铸铁实心毛坯；也可加工有色金属，孔径小于 15～20 mm
2	钻孔—铰孔	IT8～IT10	1.6～6.3	
3	钻孔—粗铰—精铰	IT7～IT8	0.8～1.6	
4	钻孔—扩孔	IT10～IT11	6.3～12.5	加工未淬火钢及铸铁实心毛坯；也可加工有色金属，孔径大于 15～20 mm
5	钻孔—扩孔—铰孔	IT8～IT9	1.6～3.2	
6	钻孔—扩孔—粗铰—精铰	IT7	0.8～1.6	
7	钻孔—扩孔—机铰—手铰	IT6～IT7	0.2～0.4	
8	钻孔—扩孔—拉孔	IT7～IT9	0.1～0.6	大批量生产，精度取决于拉刀

续上表

序号	加工方法	经济精度（公差等级表示）	经济粗糙度值 $Ra/\mu m$	适用范围
9	粗镗（或扩孔）	IT11~IT13	6.3~12.5	除淬火钢外各种材料；毛坯有铸出孔或锻出孔
10	粗镗（粗扩）—半精镗（精扩）	IT9~IT10	6.3~12.5	
11	粗镗（粗扩）—半精镗（精扩）—精镗（铰）	IT7~IT8	0.8~1.6	
12	粗镗—半精镗—精镗—浮动镗刀精镗	IT6~IT7	0.4~0.8	
13	粗镗（扩）—半精镗—磨孔	IT7~IT8	0.2~0.8	主要用于淬火钢，也可用于未淬火钢；但有色金属不宜
14	粗镗（扩）—半精镗—粗磨—精磨	IT6~IT7	0.1~0.2	
15	粗镗—半精镗—精镗—精细镗（金刚石镗）	IT6~IT7	0.05~0.4	主要用于精度较高的有色金属加工
16	钻（扩）—粗铰—精铰—珩磨；钻（扩）—拉—珩磨；粗镗—半精镗—精镗—珩磨；	IT6~IT7	0.025~0.2	精度要求很高的孔
17	研磨代替16中的珩磨	IT5~IT6	0.006~0.1	

表7-13 平面加工方法

序号	加工方法	经济精度（公差等级表示）	经济粗糙度值 $Ra/\mu m$	适用范围
1	粗车	IT11~IT13	12.5~50	主要适用于立式车床车削大型零件的端面
2	粗车—半精车	IT8~IT10	3.2~6.3	
3	粗车—半精车—精车	IT7~IT8	0.8~1.6	
4	粗车—半精车—磨削	IT6~IT8	0.2~0.8	
5	粗刨（或粗铣）	IT11~IT13	6.3~25	一般不淬硬平面，端铣时粗糙度值较小
6	粗刨（或粗铣）—精刨（精铣）	IT8~IT10	1.6~6.3	
7	粗刨（或粗铣）—精刨（精铣）—刮研	IT6~IT7	0.1~0.8	精度要求较高的不淬硬平面，批量较大时采用宽刃精刨
8	以宽刃精刨代替7中的刮研	IT7	0.2~0.8	
9	粗刨（或粗铣）—精刨（精铣）—磨削	IT7	0.2~0.8	精度要求高的淬硬平面或不淬硬平面
10	粗刨（或粗铣）—精刨（精铣）—粗磨—精磨	IT6~IT7	0.1~0.8	
11	粗铣—拉削	IT7	0.2~0.8	大量生产，较小的沟槽（精度视拉刀精度而定）
12	粗铣—精铣—磨削—研磨	IT5以上	0.006~0.1（或Rz0.05）	高精度平面

表 7-14 轴线平行孔系的位置精度(经济精度)

加工方法	工具的定位	两轴线间的距离误差或从孔轴线到平面的距离误差	加工方法	工具的定位	两轴线间的距离误差或从孔轴线到平面的距离误差
立钻或摇臂钻上钻孔	用钻模	0.1~0.2	卧式镗床上镗孔	用镗模	0.05~0.08
	按划线	1.0~3.0		按定位样板	0.08~0.2
立钻或摇臂钻上钻孔	用镗模	0.03~0.05		按定位器的指示读数	0.04~0.06
车床上镗孔	按划线	1.0~2.0		用块规	0.05~0.1
	用带有滑磨的角尺	0.1~0.3		用内径规或用塞尺	0.05~0.25
坐标镗床上镗孔	用光学仪器	0.004~0.015		用程序控制的坐标装置	0.04~0.05
金刚镗床上镗孔	—	0.008~0.02		用游标尺	0.2~0.4
多轴组合机床上镗孔	用镗模	0.03~0.05		按划线	0.4~0.6

3. 选择加工方案时需考虑的因素

(1) 生产类型。大批量生产时,应采用高效率的先进工艺,设计制造专用夹具、成形刀具、专用量具等二类工装来保证,例如,用专用拉刀来拉削异形孔,用成形铣刀来铣削成形面,用专用夹具来快速定位装夹。对复杂表面的加工采用数控机床或加工中心等先进设备;对单件、小批量生产,则采用常规的车削、铣削、刨削、磨削、钳工修配等方式来加工。

(2) 选择能获得经济精度的方法。例如,加工精度为IT7级、表面粗糙度为$Ra0.4$的外圆表面,用精车可以达到要求,但一般采用磨削比较经济。

(3) 零件的材料的加工特性。对淬火钢表面,一般采用磨削加工;材料未淬硬的精密零件的配合表面,可采用刮研加工;对有色金属,如铜、铝、镁铝合金等,为避免磨削时堵塞砂轮,则采用精车、精镗、精铣等方法。

(4) 零件的结构形状和尺寸大小。工件上的小孔一般采用钻削铰削,较大的孔则采用镗削加工;箱体上的孔一般难以拉削而采用镗削(大孔)或铰削(小孔);对于非圆的异形孔,小批量时采用插削加工;对于难磨削的小孔,则可采用研磨加工。

7.5.2 加工阶段的划分

当零件表面精度和粗糙度要求比较高时,往往都要划分为几个阶段来加工完成。

1. 工艺过程的四个加工阶段

(1) 粗加工阶段。主要切除各表面上的大部分加工余量,使毛坯形状和尺寸接近于零件成品。该阶段的特点是使用大功率机床,选用较大的切削用量,尽可能提高生产率和降低刀具磨损等。

(2) 半精加工阶段。完成次要表面的加工,留有一定的加工余量,为主要表面的精加工做准备。

(3) 精加工阶段。切削余量很小，主要是保证各加工表面达到图样规定的技术要求。

(4) 光整加工阶段（或超精加工阶段）。对表面粗糙度很小（$Ra0.2\ \mu m$）、尺寸精度要求很高（IT6 以上）的表面，还需进行光整加工，主要是提高表面粗糙度的精度，其次是提高尺寸精度、形状精度，一般不用来提高零件的位置精度。

2. 划分加工阶段的原因

(1) 有利于保证加工质量。工件在粗加工后，由于加工余量较大，所受的切削力、夹紧力也较大，将引起较大的变形及内应力重新分布。如不分粗精阶段进行加工，上述变形来不及恢复，将影响加工精度。而划分加工阶段后，能逐步恢复和修正变形，提高加工质量。

(2) 便于合理使用设备。粗加工要求采用刚性好、效率高而精度较低的大功率机床，精加工则要求机床精度高。划分加工阶段后，可以合理使用机床，充分发挥各机床的性能，延长机床使用寿命。

(3) 便于及时发现缺陷。毛坯经粗加工阶段后，各种缺陷即已暴露，便于及时返工或决定报废处理，以免继续加工造成后续工时、费用的浪费。同时，精加工工序放在最后，可以避免加工好的表面在搬运和夹紧中受损伤。

(4) 便于安排热处理工序和检验工序。如粗加工阶段之后，有些零件要安排去除内应力处理。例如齿轮、轴等大多数零件精加工前要安排淬火处理，淬火后的变形要通过磨削等精加工予以消除。

在制定零件的工艺路线时，一般应遵循划分加工阶段这一原则，加工阶段的划分不是绝对的，应根据零件情况灵活处理。例如，对一些毛坯精度较高、加工精度要求较低而刚性又好的零件，可不划分加工阶段；对一些刚性较好的重型零件，由于吊装较困难，往往不划分加工阶段，而在一次装夹后完成粗加工、半精加工和精加工。

将工艺过程划分加工阶段是指零件的整个加工过程而言，不能单从某一表面的加工或某一工序的性质来判断。例如，工件的定位基准的精加工，在半精加工甚至粗加工阶段就要完成，而不能放在精加工阶段。

7.5.3 工序的划分

工序划分采用工序集中和工序分散的原则。工序集中就是将工件的加工集中在少数几道工序内完成，而每道工序的加工内容比较多；工序分散则相反，将工件的加工分散在较多的工序中进行，每道工序的加工内容较少，甚至每道工序只包含一个简单工步。

1. 工序集中的特点

(1) 在一次安装中可完成零件多个表面的加工，可以较好地保证这些表面的相互位置精度，同时减少了装夹时间和减少工件在车间内的搬运工作量，利于缩短生产周期。

(2) 减少了机床数量，并相应减少操作工人，节省车间面积，简化生产计划和生产组织工作。

(3) 可采用高效率的机床或自动生产线、数控机床等，生产率高。

(4) 因为采用专用设备和工艺装备，使投资增大，调整和维修复杂，生产准备工作量大。

2. 工序分散的特点

(1) 机床设备及工艺装备简单，调整和维修方便，工人易于掌握，生产准备工作量少，便于平衡工序时间。

（2）有利于采用最合理的切削用量，减少基本时间。

（3）设备数量多，操作工人多，占用场地大。

工序集中和工序分散各有利弊，应根据生产类型、现有生产条件、企业能力、工件结构特点和技术要求等进行综合分析，择优选用。一般来说，单件、小批量生产时，大都使工序集中，采用通用机床进行加工；对于重型工件，为了减少工件装卸和运输的劳动量，也采取工序集中方式。对大批量生产的产品，大都采用工序分散方式，进行流水生产；有条件的企业，也可采用多刀、多轴等高效自动机床，将工序集中进行加工。

7.5.4 加工顺序的安排

一般加工顺序包括机械加工、热处理和辅助工序，因此，在拟定工艺路线时要将三者统筹考虑。

1. 机械加工工序的安排

（1）基准先行。用作精基准的表面，要首先加工出来。所以第一道工序一般进行定位基准的粗加工或半精加工、甚至是精加工，然后以精基准定位加工其他表面。

（2）先粗后精。先进行粗加工，切削掉大部分余量，然后进行半精加工，最后是精加工、如表面粗糙度要求高的话，再进行光整加工。

（3）先主后次。先进行主要表面的加工，再将次要表面的加工穿插在各加工阶段中进行。主要表面加工容易出废品，应放在前阶段进行，以减少工时的浪费。次要表面一般加工量小，加工比较方便。使加工阶段更明显且能顺利进行，又能增加加工阶段的时间间隔，可以有足够的时间让残余应力重新分布，并使其引起的变形充分表现，以便在后续工序中修正。

（4）先面后孔。先加工平面，后加工孔。对于箱体、底座等零件，一般平面面积较大，轮廓平整，先加工好平面，作为加工孔时的定位基准，有利于保证孔与平面的位置精度，同时也给孔的加工带来方便。

2. 热处理工序的安排

热处理的目的是提高材料的机械性能、消除残余应力和改善工件的切削加工性能。按照热处理不同的目的，热处理工艺可分为两大类：预备热处理和最终热处理。

（1）预备热处理。预备热处理的目的是改善加工性能、消除内应力和为最终热处理准备良好的金相组织。其热处理工艺有退火、正火、时效处理等。

① 退火和正火。退火和正火用于经过热加工的毛坯。含碳量高于 0.5% 的碳钢和合金钢，为降低其硬度易于切削，常采用退火处理；含碳量低于 0.5% 的碳钢和合金钢，为避免其硬度过低切削时粘刀，而采用正火处理。退火和正火还能细化晶粒、均匀组织，为以后的热处理做准备。退火和正火常安排在毛坯制造之后、粗加工之前进行。

② 时效处理。时效处理主要用于消除毛坯制造和机械加工中产生的内应力。对于一般精度的零件，在精加工前安排一次时效处理即可。但精度要求较高的零件（如坐标镗床的箱体等），应安排两次或数次时效处理工序。大多数简单零件一般不进行时效处理。除铸件外，对于一些刚性较差的精密零件（如精密丝杠），为消除加工中产生的内应力，稳定零件加工精度，常在粗加工、半精加工之间安排多次时效处理。有些轴类零件加工，在校直工序后也要安排时效处理。

③ 调质。调质即在淬火后进行高温回火处理，它能获得均匀细致的回火索氏体组织，为以后的表面淬火和渗氮处理时减少变形做准备，因此调质也可作为预备热处理。由于调质后零件的综合力学性能较好，对某些需要一定的耐冲击性、同时硬度和耐磨性有一定要求的零件，如传动轴、齿轮等，常将调质作为最终热处理工序。

（2）最终热处理。大多数零件加工后都要进行淬火处理，以提高零件的硬度、耐磨性和强度等力学性能。

① 淬火。淬火分为表面淬火和整体淬火。表面淬火具有外部强度高、耐磨性好，而内部保持良好的韧性、抗冲击力强的优点，且变形、氧化及脱碳较小。为提高表面淬火零件的机械性能，常需进行调质或正火等热处理作为预备热处理。淬火工序一般安排在半精加工和精加工之间，一般工艺路线：下料→锻造→正火（退火）→粗加工→调质→半精加工→表面淬火→精加工。

② 表面渗碳淬火。渗碳淬火适用于低碳钢和低合金钢，先提高零件表层的含碳量，经淬火后使表层获得高的硬度，而心部仍保持一定的强度、较高的韧性和塑性。渗碳分整体渗碳和局部渗碳。局部渗碳时对不渗碳部分要采取防渗措施（镀铜或镀防渗材料）。渗碳淬火变形较大，渗碳深度一般为 0.5~2 mm。渗碳工序一般安排在半精加工和精加工之间。

某些局部渗碳的零件，一般在粗加工后先进行渗碳，在半精加工时切除多余的不需淬火的渗碳部分，然后进行淬火处理。

③ 渗氮处理。渗氮使氮原子渗入金属表面获得一层含氮化合物的处理方法。渗氮可以提高零件表面的硬度、耐磨性、疲劳强度和抗蚀性。渗氮处理温度较低、变形小，渗氮层较薄（一般为 0.6~0.7 mm），渗氮工序应尽量靠后安排，一般安排在半精加工和精加工之间。为减小渗氮时的变形，在切削后一般需进行消除应力的高温回火。

④ 氰化处理。在工件表面同时渗入碳和氮，以提高表层硬度、耐磨性、耐蚀性和疲劳强度，又称碳氮共渗。一般安排在半精加工后、精加工前。

3. 辅助工序的安排

辅助工序包括去毛刺、倒角、检验、表面处理、清洗防锈等工序。其中检验工序是主要的辅助工序，它对产品的质量有着极重要的作用。检验工序一般安排如下。

（1）每一加工方法结束后，例如，车削加工结束后，铣削加工前。

（2）在每一加工阶段结束后，例如，在粗加工结束后。

（3）关键工序或较长的工序结束后。

（4）热处理工艺前后。

（5）零件全部加工完成后。

7.6 加工余量的确定

知识点

- 加工余量概念；
- 加工余量的影响因素和确定方法；
- 工序尺寸及公差的确定。

> 技能点
> - 加工余量的计算和确定方法;
> - 工序尺寸及公差的确定方法。

零件加工工艺路线拟定后,在进一步安排各个工序的具体内容时,应正确确定各工序的加工余量和工序尺寸。

7.6.1 加工余量的概念

加工余量是指在加工过程中从加工表面切除的金属层厚度。加工余量分为工序加工余量和加工总余量。

1. 工序加工余量

工序加工余量是指在某一道工序中切除的金属层厚度,它等于相邻两道工序的工序尺寸之差。

如图 7-25(a)所示的外表面,其单边加工余量为

$$Z_1 = A_1 - A_2 \tag{7-2a}$$

如图 7-25(b)所示的内表面,其单边加工余量为

$$Z_2 = A_2 - A_1 \tag{7-2b}$$

式中 Z——本道工序的工序加工余量,mm;

A_1——前道工序的工序尺寸,mm;

A_2——本道工序的工序尺寸,mm。

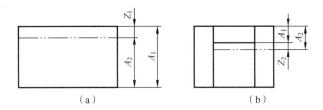

图 7-25 单边加工余量

对于对称表面,其加工余量是对称分布的,称为双边加工余量。

如图 7-26(a)所示的轴,其双边加工余量为

$$Z = d_1 - d_2 \tag{7-3a}$$

如图 7-26(b)所示的孔,其双边加工余量为

$$Z = D_2 - D_1 \tag{7-3b}$$

式中 d_1,D_1——前道工序的工序尺寸(直径),mm;

d_2,D_2——本道工序的工序尺寸(直径),mm;

Z——直径上的加工余量,mm。

当表面的工序分为几个工步时,则相邻两工步尺寸之差就是工步余量。它是某工步在加工表面上切除的金属层厚度。

工序尺寸公差带的分布,一般采用"单向入体原则",即对于被包容面(轴类),基本

尺寸取公差带上限,上偏差为零,下偏差为负值,工序基本尺寸即为最大极限尺寸;对于包容面(孔类),基本尺寸为公差带下限,上偏差取正值,下偏差为零,工序基本尺寸即为最小极限尺寸;毛坯和孔中心距尺寸按双向对称标注上、下偏差。

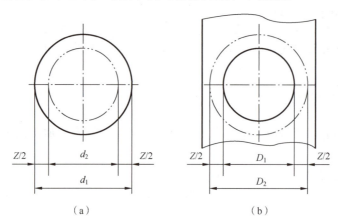

图 7-26 双边加工余量

2. 加工总余量

毛坯尺寸与零件图样的设计尺寸之差称为加工总余量。它是从毛坯到成品时从某一表面切除的金属层总厚度,也等于该表面各工序余量之和,即

$$Z_{总} = \sum_{i=1}^{n} Z_i \tag{7-4}$$

式中 Z_i——第 i 道工序的工序余量,mm;

n——该表面总的加工工序数量。

加工总余量也是个变动值,其值及公差一般可从有关手册中查得或凭经验确定。图 7-27 所示为轴和孔的毛坯余量及各工序余量的分布情况。

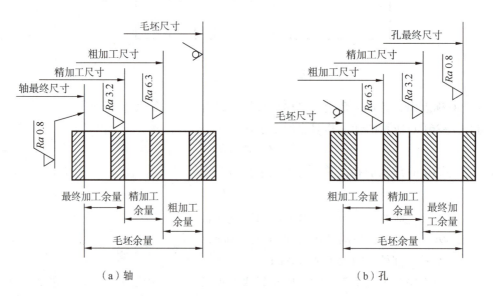

图 7-27 轴和孔的毛坯余量与各道工序余量的分布

图 7-28 所示的是被包容面（轴类）的表面加工，基本余量是前道工序和本道工序基本尺寸之差，最小余量是前道工序最小工序尺寸和本道工序最大工序尺寸之差；最大余量是前道工序最大工序尺寸和本道工序最小工序尺寸之差，对于包容面（如孔类）则相反。

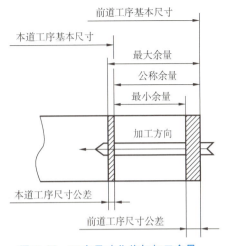

图 7-28 工序尺寸公差与加工余量

7.6.2 加工余量的影响因素和确定方法

1. 加工余量的影响因素

影响加工余量的因素有：

（1）前道工序的表面质量，如表面粗糙度、表面缺陷情况。

（2）前工序的工序尺寸公差情况。

（3）前工序的形状和位置公差情况，如工件表面在空间的弯曲、偏斜以及空间误差等。

（4）本工序的安装误差情况。

2. 确定加工余量的方法

确定加工余量的方法有三种。

（1）经验估算法。经验估算法是根据工厂的生产技术水平，依据工艺人员的实际经验来确定加工余量。为防止因余量过小而产生废品，经验估计的数值一般偏大。在单件、小批量生产时，大都采用经验估算法。

（2）查表修正法。一般许多工厂都根据其长期的生产实践经验的积累，总结归纳成加工余量数据，编成各种表格或手册，查表修正法即是查阅这些企业手册和有关机械加工工艺手册，查得加工余量的数值，然后结合企业的实际情况进行适当修正。这是目前广泛应用的方法。

（3）分析计算法。分析计算法是对影响加工余量的各种因素进行分析，然后根据一定的计算公式来计算加工余量的方法。此法确定的加工余量较合理，但计算复杂，且需要进行大量的试验，积累完善的资料，故一般工厂很少采用，只有对重要的军品、十分贵重的金属材料等情况下才采用。

7.5.3 工序尺寸及公差的确定

1. 基准重合时工序尺寸及公差的确定

当零件的定位基准与设计基准重合时，工序尺寸及公差的确定方法：根据零件要求确定工艺路线；再通过查表确定各道工序的加工余量及公差，然后计算各工序尺寸及公差，计算时只需考虑各工序的余量和该种加工方法所能达到的经济精度。计算顺序是从最后一道工序开始向前推算。

例 7-1 如图 7-29 所示，某法兰盘零件上有一孔，孔径为 $\emptyset 60^{+0.030}_{0}$ mm，表面粗糙度 Ra 值为 $0.8~\mu m$，毛坯为铸钢件，需淬火处理。其工艺路线见表 7-15。

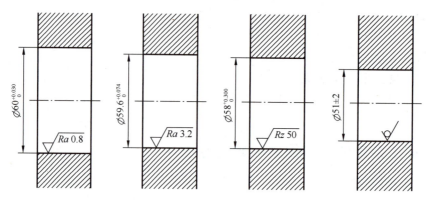

图 7-29 法兰盘零件内孔工序尺寸计算

表 7-15 工序尺寸及公差的计算

工序名称	工序余量	工序所能达到的精度等级	经济粗糙度值 $Ra/\mu m$	工序尺寸（最小工序尺寸）	工序尺寸及上、下偏差
磨孔	0.4	H7($^{+0.030}_{0}$)	0.8	60	$\phi 60^{+0.030}_{0}$
半精镗孔	1.6	H9($^{+0.074}_{0}$)	3.2	59.6	$\phi 59.6^{+0.074}_{0}$
粗镗孔	7	H12($^{+0.300}_{0}$)	12.5	58	$\phi 58^{+0.300}_{0}$
毛坯孔	—	±2	—	51	51±2

计算步骤如下：

(1) 查加工工艺手册中的孔加工方法，确定工艺路线，见表 7-15 中的第 1 列。

(2) 根据各工序的加工性质，查表修正得出各工序余量，见表 7-15 中的第 2 列。

(3) 查加工工艺手册中的孔加工方法，确定各工序的经济加工精度等级和表面粗糙度值；查公差与配合标准，得出由各工序尺寸公差，见表 7-15 中的第 3、4 列。

(4) 根据查得的工序余量计算各工序尺寸，见表 7-15 中的第 5 列。

(5) 确定各工序尺寸的上下偏差，按"单向人体"原则，对于孔，基本尺寸值为公差带的下偏差，上偏差取正值，下偏差为零，见表 7-15 中的第 6 列。

2. 基准不重合时工序尺寸及公差的确定

当定位基准与设计基准不重合时，工序尺寸及公差的确定比较复杂，需要应用工艺尺寸链来进行分析计算。

7.7 工艺尺寸链

📖 知识点

- 工艺尺寸链的概念；

- 工艺尺寸链的建立步骤;
- 工艺尺寸链的计算公式;
- 工艺尺寸链的应用。

> **技能点**
>
> - 工艺尺寸链的建立方法;
> - 典型零件工艺尺寸链的计算方法。

零件从毛坯加工至成品的过程中,工件尺寸在不断地变化,加工表面本身及各表面之间的尺寸都在变化,无论在一个工序内部,还是在各个工序之间,都存在一定的内在联系。运用尺寸链的知识去分析这些关系,是合理确定工序尺寸及其公差以及计算各种工艺尺寸的基础。也是确定工艺尺寸的重要手段。

7.7.1 工艺尺寸链的概念

1. 工艺尺寸链的定义

在机器装配或零件加工过程中,由相互连接的尺寸形成的封闭尺寸组,称为尺寸链。如图7-30(a)所示,以零件的表面1定位,加工表面2得尺寸 A_1,再加工表面3,得尺寸 A_2,自然形成 A_0,于是 A_1-A_2-A_0 连接成了一个封闭的尺寸组,形成了尺寸链。在机械加工过程中,同一工件的各有关尺寸组成的尺寸链称为工艺尺寸链。

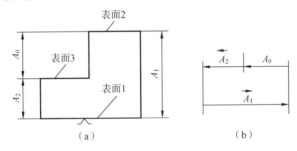

图 7-30 工艺尺寸链示例

2. 工艺尺寸链的特征

(1) 关联性。尺寸链由一个自然形成的尺寸与若干个直接获得的尺寸所组成。如图7-30(b)所示,尺寸 A_1、A_2 是经过加工直接得到的尺寸,而 A_0 是自然形成的,而 A_0 的尺寸大小和精度受 A_1、A_2 的影响。并且自然形成的尺寸,其精度必然低于任何一个直接得到的尺寸的精度。

(2) 封闭性。尺寸链是一组首尾相连、按一定的顺序形成的一个封闭图形的尺寸组合。未形成封闭的尺寸组合就不是尺寸链。

3. 尺寸链的组成及画法

组成尺寸链的各个尺寸称为尺寸链的环。如图7-30所示的 A_1、A_2、A_0 都是尺寸链的环,环又分为封闭环和组成环。

(1) 封闭环。在加工(或测量)过程中最后自然形成的环称为封闭环,如图7-30所示的

A_0。每个尺寸链必须且仅能有一个封闭环,用 A_0 表示。

(2) 组成环。在加工(或测量)过程中直接得到的环称为组成环。如图 7-30 所示的 A_1、A_2,尺寸链中除了封闭环外,都是组成环。组成环又可分为增环和减环。

① 增环。尺寸链中,由于该类组成环的变动引起封闭环的同向变动,即组成环变大时,封闭环也变大,组成环变小时,封闭环也变小,则该类组成环称为增环,如图 7-30 所示的 A_1。增环用 $\vec{A}$ 表示。

② 减环。尺寸链中,由于该类组成环的变动引起封闭环的反向变动,即组成环变大时,封闭环变小,组成环变小时,封闭环变大,则该类组成环称为减环,如图 7-30 所示的 A_2。减环用 $\overleftarrow{A}$ 表示。

③ 尺寸链图的画法。首先确定自然形成的尺寸为封闭环;然后从封闭环起,将尺寸链中各相应的环,按大致比例,用首尾相接的单箭头线顺序画出封闭的链尺寸图。为画图和判别方便,给定封闭环箭头方向与减环相同,凡与封闭环箭头相反的组成环为增环,相同的为减环。

4. 工艺尺寸链的建立步骤

以图 7-31 为例,说明尺寸链建立的具体过程。

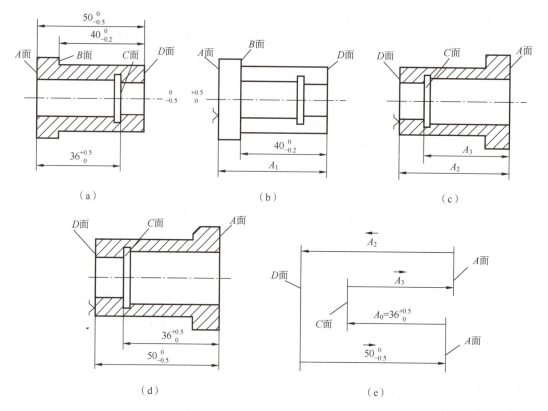

图 7-31 工艺尺寸链的建立过程

图 7-31(a)所示为轴套零件,为便于讨论问题,图中只标出轴向设计尺寸,轴向尺寸加工顺序安排见表 7-16。

表 7-16　轴套零件长度方向加工过程

工序号	工序名称	工序内容	设备
1	粗车	以大端面 A 定位； 车端面 D 获得 A_1； 车小外圆至 B 面，保证长度 $40_{-0.2}^{\ 0}$ mm，见图 7-31（b）	车床
2	半精车	以端面 D 定位； 半精车大端面 A 获得尺寸 A_2； 在车大孔时车端面 C，获得孔深尺寸 A_3 见图 7-31（c）	车床
3	热处理	淬火	—
4	磨削	以端面 D 定位； 磨大端面 A，保证全长尺寸 $50_{-0.5}^{\ 0}$ mm，同时保证孔深尺寸为 $36_{\ 0}^{+0.5}$ mm，见图 7-31（d）	磨床

由以上工艺过程可知，孔深设计尺寸 $36_{\ 0}^{+0.5}$ mm 是自然形成的，应为封闭环。从构成封闭环的两界面 A 面和 C 面开始查找组成环，A 面的最近一次加工是磨削，工艺基准是 D 面，直接获得的尺寸是 $50_{-0.5}^{\ 0}$ mm；C 面最近的一次的加工是车孔时的车削，测量基准是 A 面，直接获得的尺寸是 A_3。显然上述两尺寸的变化都会引起封闭环的变化，是欲查找的组成环。但此两环的工序基准各为 D 面与 A 面，不重合，为此要进一步查找最近一次加工 D 面和 A 面的加工尺寸。A 面的最近一次加工是半精车 A 面，直接获得的尺寸是 A_2，工序基准为 D 面，正好与加工尺寸 $50_{-0.5}^{\ 0}$ mm 的工序基准重合，而且 A_2 的变化也会引起封闭环的变化，应为组成环。至此，找出 $50_{-0.5}^{\ 0}$ mm 为组成环，$36_{\ 0}^{+0.5}$ mm 为封闭环，它们组成了一个封闭的尺寸链，如图 7-31（e）所示。

7.7.2　工艺尺寸链的计算公式

工艺尺寸链的计算方法有两种：极值法和概率法。概率法主要用于装配尺寸链；极值法是从最坏的情况考虑问题的，即当所有增环都为最大极限尺寸而所有减环恰好为最小极限尺寸时，或所有增环都为最小极限尺寸，而所有减环恰好为最大极限尺寸时，来计算封闭环的极限尺寸和公差。而实际上，一批零件的实际尺寸是在公差带范围内变化的，所有增环不一定同时出现最大或最小极限尺寸，即使出现，所有减环也不一定同时出现最小或最大极限尺寸。目前生产中多采用极值法来计算工艺尺寸链，下面仅介绍极值法计算的基本公式。

1. 封闭环的基本尺寸

封闭环的基本尺寸等于所有增环的基本尺寸之和减去所有减环的基本尺寸之和，即

$$A_0 = \sum_{i=1}^{m} \vec{A}_i - \sum_{i=m+1}^{n-1} \overleftarrow{A}_i \tag{7-5}$$

式中　A_0——封闭环的基本尺寸；

　　　m——增环的数目；

　　　n——尺寸链的总环数；

$\vec{A}$ ——增环；

$\overleftarrow{A}$ ——减环。

2. 封闭环的极限尺寸

(1) 封闭环的最大极限尺寸等于所有增环的最大极限尺寸之和减去所有减环的最小极限尺寸之和，即

$$A_{0\max} = \sum_{i=1}^{m} \vec{A}_{i\max} - \sum_{i=m+1}^{n-1} \overleftarrow{A}_{i\min} \qquad (7-6)$$

(2) 封闭环的最小极限尺寸等于所有增环的最小极限尺寸之和减去所有减环的最大极限尺寸之和，即

$$A_{0\min} = \sum_{i=1}^{m} \vec{A}_{i\min} - \sum_{i=m+1}^{n-1} \overleftarrow{A}_{i\max} \qquad (7-7)$$

3. 封闭环的极限偏差

(1) 封闭环的上极限偏差 $ES(A_0)$ 等于所有增环的上偏差之和减去所有减环的下偏差之和，即

$$ES(A_0) = \sum_{i=1}^{m} ES(\vec{A}_i) - \sum_{i=m+1}^{n-1} EI(\overleftarrow{A}_i) \qquad (7-8)$$

(2) 封闭环的下极限偏差 $EI(A_0)$ 等于所有增环的下偏差之和减去所有减环的上偏差之和，即

$$EI(A_0) = \sum_{i=1}^{m} EI(\vec{A}_i) - \sum_{i=m+1}^{n-1} ES(\overleftarrow{A}_i) \qquad (7-9)$$

式中 ES——上偏差；

EI——下偏差。

7.7.3 工艺尺寸链的应用

在零件的加工过程中，经常会遇到按图样上的设计基准，无法定位、无法测量等情况，需要另选基准，这时就需要应用工艺尺寸链的原则进行工序尺寸及公差的计算。

(1) 定位基准与设计基准不重合时工序尺寸及公差的计算。零件加工中定位基准与设计基准不重合，就要进行尺寸链换算来计算工序尺寸。

例 7-2 如图 7-32(a)所示零件，尺寸 $60_{-0.12}^{0}$ mm 已经保证，现以 B 面定位加工 C 面，试计算工序尺寸 A_2，以保证零件的设计要求。

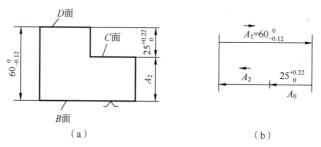

图 7-32 设计基准与设计基准不重合时的换算

解: 在零件图中,设计基准是 D 面,显然定位加工不方便,现定位基准为 B 面,加工 C 面时,应按 A_2 尺寸调整后进行加工,因此设计尺寸 $A_0 = 25^{+0.22}_{\ 0}$ mm 是本工序间接保证的尺寸,应为封闭环,其尺寸链图如图 7-32(b)所示,A_1 为增环,A_2 为减环,则 A_2 的计算如下:

由式(7-5)得
$$A_0 = A_1 - A_2$$

A_2 的基本尺寸 $A_2 = A_1 - A_0 = 60 - 25 = 35$ mm

由式(7-8)得
$$\text{ES}(A_0) = \text{ES}(\vec{A}_1) - \text{EI}(\overleftarrow{A}_2)$$

A_2 的下极限偏差尺寸 $\text{EI}(\overleftarrow{A}_2) = \text{ES}(\vec{A}_1) - \text{ES}(A_0) = 0 - 0.22 = -0.22$ mm

由公式(7-9)得 $\text{EI}(A_0) = \text{EI}(\vec{A}_1) - \text{ES}(\overleftarrow{A}_2)$

A_2 的上极限偏差尺寸 $\text{ES}(\overleftarrow{A}_2) = \text{EI}(\vec{A}_1) - \text{EI}(A_0) = (-0.12) - 0 = -0.12$ mm

所以工序尺寸 $A_2 = 35^{-0.12}_{-0.22}$ mm

在进行工艺尺寸链计算时,有时可能出现算出的工序尺寸公差过小,还有可能出现零公差或负公差。遇到这种情况一般可采取两种措施:一是压缩各组成环的公差值;二是改变定位基准和加工方法。如图 7-32 所示可用 D 面定位,使定位基准与设计基准重合,也可用符合铣刀同时加工 C 面和 D 面,以保证设计尺寸。

(2)测量基准与设计基准不重合时工序尺寸及公差的计算。

例 7-3 如图 7-33 所示的套筒零件,B、D 两端面已加工完毕,加工孔底面 C 时,要保证尺寸 $16^{\ 0}_{-0.35}$ mm,因该尺寸不方便测量,试计算测量尺寸 A_2。

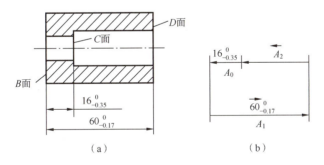

图 7-33 测量基准与设计基准不重合时的换算

解: 在零件图中,设计基准是 B 面,现测量基准改为 D 面,孔深尺寸 A_2 可以用深度游标尺测量,因此,尺寸 $16^{\ 0}_{-0.35}$ mm 可以通过 A_1 和 A_2 间接计算出来。画出尺寸链图,如图 7-33(b)所示,尺寸 $A_0 = 16^{\ 0}_{-0.35}$ 显然是封闭环,由图可以看出,A_1 为增环,A_2 为减环。

由式(7-5)得
$$A_0 = A_1 - A_2$$

A_2 的基本尺寸 $A_2 = A_1 - A_0 = 60 - 16 = 44$ mm

由式(7-8)得
$$\text{ES}(A_0) = \text{ES}(\vec{A}_1) - \text{EI}(\overleftarrow{A}_2)$$

A_2 的下偏差尺寸 $\mathrm{EI}(\overleftarrow{A_2}) = \mathrm{ES}(\overrightarrow{A_1}) - \mathrm{ES}(\overrightarrow{A_0}) = 0 - 0 = 0$

由式(7-9)得

$$\mathrm{EI}(\overrightarrow{A_0}) = \mathrm{ES}(\overrightarrow{A_1}) - \mathrm{ES}(\overleftarrow{A_2})$$

A_2 的上极限偏差尺寸 $\mathrm{ES}(\overleftarrow{A_2}) = \mathrm{EI}(\overrightarrow{A_1}) - \mathrm{EI}(\overrightarrow{A_0}) = (-0.17) - (-0.35) = +0.18$ mm

所以 $A_2 = 44^{+0.18}_{0}$ mm

通过以上计算可以发现，由于基准不重合而进行尺寸换算可能带来以下问题：

① **人为地提高了制造精度**。如果按原设计尺寸进行测量，其公差值为 0.35 mm，换算后的测量尺寸公差为 0.18 mm，公差值减小了 0.17 mm，换算结果明显提高了尺寸精度要求。

② **出现假废品现象**。按计算的工序尺寸进行加工或测量时，发现尺寸超出计算的数据，工件因不合格而报废，但这时可能出现要保证的设计尺寸仍然在零件图样规定的公差范围内，这种现象称为假废品现象。例如，按照工序图测量尺寸 A_2，当其最大尺寸为 44.18 mm、最小尺寸为 44 mm 时，零件为合格。假如 A_2 的实测尺寸偏大或偏小 0.17 mm，即 A_2 的尺寸为 44.35 mm 或 43.83 mm，零件似乎是"废品"，但只要 A_1 的实际尺寸也相应为最大 60 mm 和最小 59.83 mm 时，此时算得 A_0 的相应尺寸分别为 60−44.35＝15.65 mm 和 59.83−43.83＝16 mm，仍然符合零件图上的尺寸要求，此零件应为合格品。

（3）中间工序的工序尺寸及公差的计算。

例 7-4 图 7-34(a)为一齿轮内孔简图。内孔尺寸为 $\varnothing 85^{+0.035}_{0}$ mm，键槽的深度尺寸为 $90.4^{+0.20}_{0}$ mm，内孔及键槽的加工顺序见表 7-17。

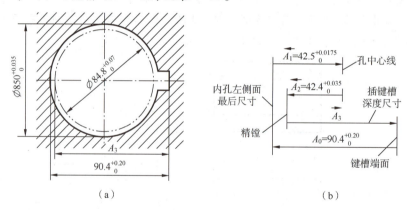

（a）　　　　　　　　　　　（b）

图 7-34　孔及键槽加工时的尺寸链计算

表 7-17　齿轮内孔及键槽部分加工过程

工序号	工序名称	工序内容	设备
1	精镗	精镗孔至$\varnothing 84.8^{+0.07}_{0}$ mm	镗床
2	插削	插键槽深至尺寸 A_3（通过尺寸换算求得），见图 7-34(b)	插床
3	热处理	淬火	—
4	磨削	磨内孔至尺寸$85^{+0.035}_{0}$ mm，同时保证键槽深度尺寸$90.4^{+0.20}_{0}$ mm，见图 7-34(a)	磨床

解：根据以上加工顺序，可以看出磨孔后必须保证内孔的尺寸，同时还必须保证键槽的

深度。因为键槽无法磨削,一般在热处理淬火前就要插削到尺寸,所以必须计算镗孔后插削键槽深度的工序尺寸 A_3。精镗后的半径 $A_2 = 42.4^{+0.035}_{\ 0}$ mm,磨孔后的半径 $A_1 = 42.5^{+0.0175}_{\ 0}$ mm,以及插键槽深度 A_3 都是直接保证的,是组成环;磨孔后所得的键槽深度尺寸 $A_0 = 90.4^{+0.20}_{\ 0}$ mm 是间接得到的,是封闭环。

画出尺寸链图,如图 7-34(b)所示。从图中可以看出,A_0 为封闭环,A_1、A_3 为增环,A_2 为减环。需要注意的是,精镗和磨孔的尺寸不能按直径计算,否则,会增加一个参数 e,使尺寸计算变得非常复杂,如图 7-35 所示。

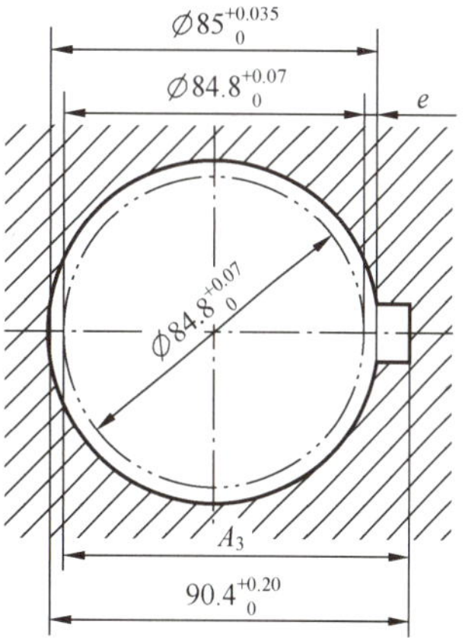

由式(7-4)得

$$A_0 = A_1 + A_3 - A_2$$

A_3 的基本尺寸:$A_3 = A_0 + A_2 - A_1 = 90.4 + 42.4 - 42.5 = 90.3$ mm

由式(7-8)得

$$\text{ES}(A_0) = \text{ES}(\vec{A_1}) + \text{ES}(\vec{A_3}) - \text{EI}(\overleftarrow{A_2})$$

A_3 的上极限偏差尺寸 $\text{ES}(\vec{A_3}) = \text{ES}(A_0) + \text{EI}(\overleftarrow{A_2}) - \text{ES}(\vec{A_1}) = 0.20 + 0 - 0.0175 = +0.1825$ mm

图 7-35 错误的键槽加工计算方式

由式(7-9)得

$$\text{EI}(A_0) = \text{EI}(\vec{A_1}) + \text{EI}(\vec{A_3}) - \text{ES}(\overleftarrow{A_2})$$

A_3 的下极限偏差尺寸 $\text{EI}(\vec{A_3}) = \text{EI}(A_0) - \text{EI}(\vec{A_1}) + \text{ES}(\overleftarrow{A_2}) = 0 - 0 + 0.035 = +0.035$ mm

由此得到插键槽的工序尺寸 A_3 及其偏差 $A_3 = 90.3^{+0.183}_{+0.035}$ mm。

按"单向入体原则"标注,则 $A_3 = 90.34^{+0.143}_{\ 0}$ mm。

(4)保证渗碳、渗碳层深度时工序尺寸及公差的计算。有些零件的表面需要进行渗碳或渗氮处理,而且在精加工后还要保证规定的渗层深度。为此必须正确的计算精加工前的渗层深度尺寸。

例 7-5 图 7-36 所示为一套筒类零件,孔径为 $\phi 145^{+0.04}_{\ 0}$ mm,孔表面要求渗碳,精加工后要求渗碳层深度为 0.3~0.5 mm,即单边深度为 $0.3^{+0.2}_{\ 0}$ mm,双边深度为 $0.6^{+0.4}_{\ 0}$ m。该表面的加工顺序如下:

(1)精镗内孔至尺寸 $\phi 144.76^{+0.04}_{\ 0}$ mm;

(2)渗碳处理,渗碳层的深度为 t_1,如图 7-36(a)所示;

(3)热处理,表面淬火;

(4)磨削内孔至 $\phi 145^{+0.04}_{\ 0}$ mm,同时保证渗碳层深度为 t_0,如图 7-36(b)所示。试求磨削前渗碳层的深度 t_1。

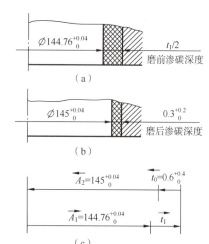

图 7-36 保证渗碳深度的尺寸计算

解：根据以上加工顺序，可以看出磨孔后必须保证内孔尺寸为 $\phi 145^{+0.04}_{0}$ mm，同时还必须保证渗碳层深度 t_0。显然 t_0 是封闭环，则 A_2 为减环，A_1、t_1 均为增环。画出尺寸链图，如图 7-36(c) 所示。

由式(7-4)得

$$0.6 = 144.76 + t_1 - 145$$
$$t_1 = 0.84 \text{ mm}$$

由式(7-8)得

$$0.4 = 0.04 + ES(t_1) - 0$$
$$ES(t_1) = 0.36$$

由式(7-9)得

$$0 = 0 + EI(t_1) - 0.04$$
$$EI(t_1) = 0.04$$

由此得到渗碳层深度尺寸 t_1 及其偏差：

$$t_1 = 0.84^{+0.36}_{+0.04} \text{ mm（双边）}$$
$$t_1/2 = 0.42^{+0.18}_{+0.02} \text{ mm（单边）}$$

即磨削内孔前，渗碳层的深度应为 $0.42^{+0.18}_{+0.02}$ mm。

即磨削内孔前，渗碳层深度应为 $0.44 \sim 0.6$ mm。

7.8 机械加工生产率和技术经济分析

知识点

- 机械加工生产率分析；
- 工艺过程的技术经济分析。

技能点

- 提高机械加工生产率的方法；
- 生产成本和工艺成本的分析。

在制定机械加工工艺规程时，首先是保证零件质量，在此基础上采取措施提高劳动生产率和降低生产成本。在达到质量要求的条件下，往往会有几种工艺方案，而生产率和成本则会有所不同，这就需要进行技术经济分析，以选取最适合本企业现有条件的方案。

7.8.1 机械加工生产率分析

劳动生产率是指工人在单位时间内制造的合格产品数量，即产量定额；或指制造单件产品所消耗的劳动时间，即时间定额。

合理的时间定额能调动工人的生产积极性，一般由技术人员通过计算或类比、或通过对实际操作时间的测定和分析等方法确定。不同的企业其时间定额也相应存在不同。在使用中，时间定额还应定期修订，以使其保持先进的、合适的水平。

1. 时间定额及组成

时间定额又称工时定额，是在企业一定的生产条件下，规定生产一件产品或完成一道工序需消耗的时间；是衡量劳动生产率的指标，也是安排生产计划，计算生产成本的重要依据，还是新建或扩建工厂(车间)时计算设备和工人数量的依据。

在机械加工中，完成一个工件的一道工序所需的时间 T_d，称为单件工序时间。单件时间 T_d 通常分为基本时间 T_j、辅助时间 T_f、布置工作地时间 T_b、休息和生理需要时间 T_X 以及准备与终结时间 T_Z。

(1) **基本时间** T_j。基本时间是直接改变生产对象的尺寸、形状、相对位置、表面状态或材料性质等工艺过程所消耗的时间。对机械加工而言，就是直接切除工序余量所消耗的时间(包括刀具的切入或切出时间)。

(2) **辅助时间** T_f。辅助时间是为保证完成基本工作而执行的各种辅助动作需要的时间。它包括装卸工件、开停机床、加工中变换刀具(如刀架转位等)、改变切削用量、试切和测量工件等消耗的时间。

辅助时间的确定方法随生产类型而异。大批量生产时，为了使辅助时间规定得合理，需将辅助动作分解，再分别确定各分解动作的时间，最后予以综合。中批量生产则可根据以往的统计资料来确定。单件、小批量生产则常用基本时间的百分比来估算。

(3) **布置工作地时间** T_b。布置工作地时间是为使加工正常进行，工人照管工作地(如调整和更换刀具、修整砂轮、润滑擦拭机床、清理切屑、收拾工具等)所消耗的时间。T_b 不是直接消耗在每个工件上的，而是消耗在一个工作班次内的时间，再折算到每个工件上的。一般按作业时间的 2%～7% 计算。

(4) **休息和生理需要时间** T_X。休息和生理需要时间是工人在工作班次内恢复体力和满足生理上需要所消耗的时间。T_X 也是按一个工作班次为计算时间，再折算到每个工件上。一般按作业时间的 2%～4% 计算。

以上四部分时间总和称为单件工序时间 T_d，即

$$T_d = T_j + T_f + T_b + T_X \tag{7-10}$$

(5) **准备与终结时间** T_z。准备与终结时间是指在成批量生产中，工人为生产一批产品或零、部件，进行准备和结束工作所消耗的时间。如在单件和成批量生产中，每次开始加工一批零件时，工人需要熟悉工艺文件、领取毛坯、材料、工艺装备、安装刀具和夹具、调整机床和其他工艺装备等。加工一批工件结束后，需拆下和归还工艺装备、送交成品等。T_z 既不是直接消耗在每个零件上的，也不是消耗在一个工作班次内的时间，而是消耗在一批工件上的时间。因而分摊到每个工件上的时间为 T_z/n，n 为生产批量。故单件和成批生产的单件工时定额的计算公式 T_g 应为

$$T_g = T_d + \frac{T_z}{n} \tag{7-11a}$$

在成批量生产中，由于 n 的数值很大，$T_z/n \approx 0$，可忽略不计。所以

$$T_g = T_d = T_j + T_f + T_b + T_X \tag{7-11b}$$

2. 提高机械加工生产率的途径

提高机械加工生产率的途径，主要是通过采用先进的毛坯制造方法、采用先进的加工设备和加工工艺，以减少切削加工劳动量、缩短时间定额。

(1) 缩短基本时间。在大批量生产中,基本时间所占的比重较大,因此应通过缩减基本时间来提高生产率。

① 提高切削用量。增大切削速度、进给量和背吃刀量,可以缩短基本时间。这是机械加工中广泛采用的有效方法,但切削用量提高,受机床的功率、工艺系统刚度、刀具的耐用度等方面的制约。

② 采用多刀同时切削。图7-37(a)所示为合并工步,每把车刀实际加工长度只有原来的1/3;图7-37(b)所示为多把车刀同时走刀,分层切削;图7-37(c)所示为采用三把成形车刀横向切削。显然多刀同时加工比单刀切削加工时间大大缩短。

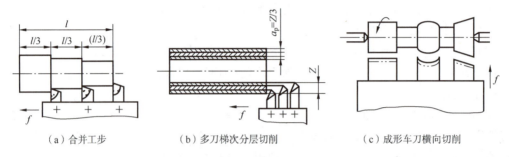

(a) 合并工步　　　　(b) 多刀梯次分层切削　　　　(c) 成形车刀横向切削

图7-37　多把车刀同时加工几个表面

③ 多件加工。多件加工有顺序多件加工、平行多件加工和平行顺序多件加工三种形式。图7-38(a)所示为齿轮齿形加工,多件齿坯串装在心轴上,由齿轮滚刀依次对工件顺序进行加工,减少了齿轮滚刀对每个齿坯的切入切出时间以及装卸时间。图7-38(b)所示为端铣刀铣削加工平面,多个工件平行排列,一次进给可以同时进给几个工件,加工所需基本时间和加工一个工件相同,平均每个工件加工的基本时间只是原来的$1/n$。在平面磨削、铣削中经常运用。图7-38(c)为平行顺序多件加工,是以上两种形式的综合,常用于工件较小、批量较大的情况下,缩短基本时间的效果显著。

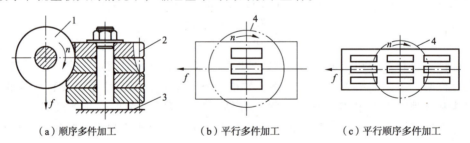

(a) 顺序多件加工　　　　(b) 平行多件加工　　　　(c) 平行顺序多件加工

图7-38　同时多件加工示意图

1—圆柱滚刀;2—工件;3—工作台;4—端铣刀

④ 减少加工余量。采用精密铸造、精密锻造、熔模铸造等先进工艺,提高毛坯精度,减少加工余量,缩短加工时间。

(2) 缩短辅助时间。在单件、小批量生产中,辅助时间和准备终结时间所占比例较大,此时应减少辅助时间;当辅助时间占单件时间的50%~70%时,若用提高切削用量来提高生产率就不会取得大的效果,此时应考虑缩减辅助时间。

缩短辅助时间的主要方法有以下几种。

① 采用先进高效的夹具。这不仅能保证加工质量，还能大大减少装卸和找正工件的时间。

② 采用多工位连续加工。图 7-39 所示为立式连续回转工作台铣床加工实例，铣床有两个主轴同时在对两个工件进行粗铣和精铣，操作工同时在装卸工件，因此，辅助时间与基本时间重合。

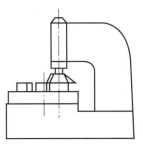 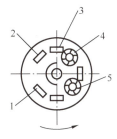

（a）立式连续回转工作台铣床　　　　（b）工作台多工位加工

图 7-39　立式回转工作台铣床加工示例

1—安装工位；2—卸料工位；3—工件；4—精铣刀；5—粗铣刀

③ 采用主动检验或数字显示自动测量装置，以减少停机测量的时间。

(3) 缩短布置工作地时间。布置工作地时间大部分消耗在更换和调整刀具上，因此，应考虑采用耐用度高的刀具或砂轮；采用各种快速换刀、自动换刀装置及可转位刀具、专用对刀样板或对刀块等，以减少刀具的装卸、刃磨和对刀时间。

(4) 缩短准备与终结时间。其主要方法是扩大零件的生产批量，减少调整机床、刀具和夹具的时间。例如，可设法使夹具和刀具通用化、标准化，采用先进加工设备，如数控机床、液压仿形机床等，以减少准备与终结时间。

7.8.2　工艺过程的技术经济分析

制订机械加工工艺规程时，在满足质量要求的条件下，加工方案可以有多种。这就需要对不同的工艺方案进行分析，选出一个经济性最好的方案，即用最低的成本制造出合格的产品。

1. 生产成本和工艺成本

生产成本是指制造一个零件（或产品）所消耗的费用的总和。生产成本分两类费用：一类是与工艺过程直接相关的费用，称为工艺成本。工艺成本约占生产成本的 70%～75%；另一类是与工艺过程没有直接关系的费用，如行政人员的开支、厂房的折旧费、取暖费等，以下仅讨论工艺成本。

(1) 工艺成本的组成。按照工艺成本与零件产量的关系，可分为可变费用和不变费用两部分。

① 可变费用 V：可变费用与零件的年产量有关，并成正比。包括材料费、操作工人的奖金等效益工资、刀具损耗费用、机床、夹具等维修费、电、水等能源消耗费用。

② 不变费用 S：不变费用与零件年产量的变化无直接关系，不随年产量的变化而变化。包括：工人的基本工资、车间管理人员的薪资收入、机床和作为固定资产的专用夹具、贵重刀具等的折旧费用。

（2）工艺成本的计算。

① 零件全年的工艺成本，可按式（7-12）计算。

$$E = V \cdot N + S \tag{7-12}$$

式中　E——某一种零件（或一道工序）全年的工艺成本，元/年；

　　　V——某个零件的可变费用，元/件；

　　　N——该零件的年产量，件/年；

　　　S——全年的不变费用，元/年。

② 零件的单件工艺成本，可按式（7-13）计算。

$$E_d = V + \frac{S}{N} \tag{7-13}$$

式中　E_d——某一种零件（或一道工序）的单件工艺成本，元/件。

零件全年工艺成本与年产量的关系如图7-40所示，E 和 N 呈线性关系，直线的斜率为可变费用 V，直线的起点为零件的不变费用。说明年零件的工艺成本与年产量成正比，年产量增大，全年工艺成本也增加；年产量减小，全年工艺成本也减小；如全年的年产量很少，接近零（例如几件），则全年的工艺成本几乎就是零件的不变费用。

单位零件工艺成本与年产量的关系如图7-41所示。E_d 和 N 成双曲线关系，当年产量 N 减小时，单个零件的工艺成本 E_d 增大；当年产量 N 增大时，单个零件工艺成本 E_d 降低；当年产量 N 趋向非常大时，S/N 趋向于0，即不变费用平摊到年产量中，平均值非常小，单个零件的工艺成本几乎只是自身的材料费、人工费等可变费用。

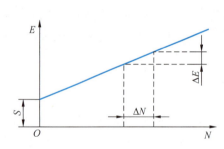

图7-40　全年工艺成本与年产量的关系

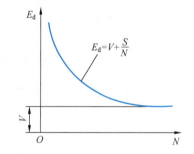

图7-41　单件工艺成本与年产量的关系

2. 不同工艺方案的经济比较

（1）比较工艺成本。如果两种工艺方案基本投资相近，或在现有设备条件下，这时工艺成本即作为衡量各工艺方案经济性的依据，需比较整个工艺过程的优劣，可比较其工艺成本。

① 当两种工艺方案中多数工序不同，只有少数工序相同时，需比较整个工艺过程的优劣，应比较该零件的全年工艺成本。

全年工艺成本分别为

$$E_1 = V_1 N + S_1 \tag{7-14a}$$

$$E_2 = V_2 N + S_2 \tag{7-14b}$$

当年产量 N 一定时，根据上式可计算出 E_1 和 E_2，E 值小的方案经济性较好，为可采用方案。若年产量 N 为一变量时，则根据上式作图解分析比较，如图7-42所示。

由此可知，各种方案的经济性优劣与零件的年产量有关，当 $N_1 < N_k$ 时，$E_1 > E_2$，宜采用 E_2 方案，当 $N_1 > N_k$ 时，$E_1 < E_2$，宜采用 E_1 方案；当两种方案工艺成本相同时的年产量

为临界年产量 N_k 时,即 $N = N_k$,$E_1 = E_2$ 时,有

$$N_k V_1 + S_1 = N_k V_2 + S_2 \tag{7-15a}$$

则

$$N_k = \frac{S_2 - S_1}{V_1 - V_2} \tag{7-15b}$$

② 当两种方案中多数工序相同,只有少数工序不同时,可比较其单件工艺成本。

单件零件工艺成本分别为

$$E_{d1} = V_1 + \frac{S_1}{N} \tag{7-16a}$$

$$E_{d2} = V_2 + \frac{S_2}{N} \tag{7-16b}$$

当年产量 N 一定时,根据上式可计算出 E_{d1} 和 E_{d2},若 $E_{d1} > E_{d2}$,宜采用 E_{d2} 方案;若年产量 N 为一变量时,则根据上述公式做出曲线进行分析比较,如图 7-43 所示。当 $N_1 < N_k$ 时,$E_{d1} < E_{d2}$,宜采用 E_{d1} 方案;当 $N_1 > N_k$ 时,$E_{d1} > E_{d2}$,宜采用 E_{d2} 方案。

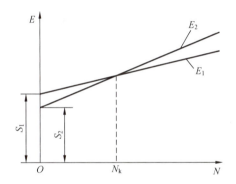

图 7-42 两种工艺方案全年工艺成本的比较　　图 7-43 两种方案单件工艺成本的比较

(2)比较投资回收期。如果两种工艺方案的基本投资相差较大时,在比较工艺成本的同时,还应考虑基本投资差额的回收期限。

例如,第一种方案采用了生产率高,但价格也高的机床及工艺装备,所以基本投资 K_1 较大,但工艺成本 E_1 较低;第二种方案采用了生产率较低但价格也较便宜的工装设备,基本投资 K_2 较小,但工艺成本 E_2 较高。也就是说,工艺成本的降低是以增加投资为代价的,这时需要考虑两种方案投资差额的回收期限的长短。即方案一比方案二多花费的投资,需要多长时间,由于工艺成本的降低而收回来。

回收期限的计算

$$\tau = \frac{K_1 - K_2}{E_2 - E_1} = \frac{\Delta K}{\Delta E} \tag{7-17}$$

式中　τ——回收期限,年;

　　　ΔK——基本投资差额,元;

　　　ΔE——全年工艺成本差额,元/年。

显然,回收期限 t 越短,则经济效益越好。

一般来说,回收期限应小于所采用的设备的使用年限,以及小于所生产的产品更新换代年限。

思考与训练

7-1 如图7-44所示零件,毛坯为⌀35 mm棒料,大批量生产时其机械加工工艺过程为:①在锯床上切断下料;②车一端钻中心孔③调头,车另一端面钻中心孔;④将整批工件靠螺纹一边都车至⌀30 mm;⑤调头车削整批工件的⌀18 mm外圆;⑥车⌀20 mm外圆;⑦在铣床上铣两平面,转90°后铣另外两平面;⑧车螺纹,倒角。

试分析其工艺过程的组成,并编制机械加工工艺卡。

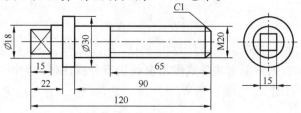

图7-44 题7-1附图

7-2 指出图7-45中零件结构工艺性方面存在的问题,并提出改进意见。

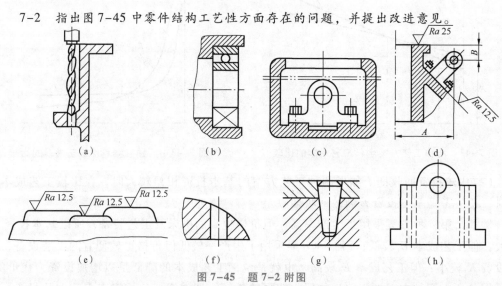

图7-45 题7-2附图

7-3 一毛坯为铸件的轴承座如图7-46所示,试分析加工表面有哪几个?说明加工各表面时其粗基准、精基准应如何选择?加工顺序如何?

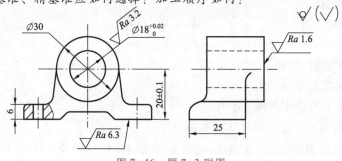

图7-46 题7-3附图

第7章 机械加工工艺基础知识

7-4 单件、小批生产和大批量生产各自的特点是什么？举例说明。

7-5 什么是"基准重合"原则和"基准统一"原则？

7-6 什么是经济精度与经济粗糙度？

7-7 机械加工工艺过程划分加工阶段的原因是什么？

7-8 一毛坯为锻件的连杆如图7-47所示，试对其机械加工工艺过程进行分析，并写出其加工工艺路线。

7-9 一方头销轴如图7-48所示，材料为20Cr，试拟定机械加工工艺过程(要求按工艺卡格式)。

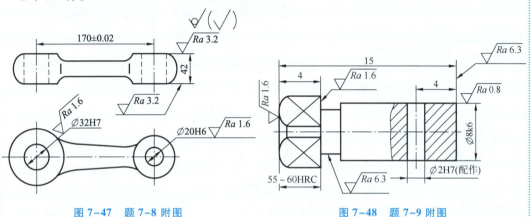

图7-47 题7-8附图　　　　　　　　　图7-48 题7-9附图

7-10 一零件如图7-49所示，已知毛坯材料为45钢，棒料，需要淬火，硬度42~45HRC，数量2件，初步拟定加工工艺路线为：

①下料→②粗车端面、外圆、内孔→③热处理淬火→④插内孔键槽→⑤磨削端面、外圆、内孔→⑥半精车外圆、端面、内孔→⑦钻$6×\phi20$孔→⑧检验→⑨去毛刺。

指出上述方案有哪些问题？说明理由，并给出正确的工艺路线。

7-11 如图7-50所示为一工艺尺寸链，试画出正确的尺寸链图，并说明哪些是增环、哪些是减环、哪是封闭环。

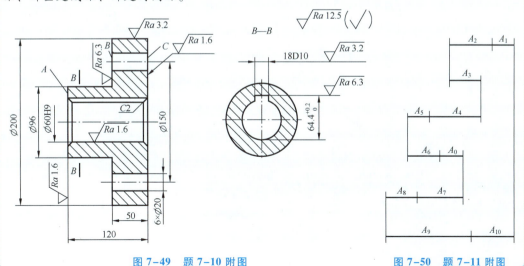

图7-49 题7-10附图　　　　　　　　　图7-50 题7-11附图

7-12 一轴套零件如图7-51所示,图样要求保证尺寸$26^{+0.05}_{-0.05}$,因这一尺寸加工中不方便测量,改为测量L来间接保证,试求的工序尺寸L及上下偏差。

7-13 一轴套零件如图7-52所示,其内孔、外圆和各端面均已加工完毕,加工孔时,原定位基准为B现变换为C,试按图示定位方案,画出尺寸链图,并计算钻孔时的工序尺寸A_3及偏差。

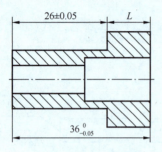

图7-51 题7-11附图

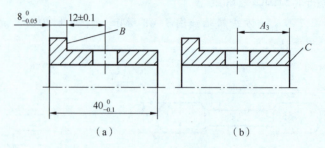

图7-52 题7-12附图

7-14 一带键槽的轴如图7-53所示,其工艺过程为:车外圆至$\phi 30.5^{0}_{-0.10}$ mm,铣键槽深度为H^{+TH}_{0},热处理淬火,磨外圆至$\phi 30^{+0.036}_{+0.016}$ mm,试画出尺寸链图,并求保证键槽深度尺寸为$4^{+0.2}_{0}$ mm的键槽深度H^{+TH}_{0}。

7-15 提高机械加工生产率的途径有哪些?

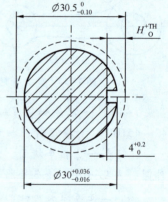

图7-53 题7-14附图

第8章 机械加工质量分析

📊 **知识图谱**

机械零件的加工质量对产品的工作性能和使用寿命有很大的影响。机械零件的加工质量有两大指标,即机械加工精度(或加工误差)和机械加工表面质量。

8.1 机械加工精度

📖 **知识点**

- 机械加工精度概述;
- 工艺系统几何误差、受力变形、热变形对加工精度的影响;

- 提高加工精度的工艺措施。

> **技能点**
>
> - 细长轴加工方法；
> - 薄壁套筒类工件的夹紧方法。

8.1.1 机械加工精度概述

1. 机械加工精度概念

机械加工精度是指零件加工后的实际几何参数（几何尺寸、几何形状和相互位置）与理想几何参数之间的符合程度。零件加工后实际几何参数与理想几何参数之间的偏差程度即为加工误差。加工精度越高，符合程度越高，加工误差就越小。加工精度与加工误差是一个问题的两种提法。所以，加工精度的高低反映了加工误差的大小。

研究加工精度的目的，就是要分析影响加工精度的各种因素及其存在的规律，从而找出提高加工精度、减小加工误差的合理途径。

2. 机械加工误差的产生原因

在机械加工时，机床、刀具、夹具和工件组成了一个工艺系统。零件的尺寸、几何形状和加工表面之间的相互位置的形成，取决于工艺系统间的相对运动关系。工件和刀具分别安装在夹具和机床上，在机床的带动下实现运动。因此，工艺系统中各种误差就会以不同的程度和方式反映为零件的加工误差。在完成任何一个加工过程中，由于工艺系统各种误差的存在，如机床、夹具、刀具的制造误差及磨损、工件的装夹、测量误差、工艺系统的调整误差以及各种力和热所引起的误差等，都会使工艺系统间正确的几何关系遭到破坏而产生加工误差，这些误差称为原始误差；其中一部分与工艺系统的结构状况有关，另一部分与切削过程的物理因素变化有关，还有一些与加工后的情况有关。

原始误差的分类如图 8-1 所示。

3. 原始误差的分类

（1）加工原理误差。加工原理误差是指采用了近似的刀刃轮廓或近似的传动关系进行加工而产生的误差。例如，加工渐开线齿轮用的齿轮滚刀，为使滚刀制造方便，采用了阿基米德基本蜗杆或法向直廓基本蜗杆代替渐开线基本蜗杆，使齿轮渐开线齿形产生了误差。又如车削模数蜗杆时，由于蜗杆的螺距等于蜗轮的周节（即 $m\pi$），其中 m 是模数，而 π 是一个无理数。但是车床的配换齿轮的齿数有限的，选择配换齿轮时只能将 π 化为近似的分数值（$\pi = 3.1415$）计算，这就将引起刀具对于工件成形运动（螺旋运动）的不准确，造成螺距误差。

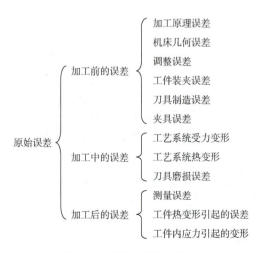

图 8-1　原始误差的分类

(2) 工艺系统的几何误差。由于工艺系统中各组成环节的实际几何参数和位置，相对于理想几何参数和位置发生偏离而引起的误差，统称为工艺系统几何误差。工艺系统几何误差只与工艺系统各环节的几何要素有关。

(3) 工艺系统受力变形引起的误差。工艺系统在切削力、夹紧力、重力和惯性力等作用下会产生变形，从而破坏了已调整好的工艺系统各组成部分的相互位置关系，导致加工误差的产生，并影响加工过程的稳定性。

(4) 工艺系统受热变形引起的误差。在加工过程中，由于受切削热、摩擦热以及工作场地周围热源的影响，工艺系统的温度会产生复杂的变化。在各种热源的作用下，工艺系统会发生变形，导致改变系统中各组成部分的正确相对位置，导致加工误差的产生。

(5) 工件内应力引起的加工误差。内应力是工件自身的误差因素。工件冷、热加工后会产生一定的内应力。通常情况下内应力处于平衡状态，但对具有内应力的工件进行加工时，工件原有的内应力平衡状态被破坏，从而使工件产生变形。

(6) 测量误差。在工序调整及加工过程中测量工件时，由于测量方法、量具精度等因素对测量结果准确性的影响而产生的误差，统称为测量误差。

8.1.2 工艺系统几何误差及其对加工精度的影响

工艺系统的几何误差主要是指机床、刀具和夹具本身在制造时所产生的误差，以及使用中产生的磨损和调整误差。这类原始误差在加工过程开始之前已客观存在，并在加工过程中反映到工件上去。

1. 机床的几何误差

机床的几何精度是通过各种成形运动反映到加工表面的，机床的成形运动主要包括两大类，即主轴的回转运动和移动件的直线运动。因而分析机床的几何精度主要包括主轴的回转精度、导轨导向精度和传动链精度。

(1) 机床主轴回转精度。

① 机床主轴回转误差的概念。主轴的回转误差是指主轴实际回转轴线相对于理论回转轴线的偏移。

由于主轴部件在制造、装配、使用中等各种因素的影响，会使主轴产生回转运动误差，其误差形式可以分解为轴向窜动、径向跳动和角度摆动三种，如图8-2(a)~(c)所示。实际上，主轴回转误差的三种基本形式是同时存在的，图8-2(d)所示。

a. 轴向窜动。是指瞬时回转轴线沿平均回转轴线方向的轴向运动。如图8-2(a)所示，它主要影响工件的端面形状和轴向尺寸精度。

b. 径向跳动。是指瞬时回转轴线平行于平均回转轴线的径向运动量。如图8-2(b)所示，它主要影响加工工件的圆度和圆柱度。

c. 角度摆动。是指瞬时回转轴线与平均回转轴线成一倾斜角度作公转，如图8-2(c)所示，它对工件的形状精度影响很大，如车外圆时，会产生锥度。

主轴的回转误差不但与主轴本身的制造有关，还与轴承的精度以及主轴和轴承的装配精度有关。

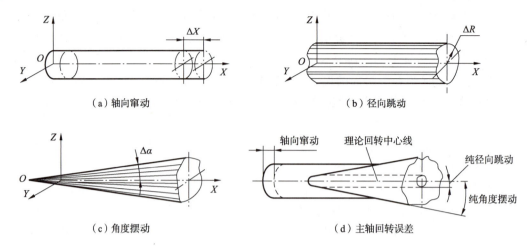

图 8-2 主轴回转误差的形式

② 主轴回转误差对加工精度的影响。在分析主轴回转误差对加工精度的影响时，首先要注意主轴回转误差在不同方向上的影响是不同的。例如，在车削圆柱表面时，回转误差沿刀具与工件接触点的法线方向分量 Δy 对精度影响最大，如图 8-3(b)所示，反映到工件半径方向上的误差为 $\Delta R = \Delta y$；而切向分量 Δz 的影响最小，如图 8-3(a)所示。由图 8-3 可以看出，存在误差 Δz 时，反映到工件半径方向上的误差为 ΔR，其关系式为

$$(R + \Delta R)^2 = \Delta z^2 + R^2 \tag{8-1}$$

整理，略去高阶微量 ΔR^2 项，可得

$$\Delta R = \frac{\Delta z^2}{2R} \tag{8-2}$$

设 $\Delta z = 0.01$ mm，$R = 50$ mm，则 $\Delta R = 0.000\,001$ mm，完全可以忽略不计。因此，一般称法线方向为误差的敏感方向，切线方向为非敏感方向。分析主轴回转误差对加工精度的影响时，应着重分析误差敏感方向的影响。

主轴的纯轴向窜动对工件的内、外圆加工没有影响，但会影响加工端面与内、外圆的垂直度误差。主轴每旋转一周，就要沿轴向窜动一次，向前窜的半周中形成右螺旋面，向后窜的半周中形成左螺旋面，最后切出如端面凸轮一样的形状，如图 8-4 所示，并在端面中心附近出现一个凸台。当加工螺纹时，主轴轴向窜动会使加工的螺纹产生螺距的小周期误差。

③ 提高主轴回转精度的措施。

a. 采用高精度的主轴部件。获得高精度的主轴部件的关键是提高轴承精度，因此，主轴轴承，特别是前轴承，多选用 D、C 级轴承；当采用滑动轴承时，则采用静压滑动轴承，以提高轴系刚度，减少径向圆跳动。其次是提高主轴箱体支承孔、主轴轴颈和与轴承相配合零件的有关表面的加工精度，对滚动轴承进行预紧。

b. 使主轴回转的误差不反映到工件上。如采用死顶尖磨削外圆，只要保证定位中心孔的形状、位置精度，即可加工出高精度的外圆柱面。主轴仅仅提供旋转运动和转矩，而与主轴的回转精度无关。

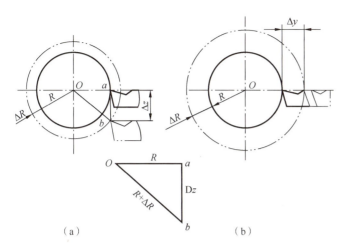
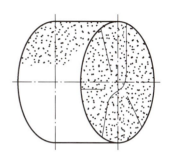

图 8-3 回转误差对加工精度的影响　　　　图 8-4 主轴轴间窜动对端面加工的影响

（2）**机床导轨误差**。机床导轨是实现直线运动的主要部件，其制造和装配精度是影响直线运动精度的主要因素，导轨误差对零件的加工精度产生直接的影响。

① **机床导轨在水平面内直线度误差的影响**。如图 8-5（a）所示，磨床导轨在 x 方向存在误差 Δ，引起工件在半径方向上的误差 ΔR，当磨削外圆柱外表面时，将造成工件的圆柱度误差，如图 8-5（b）所示。

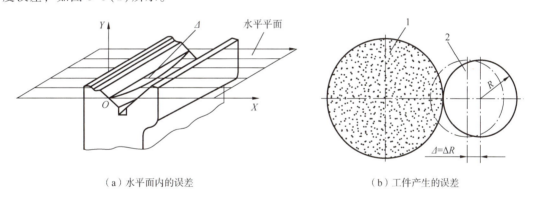

（a）水平面内的误差　　　　（b）工件产生的误差

图 8-5 磨床导轨在水平面内的直线度误差

1—砂轮；2—工件

② **机床导轨在垂直面内直线度误差的影响**。如图 8-6（a）所示，磨床导轨在 y 方向存在误差 Δ，磨削外圆时，工件沿砂轮切线方向产生位移，此时，工件半径方向上产生误差 $\Delta R \approx \Delta z^2 / 2R$，对零件的形状精度影响甚小（误差的非敏感方向）。但导轨在垂直方向上的误差对平面磨床、龙门刨床、铣床等将引起法向位移，其误差直接反映到工件的加工表面（误差敏感方向），造成水平面上的形状误差，如图 8-6（b）所示。

③ **机床导轨面间平行度误差的影响**。如图 8-7 所示，车床两导轨的平行度产生误差（扭曲），使鞍座产生横向倾斜，刀具产生位移，因而引起工件形状误差，其误差值 $\Delta y = H \Delta / B$。

（3）**机床的传动链误差**。对于螺纹、丝杠、齿轮等加工，为保证零件精度，要求工件和刀具间必须有准确的传动关系。如车削螺纹时，要求工件旋转一周，刀具直线移动一个

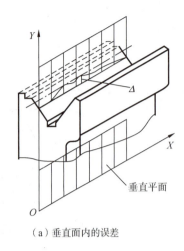
(a) 垂直面内的误差

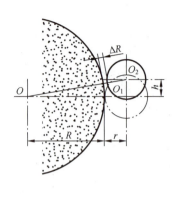
(b) 工件产生的误差

图 8-6 磨床导轨在垂直面内的直线度误差

导程；传动时必须保持 $P = iP_S$ 为恒定（P 为工件导程，P_S 为丝杠导程，i 为齿轮 $z_1 \sim z_8$ 的传动比，如图 8-8 所示）。所以，车床丝杠导程和各齿轮的制造误差都必将引起工件螺纹导程的误差。

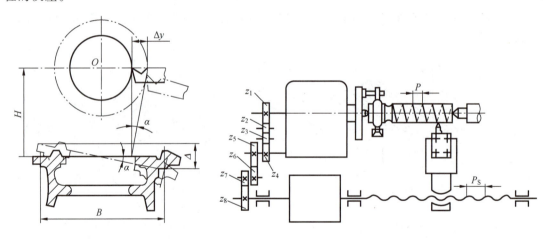

图 8-7 车床导轨面间的平行度误差　　　　图 8-8 车螺纹的传动链示意图

为减少机床传动链误差对加工精度的影响，可以采用以下措施：①减少传动元件，缩短传动链；②提高各传动元件的制造和装配精度；③消除传动间隙；④采用误差校正机构，如校正尺、偏心齿轮、数控校正装置等。

2. 工艺系统的其他几何误差

（1）刀具误差。刀具误差主要指刀具的制造、磨损和安装误差等，刀具对加工精度的影响因刀具种类不同而定。机械加工中常用的刀具有：一般刀具、定尺寸刀具和成形刀具。

一般刀具（如普通车刀、单刃镗刀、端铣刀等）的制造误差，对加工精度没有直接影响。但当刀具与工件的相对位置调整好以后，在加工过程中，刀具的磨损将会影响加工误差。

定尺寸刀具(如钻头、铰刀、拉刀、槽铣刀等)的制造及磨损误差,会直接影响工件的加工尺寸精度。

成形刀具(如成形车刀、成形铣刀、齿轮刀具等)的制造和磨损误差,主要影响被加工工件的形状精度。

(2)夹具误差。夹具误差包括定位误差、夹紧误差、夹具安装误差和对刀误差以及夹具的磨损产生的误差等。

(3)调整误差。零件加工的每一道工序中,为了获得被加工表面的形状、尺寸和位置精度,必须对机床、夹具和刀具进行调整。而采用任何调整方法及使用任何调整工具都难免带来一些原始误差,这就是调整误差。

如用试切法调整时的测量误差、进给机构的位移误差及最小极限切削厚度的影响;如用调整法调整时的定程机构的误差、样板或样件调整时的样板或样件的误差等。

8.1.3 工艺系统受力变形对加工精度的影响

1. 工艺系统刚度分析

由机床、夹具、刀具、工件组成的工艺系统,在切削力、传动力、惯性力、夹紧力以及重力等的作用下,会产生相应的变形(弹性变形及塑性变形)。这种变形将破坏工艺系统间已调整好的正确位置关系,从而产生加工误差。如图8-9(a)所示,在车削细长轴时,工件在切削力作用下的弯曲变形,加工后会形成腰鼓形的圆柱度误差[见图8-9(b)]。又如在内圆磨床上砂轮横向进给磨孔时,由于磨头主轴弯曲变形,使磨出的孔会带有锥度,产生圆柱度误差,如图8-9(c)所示。

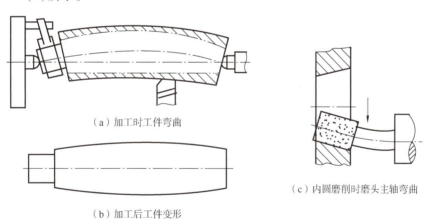

(a)加工时工件弯曲

(c)内圆磨削时磨头主轴弯曲

(b)加工后工件变形

图8-9 工艺系统受力变形引起的加工误差

根据材料力学相关知识,任何一个受力的物体总要产生一定的变形。作用力 F 与其引起的在作用力方向上的变形量 Y 的比值,称为物体的刚度 k,即

$$k = \frac{F}{Y} \tag{8-3a}$$

在切削加工中,工艺系统在各种外力作用下,将在各个受力方向上产生相应的变形。系统受力变形,主要是对加工精度影响最大的敏感方向,即通过刀尖的加工表面的法线方向的位移。因此,工艺系统的刚度 k_{xt} 定义为零件加工表面法向分力 F_y,与刀具在切削力作

用下,相对工件在该方向的位移 Y_{xt} 的比值,即

$$k_{xt} = \frac{F_y}{Y_{xt}} \tag{8-3b}$$

而工艺系统各部分的刚度为

$$k_{jc} = \frac{F_y}{Y_{jc}} \tag{8-3c}$$

$$k_{dj} = \frac{F_y}{Y_{dj}} \tag{8-3d}$$

$$k_{jj} = \frac{F_y}{Y_{jj}} \tag{8-3e}$$

$$k_g = \frac{F_y}{Y_g} \tag{8-3f}$$

工艺系统的总变形量为

$$Y_{xt} = Y_{jc} + Y_{dj} + Y_{jj} + Y_g \tag{8-3g}$$

式中 Y_{xt}——工艺系统的总变形量,mm;

k_{xt}——工艺系统的总刚度,N/mm;

Y_{jc}——机床变形量,mm;

k_{jc}——机床刚度,N/mm;

Y_{jj}——夹具变形量,mm;

k_{jj}——夹具刚度,N/mm;

Y_{dj}——刀具变形量,mm;

k_{dj}——刀具刚度,N/mm;

Y_g——工件变形量,mm;

k_g——工件刚度,N/mm。

工艺系统刚度的一般式为

$$k_{xt} = \frac{1}{\frac{1}{k_{jc}} + \frac{1}{k_{jj}} + \frac{1}{k_{dj}} + \frac{1}{k_g}} \tag{8-3h}$$

因此,当知道工艺系统各个组成部分的刚度后,即可求出系统总刚度。

2. 工艺系统受力变形引起的加工误差

(1)切削点位置变化引起的工件形状误差。

① 车床上两顶尖车削粗短轴。图 8-10(a)所示为在车床上加工短而粗的光轴,由于工件刚度较大,在切削力作用下相对于机床、夹具的变形要小的多,而车刀在敏感方向的变形也很小,故可忽略不计。此时,工艺系统的变形完全取决于头架、尾座(包括顶尖)和刀架的变形。

加工中当车刀处于图 8-10(a)所示位置时,在切削分力 F_y 的作用下,头架由 A 点位移到 A' 点,尾座由 B 点位移到 B' 点,刀架由 C 点位移到 C' 点,它们的位移量分别用 y_{tj}、y_{wz} 及 y_{dj} 表示;而工件轴线 AB 位移到 $A'B'$,刀具切削点处,工件轴线位移量 y_x 为

$$y_x = y_{tj} + \Delta x \tag{8-4a}$$

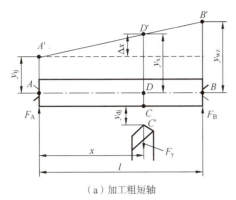
（a）加工粗短轴

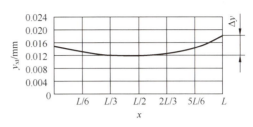
（b）粗短轴变形情况

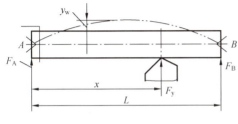
（c）加工细长轴

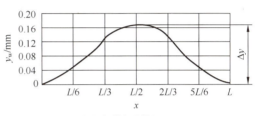
（d）细长轴变形情况

图8-10　切削点位置变化产生的工件变形情况

即

$$y_x = \frac{y_{tj} + (y_{wz} - y_{tj})x}{L} \tag{8-4b}$$

F_A、F_B为F_y所起的头架、尾座处的作用力，则

$$y_{tj} = \frac{F_A}{k_{tj}} = \frac{F_y}{k_{tj}}\left(\frac{L-x}{l}\right) \tag{8-5a}$$

$$y_{wz} = \frac{F_B}{k_{wz}} = \frac{F_y}{k_{wz}} \times \frac{X}{L} \tag{8-5b}$$

将式(8-5a)代入式(8-4b)得

$$y_x = \frac{F_y}{k_{tj}}\left(\frac{L-x}{L}\right)^2 + \frac{F_y}{k_{wz}}\left(\frac{x}{L}\right)^2 \tag{8-6}$$

工艺系统的总位移量为

$$y_{xt} = y_x + y_{dj} = F_y\left[\frac{1}{k_{dj}} + \frac{1}{k_{tj}}\left(\frac{L-x}{L}\right)^2 + \frac{1}{k_{wz}}\left(\frac{x}{L}\right)^2\right] \tag{8-7}$$

从上式可以看出，工艺系统的变形是随着着力点位置的变化而变化的，x的变化引起y_{xt}的变化，进而引起切削深度的变化，结果使工件产生圆柱度误差。当按上述条件切削时，工艺系统的刚度实为机床的刚度。

如设$k_{dj} = 4 \times 10^4 \text{ N/mm}$，$k_{tj} = 6 \times 10^4 \text{ N/mm}$，$k_{wz} = 5 \times 10^4 \text{ N/mm}$，$F_y = 300 \text{ N}$，工件长$L = 600 \text{ mm}$，则沿工件长度上系统的变形量如表8-1所示，变形曲线如图8-10（b）所示，呈马鞍形状。

表8-1　沿工件长度系统的位移（粗短轴）

x	0（头架处）	$L/6$	$L/3$	$L/2$（中间处）	$2L/3$	$5L/6$	L（尾座处）
y_{xt}/mm	0.0125	0.0111	0.0104	0.0103	0.0107	0.018	0.0135

② 两顶尖间车削细长轴。图 8-10(c)所示为在车床上加工细长轴。由于工件细而长，刚度小，在切削力的作用下，其变形大大超过机床、夹具和刀具的变形量，因此，机床、夹具和刀具的受力变形可以忽略不计，工艺系统的变形完全取决于工件的变形。

加工中，当车刀处于图 8-10(c)所示位置时，工件的轴心线产生变形。根据材料力学的相关公式，其切削点的变形量为

$$y_w = \frac{F_y}{3EI} \cdot \frac{(L-x)^2 x^2}{L} \tag{8-8}$$

式中　　E——材料的弹性模量，N/mm^2；
　　　　I——工件的截面惯性距，mm^4。

如设 $F_y = 300\,N$，工件的尺寸为 $\varnothing 30 \times 600\,mm$，材料弹性模量 $E = 2 \times 10^5\,N/mm^2$，工件截面惯性距 $I = \pi d^4/64$，则沿工件长度上的变形量如表 8-2 所示，变形曲线如图 8-10(d)所示，呈腰鼓形状。

表 8-2　沿工件长度系统的位移（细长轴）

x	0（头架处）	$L/6$	$L/3$	$L/2$（中间处）	$2L/3$	$5L/6$	L（尾座处）
y_w/mm	0	0.052	0.132	0.17	0.132	0.052	0

不同类型的机床，由于切削点的变化而引起刚度的变化形式也不同，其造成的加工误差也有差别。图 8-11 所示为磨削薄壁套筒内壁时工件的变形情况。由于工件刚度较小，随着砂轮磨削点的位置变化，工件产生的弯曲变形量也在变化，最后产生了加工误差。

（2）切削力变化引起的加工误差。

在切削加工中，由于被加工表面的几何形状误差引起切削力的变化，从而造成工件的加工误差。如图 8-12 所示，由于工件毛坯的圆度误差，使车削时刀具的切削深度在 a_{p1} 与 a_{p2} 之间变化，因此，切削分力 F_y 也随切削深度 a_p 的变化从 F_{ymax} 变到 F_{ymin}，由此，工艺系统也将产生相应的变形，即由 y_1 变到 y_2（刀尖相对于工件产生 y_1 到 y_2 的位移），这样就形成了被加工表面的圆度误差，这种现象称为误差复映。误差复映的大小可根据刚度计算公式求得。毛坯圆度的最大误差为

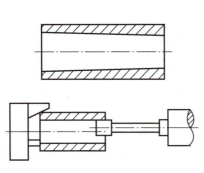

图 8-11　磨削薄壁套筒零件时变形情况

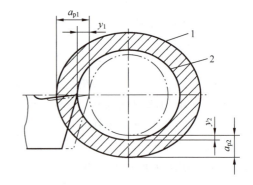

图 8-12　工件形状误差的复映
1—毛坯表面；2—工件表面

$$\Delta m = a_{p1} - a_{p2} \tag{8-9}$$
$$\Delta \omega = y_1 - y_2 \tag{8-10}$$

而
$$y_1 = \frac{F_{y\max}}{k_{xt}} \quad (8\text{-}11\text{a})$$

$$y_2 = \frac{F_{y\max}}{k_{xt}} \quad (8\text{-}11\text{b})$$

又
$$F_y = \lambda C_{FZ} a_p f^{0.75} \quad (8\text{-}12)$$

$$\lambda = F_y / F_z \quad (8\text{-}13)$$

式中 λ ——系数，一般取 0.4；

C_{FZ}——与工件材料和刀具几何角度有关的系数；

f ——进给量，mm/r。

所以
$$y_1 = \frac{\lambda C_{Fz} a_{p1} f^{0.75}}{k_{xt}} \quad (8\text{-}14\text{a})$$

$$y_2 = \frac{\lambda C_{Fz} a_{p2} f^{0.75}}{k_{xt}} \quad (8\text{-}14\text{b})$$

将式(8-14b)带入式(8-10)和式(8-9)得

$$\Delta\omega = y_1 - y_2 = \frac{\lambda C_{Fz} f^{0.75}}{k_{xt}}(a_{p1} - a_{p2}) = \frac{\lambda C_{Fz} f^{0.75}}{k_{xt}} \Delta m \quad (8\text{-}15)$$

令
$$\varepsilon = \frac{\Delta\omega}{\Delta m} = \frac{\lambda C_{Fz} f^{0.75}}{k_{xt}} = \frac{A}{k_{xt}} \quad (8\text{-}16)$$

式中 A ——径向切削力系数；

ε ——误差复映系数。

复映系数 ε 定量地反映了毛坯误差在经过加工后减少的程度，它与工艺系统的刚度成反比，与径向切削力系数 A 成正比。要减少工件的复映误差，可增加工艺系统的刚度或减少径向切削力系数(例如增大主偏角、减少进给量等)；当毛坯的误差较大，一次走刀不能满足加工精度要求时，需要多次走刀来消除 Δm 复映到工件上的误差。多次走刀值 ε 计算如下：

$$\varepsilon_z = \varepsilon_1 \varepsilon_2 \varepsilon_3 \cdots \varepsilon_n \quad (8\text{-}17)$$

由于 ε 远小于 1，所以经过多次走刀后，ε 已降到很小值，加工误差也逐渐减小而达到零件的加工精度要求。

如材料硬度、质量不均匀也会引起切削力变化，进而引起加工误差；用调整法加工一批工件时，若其毛坯余量误差较大会造成尺寸的分散等。

(3) 其他力对加工精度的影响。

① 离心力对加工精度的影响。切削加工中，高速旋转的零部件(包括夹具、工件和刀具等)的不平衡将产生离心力 F_Q。F_Q 在每一转中不断地改变方向，因此，它在 y 方向的分力大小的变化，会使工艺系统的受力变形也随之变换而产生加工误差。车削一个不平衡的工件，当离心力 F_Q 与切削力 F_y 方向相反时，将工件推向刀具，使切削深度增加，如图 8-13(a)所示；当离心力 F_Q 与切削力 F_y 方向相同时，工件被拉离刀具，使切削深度减小，[见图 8-13(b)]，工件即产生圆度误差。

例如，当工件重力 W 为 100 N，主轴转速 n 为 1 000 r/min，不平衡的质量 m 到旋转中心的距离 ρ 为 5 mm 时，则

$$F_Q = m\rho\omega^2 = \frac{W}{g}\rho\left(\frac{2\pi n}{60}\right)^2 = \frac{100}{9\,800} \times 5 \times \left(\frac{2 \times 3.14 \times 1\,000}{60}\right)^2 \text{ N} = 588.93 \text{ N}$$

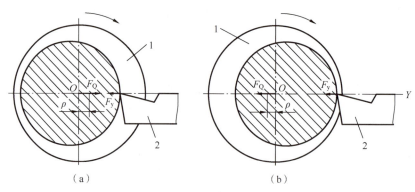

图 8-13 离心力引起的工件加工误差
1—工件；2—刀具

设工艺系统刚度 $k_m = 3 \times 10^4$ N/mm，则半径的加工误差为

$$\Delta_r = y_{max} - y_{min} = \frac{F_y + F_Q}{k_{xt}} - \frac{F_y - F_Q}{k_{xt}} = \frac{2F_Q}{k_{xt}} = \frac{2 \times 558.93}{3 \times 10^4} \text{ mm} = 0.037 \text{ mm}$$

② 传动力对加工精度的影响。在车床或磨床类机床上加工轴类零件时，常用单爪拨盘带动工件旋转。如图 8-14 所示，传动力在拨盘的每一转中，经常改变方向，其在 y 方向上的分力有时与切削力 F_y 方向相同，有时相反，也会造成工件的圆度误差。因此，加工精密零件时，应改用双爪拨盘或柔性连接装置带动工件旋转。

③ 夹紧力对加工精度的影响。在加工刚性较差的工件时，若夹紧不当会引起工件变形而产生形状误差。图 8-15（a）所示为一薄壁套筒工件；用三爪自定心卡盘夹紧薄壁套筒镗孔，如图 8-15（b）所示；镗出的孔为圆形，如

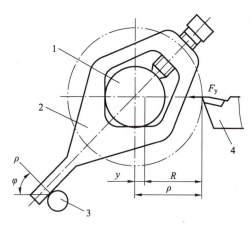

图 8-14 传动力引起的加工误差
1—工件；2—鸡心夹头；3—拨盘；4—车刀

图 8-15（c）所示；当松开三爪后套筒弹性变形恢复，孔就形成了三棱形，如图 8-15（d）所示；所以加工中可在工件外面加上一个厚壁的开口套，如图 8-15（e）所示；或采用专用弧形三爪夹头，使夹紧力均匀分布在套筒上，如图 8-15（f）所示，即可避免变形。

④ 重力对加工精度的影响。在工艺系统中，由于零部件的自重会引起变形，如龙门铣床、龙门刨床刀架横梁的变形，镗床镗杆下垂变形等，都会造成加工误差。例如，摇臂钻床的插臂在主轴箱自重的影响下可能产生微量的挠曲变形，造成主轴轴线与工作台不垂直，从而使被加工的孔与定位面产生垂直度误差。

3. 减少工艺系统受力变形的措施

（1）提高零部件接触刚度。零件表面总是存在着宏观和微观的几何误差，连接表面之间的实际接触面积只是名义接触面积的一部分，表面间的微观接触情况如图 8-16 所示。在外力作用下，这些接触处将产生较大的接触应力，引起接触变形。所以，提高接触刚度是提高工艺系统刚度的关键。常用的方法是改善工艺系统主要零件接触表面的配合质量，

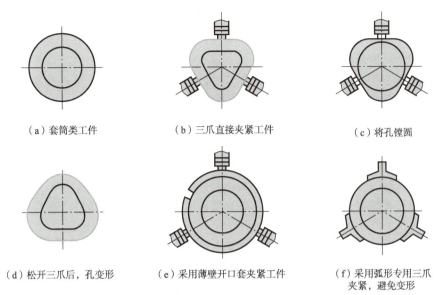

图 8-15　夹紧力引起的薄壁工件加工误差

如机床导轨副的刮研，配研顶尖锥体与主轴和尾座套筒锥孔的配合面，研磨加工精密零件用的顶尖孔等，都是在生产实际中常用的工艺措施。另一措施是预加载荷，这样可以消除配合面间的间隙，而且还能使零部件之间有较大的实际接触面积，减少受力后的变形量，在各类轴承的调整中就常采用此种方法。

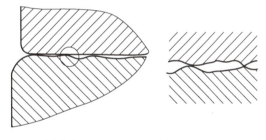

图 8-16　零件表面的微观接触状况

（2）提高工件刚度。切削力引起的加工误差，往往是由于工件本身刚度不足或工件各个部位结构不均匀而产生的。特别是加工叉类、细长轴等结构的零件，非常容易变形，在这种情况下，提高工件的刚度就是提高加工精度的关键。其主要措施是缩小切削力作用点到工件支承面之间的距离，以增大工件加工时的刚度。图 8-17 所示为车削细长轴时采用中心架或跟刀架以增加工件的刚度。

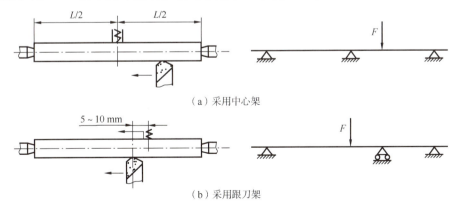

图 8-17　采用中心架或跟刀架提高细长轴工件刚度

（3）提高机床刚度。在切削加工中，有时由于机床部件刚度低而产生变形和振动，影响加工精度和生产率,所以加工时常采用一些辅助装置以提高机床部件的刚度。图 8-18(a)所示为在转塔车床上采用固定导向支承套,图 8-18(b)所示为采用转动导向支承套,并用加强杆与导向套配合以增强机床部件刚度。

(4) 合理装夹工件。对于薄壁零件的加工,必须特别注意选择适当的夹紧方法,否则将会引起很大的夹紧变形。如前图 8-15 所示镗薄壁套筒内孔时,由于装夹不当导致变形即是一例。再如图 8-19(a)所示薄板工件,当磁力将工件吸向磁盘表面时,工件将产生弹性变形,如图 8-19(b)所示,磨削完毕后由于弹性变形恢复,工件已磨削表面又产生翘曲变形,如图 8-19(c)所示。改进方法是在工件和磁力吸盘之间垫薄橡皮垫,这样在夹紧时,橡皮垫被压缩,减少了工件的变形,便于将工件的变形部分磨去,如图 8-19(d)、(e)所示,这样,经过多次正反面交替磨削,即可得到平面度符合要求的工件,如图 8-19(f)所示。

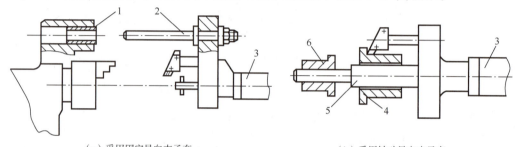

(a) 采用固定导向支承套　　(b) 采用转动导向支承套

图 8-18　提高机床部件刚度的工艺措施
1—导向支承套;2—加强杆;3—转塔刀架;4—工件;5—加强杆;6—装在主轴孔内的导向支承套

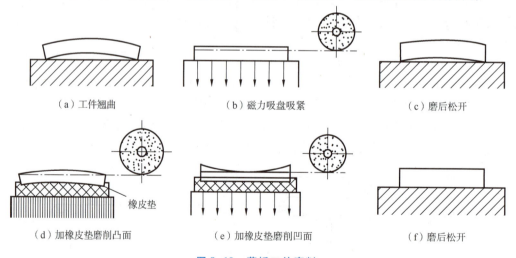

(a) 工件翘曲　　(b) 磁力吸盘吸紧　　(c) 磨后松开

(d) 加橡皮垫磨削凸面　　(e) 加橡皮垫磨削凹面　　(f) 磨后松开

图 8-19　薄板工件磨削

8.1.4　工艺系统热变形对加工精度的影响

1. 工艺系统的热源及热平衡

工艺系统在各种热源的影响下,会产生相应的变形,破坏工件与刀具间正确的相对位置,引起加工误差。尤其是在大件加工和精密加工中,热变形引起的加工误差占总加工误差的 40%～70%。热变形不仅降低了系统的加工精度,还影响了生产效率。

(1) 工艺系统的热源。工艺系统的热源可分为内部热源和外部热源两大类。内部热源包括切削热和摩擦热;外部热源包括环境温度和辐射热。切削热和摩擦热是工艺系统的主要热源。

(2) 工艺系统的热平衡。工艺系统受各种热源的影响,其温度会逐渐升高。与此同时,它们也通过各种传热方式向周围散发热量。当单位时间内传入和散发的热量相等时,工艺系统则达到了热平衡。图 8-20 所示为一般机床工作时的温度和时间曲线,由图可知,机床开动后温度缓慢升高,经过一段时间温度升至 $T_{平衡}$ 时便趋于稳定。由开始升温至 $T_{平衡}$ 的这段时间,称为预热阶段。当机床温度达到稳定值后,则处于热平衡阶段,此时温度场处于稳定,其热变形也趋于稳定。处于稳定温度场时引起的加工误差是有规律的,因此,精密及大型工件应在工艺系统达到热平衡后进行加工。

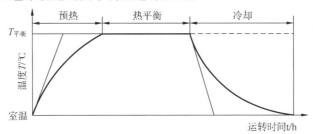

图 8-20 机床热平衡曲线

2. 机床热变形对加工精度的影响

机床受热源的影响,各部分温度将发生变化,由于热源分布的不均匀和机床结构的复杂性,机床各部件将发生程度不同的热变形,影响机床原有的几何精度,从而引起加工误差。

机床的主要热源是主轴箱中的轴承、齿轮、离合器等传动副的摩擦,使主轴箱和床身的温度上升,从而造成了机床主轴抬高和倾斜。图 8-21 为一台车床在空转时,主轴温升与位移的试验结果。主轴在水平方内的位移只有 10 μm 左右,而垂直方向的位移却为 180~200 μm。这对于刀具水平安装的卧式车床的加工精度影响较小,但对于刀具垂直安装的自动车床和转塔车床,加工精度的影响就不容忽视了。

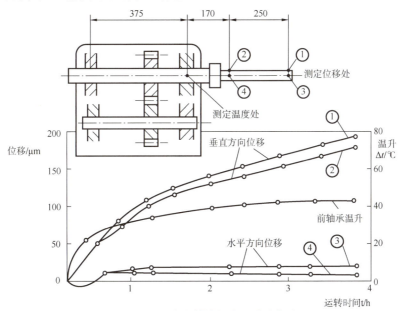

图 8-21 机床主轴箱热变形试验曲线

对大型机床如导轨磨床、外圆磨床、龙门铣床等长床身部件,其温差的影响也是很显著的。一般由于温度分层变化,床身上表面比床身的底面温度高而形成温差,因此床身将产生弯曲变形、表面呈中凸状,同时,床身导轨的直线性明显受到影响,并且立柱和溜板也因床身的热变形而产生相应的位置变化,如图8-22所示。

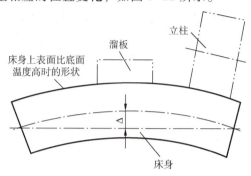

图 8-22　床身纵向温差热效应的影响

图 8-23 所示为车床和铣床的热变形趋势。

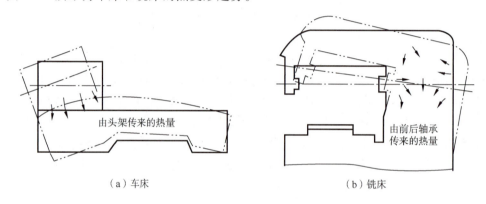

图 8-23　车床、铣床的热变形趋势

3. 工件热变形对加工精度的影响

轴类零件在车削或磨削时,一般是均匀受热,温度逐渐升高,其直径也逐渐胀大,胀大部分将被刀具切去,待工件冷却后则形成圆柱度和直径尺寸的误差。

细长轴在顶尖间车削时,热变形将使工件伸长,导致工件的弯曲变形,加工后将产生圆柱度误差。工件热变形量可按下式估算

$$\Delta L = \alpha L \Delta t \tag{8-18}$$

式中　ΔL ——工件热变形量,mm;
　　　α ——材料线膨胀系数,1/℃;
　　　L ——工件长度,mm;
　　　Δt ——工件温升,℃。

精密丝杠磨削时,工件的受热伸长会引起螺距的积累误差。例如,磨削长度为 3 000 mm 的丝杠,每一次走刀温度将升高 3 ℃,钢材的线膨胀系数为 12×10^{-6}/℃,则工件热伸长量为

$$\Delta L = \alpha L \Delta t = 12 \times 10^{-6} \times 3\ 000 \times 3\ \text{mm} = 0.1\ \text{mm}$$

而 6 级丝杠的螺距累积误差,按规定在全长上不能超过 0.02 mm,可见热变形对加工

精度的影响较大。

床身导轨面的磨削,由于单面受热,与底面产生温差而引起热变形,使磨出的导轨产生直线度误差。

薄圆环磨削,如图8-24(a)所示,虽近似均匀受热,但磨削时热量大,工件质量小,温升高,在夹紧点a处散热条件较好,温度较低,热膨胀小;b处则温度较高,热膨胀大;加工完工件冷却后,会出现棱圆形的圆度误差[见图8-24(d)]。

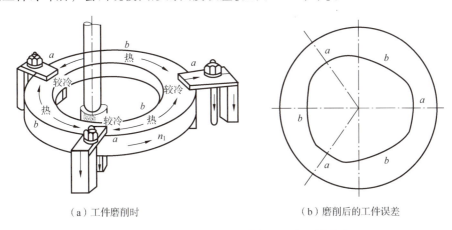

(a)工件磨削时　　　　　　　(b)磨削后的工件误差

图8-24　薄圆环工件内孔磨削时热变形的影响

铜、铝等有色金属线膨胀系数比钢材大,加工时热变形尤其明显,必须引起足够的重视。

4. 刀具热变形对加工精度的影响

切削热虽然大部分被切屑带走或传入工件,传到刀具上的热量不多,但因刀具切削部分质量小(体积小),热容量小,所以刀具切削部分的温升大。例如,用高速钢刀具车削时,刃部的温度高达 700~800 ℃,刀具热伸长量可达 0.03~0.05 mm。因此对加工精度的影响不应忽略。图8-25所示为车削时车刀的热变形与切削时间的关系曲线。当车刀连续车削时,车刀热变形情况如曲线1,经过 10~20 min 即达到热平衡,此时车刀变形的影响很小;当车刀停止切削后,车刀冷却变形过程如曲线3;当车刀切削一批短小轴零件时,加工由于需要装卸工件而时断时续,车刀进行断续切削。热变形在 Δ_2 范围内变动,其变形过程如曲线2。

5. 减少工艺系统热变形的主要工艺措施

(1) 减少发热,采取隔热措施。切削中内部热源是机床产生热变形的主要根源。为了减少机床的发热,在新的机床产品中将电动机、齿轮箱、液压装置和油箱等热源尽可能地从主机中分离出去。对主轴轴承、丝杠副、高速运动的导轨

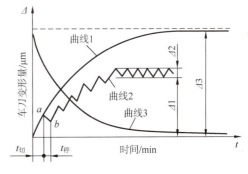

图8-25　车刀热变形曲线

副、摩擦离合器等不能分离出去的热源,可从结构和润滑等方面改善其摩擦特性,减少发热,例如,采用静压轴承静压导轨,低黏度润滑油,钾基润滑脂等。也可以用隔热材料将发热部件和机床大件分隔开来,如图8-26所示,将发热部件和机床基础件(如床身、立柱等)隔离开来。

(2)加强散热能力。为消除机床内部热源的影响,可以采用强制冷却的方法,吸收热源发出的热量,从而控制机床的升温和热变形,对精密设备尤其如此。例如,对加工中心、坐标镗床等精密机床,用冷冻机对润滑油和切削液进行强制冷却。机床中的润滑油也可作为冷却液使用,机床主轴和齿轮箱中产生的热量用低温冷却液带走,有些机床采用冷却液流过围绕主轴部件的空腔,以提高冷却的效果。

(3)均衡温度场。采用热补偿法使机床温度场比较均匀,从而使机床产生均匀的热变形以减少时加工精度的影响。图8-27所示为平面磨床采用热空气加热温升较低的立柱后壁,以减少立柱前、后壁的温度差而减少立柱的弯曲变形。图中热空气从电动机风扇排出,通过特设的管道引向防护罩与立柱和后避空间。采用这种措施后,工件端平行度误差可降低为原来的1/3~1/4。

(4)控制环境温度变化。在加工或测量精密零件时,应控制室温的变化。例如,精密机床(如精密磨床、坐标镗床、齿轮磨床等)一般安装在恒温车间。以保持其温度的恒定。恒温精度一般控制在±1℃。精密级为±0.5℃,超精密级为±0.01℃。

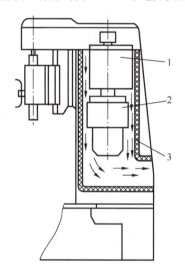

图8-26 采取隔热措施减少热变形
1—变速箱;2—主电动机;3—隔热罩

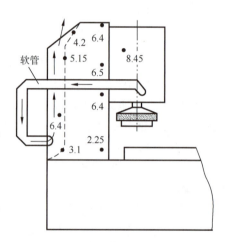

图8-27 均衡立柱前、后壁温度场

采用机床预热也是一种控制温度变化的方法。由热变形规律可知,热变形影响较大的是在工艺系统升温阶段,当达到热平衡后,热变形趋于稳定。加工精度就容易控制。因此,对精密机床特别是大型精密机床,可在加工前预先开动,高速空转,或人为地在机床的适当部位附设加热源预热,使它达到热平衡后再进行加工。基于同样原因,精密加工机床应尽量避免较长时间的中途停车。

8.1.5 工件内应力对加工精度的影响

零件在没有外加荷载的情况下,仍然残存在工件内部的应力称内应力或残余应力。工件在铸造、锻造及切削加工后,内部会存在各种内应力。零件内应力的重新分布不仅影响零件的加工精度,而且对装配精度也有很大的影响。内应力存在于工件的内部,而且其存在和分布情况亦相当复杂。

1. 毛坯制造中产生的内应力

铸、锻、焊等毛坯在生产过程中，由于工件各部分的厚薄不均、冷却速度不均匀而产生内应力。

图 8-28 所示为车床身内应力引起的变形情况。铸造时，车床导轨表面散热容易，冷却速度较快，体表也先行收缩到位，而中间部分冷却速度较慢，在冷却和收缩过程中，受到上下表面的阻碍，因而产生了拉应力，上、下表面受到中间部分的反作用，产生了压应力，因而形成了相互平衡的状态。将导轨表面刨去一层金属时，则压应力消失，引起内应力的重新分布，整个床身将产生弯曲变形。由于这个新的平衡过程需要一段较长时间才能完成，因此，尽管表面经过精加工去除了这种变形的大部分，但床身内部组织还在继续转变，合格的导轨表面过一段时间还会产生误差。

2. 冷校直引起的内应力

细长的轴类零件，如光杠、丝杠、曲轴、凸轮轴等在加工和运输中很容易产生弯曲变形，因此，大多数在加工中安排冷校直工序，这种方法简单方便，但会带来内应力，引起工件变形而影响加工精度。图 8-29 为冷校直时引起内应力的情况。

在弯曲的轴类零件中部施加压力 F，使其产生反弯曲以达到校直目的，如图 8-29(a) 所示，这时，工件的内应力重新分布。如图 8-29(b) 所示，轴心线以上 oa 部分产生压应力（用负号表示），轴心线以下 od 部分产生拉应力（用正号表示）；在 ab、cd 区域将产生塑性变形，在 bc 区域为弹性变形区域。当外力 F 去除后，ab、cd 区域的塑性变形将保留下来，bc 区域的弹性变形将全部恢复，这时，工件内部的应力将重新分布，其分布情况如图 8-29(c) 所示。但这种平衡同样是不稳定的，如果工件继续切削加工，将会使内应力重新分布，产生新的弯曲变形。

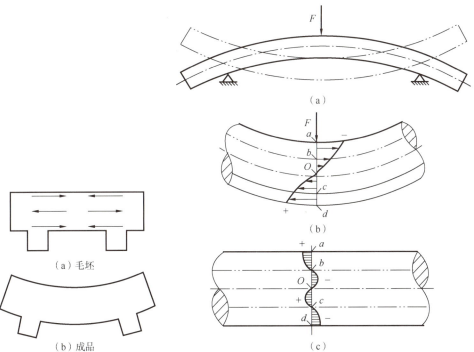

图 8-28　床身因内应力引起的变形

图 8-29　冷校直轴类零件的内应力

因此，对于精度要求较高的细长轴（如精密丝杠）不允许采用冷校直方法，而是采用加大毛坯余量，经过多次切削和时效处理方法来消除内应力，或采用热校直方法。

3. 切削加工中产生的内应力

工件切削加工时，在切削力和摩擦力的作用下，表面层金属产生塑性变形，体积膨胀，但受到里层组织的阻碍，故表层产生压应力、里层产生拉应力；由于切削温度的影响，表层金属产生热塑性变形，温度下降快，冷却收缩也比里层大，当温度降至弹性变形范围内，收缩受到里层的阻碍，因而产生拉应力，里层将产生平衡的压应力。

大多数情况下，热的作用大于力的作用。特别是高速切削、强力切削、磨削等，热作用占主要地位。磨削加工中，表层拉力严重时还会产生裂纹。

4. 减少或消除内应力的措施

(1) 合理设计零件结构。在零件结构设计中，应尽量缩小零件各部分厚度尺寸之间的差异，以减少铸、锻毛坯在制造中产生的内应力。

(2) 采取时效处理。

① 自然时效。在毛坯制造之后，或粗、精加工之间，让工件停留一段时间，利用温度的自然变化，经过多次热胀冷缩，使工件的晶体内部或晶界之间产生微观滑移，使加工的内应力逐渐消除。这种方法效果较好，但需要时间长（一般要半年至一年）。

② 人工时效。将工件放入炉内加热到一定程度，再随炉冷却以达到消除内应力的目的。这种方法对大型零件需要一套很大的设备，其投资和能源消耗较大，因此常用于中小型零件。

③ 振动时效。以激振的形式将机械能加到含有大量内应力的工件内，引起工件金属内部晶格变化以消除内应力，一般在几十分钟便可消除内应力，适用于大小不同的铸、锻、焊接件毛坯及有色金属毛坯。这种方法不需要庞大的设备，所以比较经济、简便，且效率高。

(3) 合理安排工艺过程。在中批量和大批量生产中，将粗、精加工分开，使粗加工后有一定时间让残余应力重新分布，以减小对精加工的影响。在单件、小批量生产和加工大型工件时，虽然粗、精加工往往在一道工序中完成，但粗加工后应松开工件，让工件有自由变形的可能，然后以较小的夹紧力夹紧工件进行精加工。

8.1.6 提高加工精度的工艺措施

提高加工精度的工艺措施大致可归纳为以下几个方面。

1. 减少原始误差

即在查明影响加工精度的主要原始误差因素之后，设法对其直接进行消除或减少。例如，车削细长轴时，采用跟刀架、中心架可消除或减少工件变形所引起的加工误差。采用大进给量反向切削法，以消除轴向切削力引起的弯曲变形。若辅以弹簧顶尖，可进一步消除热变形所引起的加工误差。又如在加工薄壁套筒内孔时，采用过度圆环以使夹紧力均匀分布，避免夹紧变形所引起的加工误差。

2. 补偿原始误差

补偿原始误差是人为地制造一种误差，去抵消工艺系统固有的原始误差，或者利用一种原始误差去抵消另一种原始误差，从而达到提高加工精度的目的。例如，用预加载荷法精加工磨床床身导轨，以补偿装配后受部件自重而引起的变形。磨床床身是一个狭长的结构，刚度较差，在加工时，导轨三项精度虽然都能达到，但在装上进给机构、操纵机构等以后，便会使导轨产生变形而破坏原来的精度，采用预加载荷法可补偿这一误差。又如用校正机构提高车床丝杠传动链的精度。在精密螺纹加工中，机床传动链误差将直接反映到工件的螺距上，使精密丝杠加工精度受到一定的影响。为了满足精密丝杠加工的误差，采用螺纹加工校正装置以消除传动链造成的误差，如图 8-30 所示。

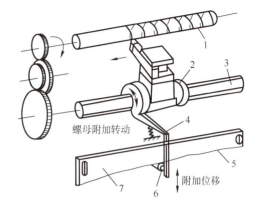

图 8-30　螺纹加工校正装置
1—工件；2—丝杠螺母；3—车床丝杠；4—杠杆；
5—工作尺面；6—滚柱；7—校正尺

3. 转移原始误差

转移原始误差的实质是转移工艺系统的集合误差、受力变形和热变形等。例如，磨削主轴锥孔时，锥孔和轴径的同轴度不是靠机床主轴回转精度来保证，而是靠夹具保证，当机床主轴与工件采用浮动连接以后，机床主轴的原始误差就不再影响加工精度，而转移到夹具来保证加工精度。

在箱体的孔系加工中，在镗床上用镗模镗削孔系时，孔系的位置精度和孔距间的尺寸精度都依靠镗模和镗杆的精度来保证，镗杆与主轴之间为浮动连接，故机床的精度与加工无关，这样就可以利用普通精度和生产率较高的组合机床来精镗孔系。由此可见，往往在机床精度达不到零件的加工要求时，通过误差转移的方法，能够用一般精度的机床加工高精度的零件。

4. 误差分组法

在加工中，由于工序毛坯误差的存在，造成了本工序的加工误差。毛坯误差的变化，对本工序的影响主要有两种情况：复映误差和定位误差。如果上述误差太大，不能保证加工精度，而且要提高毛坯精度或上一道工序加工精度是不经济的，这时可采用误差分组法，即把毛坯或上工序尺寸按误差大小分为 n 组，每组毛坯的误差就缩小为原来的 $1/n$，然后按各组分别调整刀具与工件的相对位置或调整定位元件，就可大大地缩小整批工件的尺寸分散范围。

例如，某厂加工齿轮磨床上的交换齿轮时，为了达到齿圈径向跳动的精度要求，将交换齿轮的内孔尺寸分成三组，并用与之尺寸相对应的三组定位心轴进行加工。其分组尺寸见表 8-3。

表 8-3　交换齿轮内孔分组

组　别	心轴直径$\varnothing 25^{+0.011}_{+0.002}$	工件孔径$\varnothing 25^{0.013}_{0}$	配合精度
第一组	$\varnothing 25.002$	$\varnothing 25.000 \sim \varnothing 25.004$	± 0.002
第二组	$\varnothing 25.006$	$\varnothing 25.004 \sim \varnothing 25.008$	± 0.002
第三组	$\varnothing 25.011$	$\varnothing 25.008 \sim \varnothing 25.013$	$+0.002$ / -0.003

误差分组法的实质，是用提高测量精度的手段来弥补加工精度的不足，从而达到较高的精度要求。当然，测量、分组需要花费时间，故一般只是在配合精度很高、且加工精度不宜提高时采用。

5. 就地加工法

在加工和装配中，有些精度问题牵涉到很多零部件间的相互关系，相当复杂。如果单纯地提高零件精度来满足设计要求，有时不仅困难，也不可能达到。此时，若采用就地加工法，就可解决这种难题。

例如，在转塔车床制造中，转塔上六个安装刀具的孔，其轴心线必须保证与机床主轴旋转中心线重合，而六个平面又必须与旋转中心线垂直。如果单独加工转塔上的这些孔和平面，装配时要达到上述要求是困难的，因为其中包含了很复杂的尺寸链关系。因而在实际生产中采用了就地加工法，即在装配之前，这些重要表面不进行精加工，等转塔装配到机床上以后，再在自身机床上对这些孔和平面进行精加工。具体方法是在机床主轴上装上镗刀杆和能做径向进给的小刀架，对这些表面进行精加工，便能达到所需要的精度。

又如龙门刨床、牛头刨床，为使它们的工作台分别与横梁或滑枕保持位置的平行度关系，都是装配后在自身机床上，进行就地精加工来达到装配要求的。平面磨床的工作台，也是在装配后利用自生砂轮精磨出来的。

6. 误差平均法

误差平均法是利用有密切联系的表面之间的相互比较和相互修正，或者利用互为基准进行加工，以达到很高的加工精度。如配合精度要求很高的轴和孔，常用对研的方法来达到。所谓对研，就是配偶件的轴和孔互为研具相对研磨。在研磨前有一定的研磨量，其本身的尺寸精度要求不高，在研磨过程中，配合表面相对研擦和磨损的过程，就是两者的误差相互比较和相互修正的过程。

又如三块一组的标准平板，是利用相互对研、配刮的方法加工出来的。因为三个表面能够分别两两密合，只有在都是精确平面的条件下才有可能。另外还有直尺、角度规、多棱体、标准丝杠等高精度量具和其他工具，都是利用误差平均法制造出来的。

通过上述例子可知，采用误差平均法可以最大限度地排除机床误差的影响。

8.2 加工误差的综合分析

知识点

- 各种误差的概念、性质；
- 加工误差的统计分析方法。

技能点

- 掌握直方图的作图步骤；
- 掌握直方图的数据分析方法；
- 分布图分析法的应用。

实际生产中，影响加工误差的因素往往是错综复杂的，有时很难用单因素来分析其因果关系，而要用数理统计方法进行综合分析来找出解决问题的途径。

8.2.1 误差的基本概念

各种因素的加工误差，按其统计规律的不同，可分为系统性误差和随机性误差两大类。系统性误差又分为常值系统误差和变值系统误差两种。

1. 系统性误差

(1) 常值系统误差。顺次加工一批工件后，其大小和方向保持不变的误差，称为常值系统误差。例如，加工原理误差和机床、夹具、刀具的制造误差等，都是常值系统误差。此外，机床、夹具和量具的磨损速度较慢，在一定时间内也可看作是常值系统误差。

(2) 变值系统误差。顺次加工一批工件，其大小和方向按一定的规律变化的误差，称为变值系统误差。例如，机床、夹具、和刀具等在热平衡前的热变形误差和刀具的磨损等，都是变值系统误差。

2. 随机性误差

顺次加工一批工件，出现大小和方向不同且无规律变化的加工方法，称为随机性误差。例如毛坯误差（余量大小不一、硬度不均匀等）的复映、定位误差（基准面精度不一、间隙影响）、夹紧误差（夹紧力大小不一）、多次调整的误差、残余应力引起的变形误差等。都是随机性误差。

随机性误差从表面看来似乎没有什么规律，但是应用数理统计的方法可以找出一批工件加工误差的总体规律，然后在工艺上采取措施来加以控制。统计分析是以生产现场观察和对工件进行实际检验的数据资料为基础，用数理统计的方法分析处理这些数据资料，从而揭示各种因素对加工误差的综合影响，获得解决问题的途径的一种分析方法，主要有分布图分析法和点图分析法等多种。本书主要介绍分布图分析法，有直方图和正态分布曲线分析法两种。

8.2.2 直方图分析法

1. 基本概念

在加工过程中，对某工序的加工尺寸采用抽取有限样本数据进行分析处理，用直方图的形式表示出来，以便分析加工质量及其稳定程度的方法，称为直方图分析法。

(1) 尺寸分散。在抽取的有限样本数据中，加工尺寸的变化范围称为尺寸分散。

(2) 频数。出现在同一尺寸间隔的零件数目称为频数。

(3) 频率。频数与该批样本总数之比称为频率。

(4) 频率密度。频率与组距（尺寸间隔）之比称为频率密度。

以工件的尺寸（很小的一段尺寸间隔）为横坐标，以频数或频率为纵坐标表示该工序加工尺寸的实际分布图称为直方图，如图 8-31 所示。直方图上矩形的面积 = 频率密度 × 组距 = 频率。由于所有各组频率之和等于 100%，故直方图上全部矩形面积之和等于 1。

2. 作图步骤

以磨削一批轴径为 $\phi 60^{+0.06}_{+0.01}$ mm 的工件为例，说明直方图的作图步骤。

① 收集数据。一般取 100 个磨削后的工件作为抽样样本，依次进行测量，并将测量尺寸记录下来，从中找出最大值 $L_a = 54$ μm，最小值 $S_m = 16$ μm（见表 8-4）。

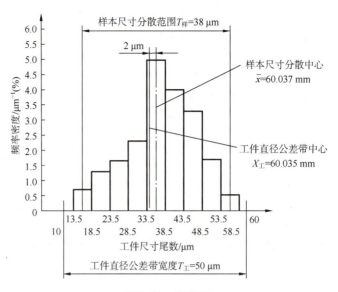

图 8-31 直方图

表 8-4 零件轴直径尺寸实际测量值　　　　　　　　　　　　单位：μm

抽样工件直径测量尺寸（最后两位数）									
44	20	46	32	20	40	52	33	40	25
43	38	40	41	30	36	49	51	38	34
22	46	38	30	42	38	27	49	45	45
38	32	45	48	28	36	52	32	42	38
40	42	38	52	38	36	37	43	28	45
36	50	46	38	30	40	44	34	42	47
22	28	34	30	36	32	35	22	40	35
36	42	46	42	50	40	36	20	16(S_m)	53
32	46	20	28	46	28	54(L_a)	18	32	33
26	46	47	36	38	30	49	18	38	38

② 把 100 个样本数据分成若干组，分组数见表 8-5。

表 8-5 样本与组数的选择

样本数量	分　组　数	样本数量	分　组　数
50～100	6～10	>250	10～20
100～250	7～12	—	—

本例取组数 $k=9$。经验证明，组数太少会掩盖组内数据的变动情况，组数太多会使各组的高度参差不齐，从而看不出变化规律。通常确定的组数要使每组平均至少有 4～5 个数据。

③ 计算组距 h。即组与组的间隔。

$$h = \frac{L_a - S_m}{k-1} = \frac{54-16}{8} \mu m = 4.75 \mu m \approx 5 \mu m$$

④ 计算各组的中心值 x_i，即：每组中间的数值。

第 i 组的中心值： $\qquad x_i = x_{i-1} + h$

第一组的中心值： $\qquad x_1 = S_m = 16 \mu m$

第二组的中心值： $\qquad x_2 = x_1 + h = (16+5) \mu m = 21 \mu m$

⑤ 计算第一组的上、下界限值。

$$S_m \pm \frac{h}{2}$$

第一组的上界限值为： $S_m + \frac{h}{2} = \left(16 + \frac{5}{2}\right) \mu m = 18.5 \mu m$

第一组的下界限值为： $S_m - \frac{h}{2} = \left(16 - \frac{5}{2}\right) \mu m = 13.5 \mu m$

⑥ 依次计算其余各组的上、下界限值。第一组的上界限值就是第二组的下界限值。第二组的下界限值加上组距就是第二组的上界限值，其余类推。

⑦ 记录各组的数据，填入频数分布表中，见表 8-6。

表 8-6 频数分布表

组数 n	组界/μm	中心值 x	频 数 统 计	频数 m	频率/%	频率密度/(%/μm)
1	13.5～18.5	16	111	3	3	0.6
2	18.5～23.5	21	1111111	7	7	1.4
3	23.5～28.5	26	11111111	8	8	1.6
4	28.5～33.5	31	111111111111	8	8	2.6
5	33.5～38.5	36	1111111111111 1111111111111	26	26	5.2
6	38.5～43.5	41	1111111111111111	16	16	3.2
7	43.5～48.5	46	1111111111111111	16	16	3.2
8	48.5～53.5	51	1111111111	10	10	2
9	53.5～58.5	56	1	1	1	0.2

⑧ 计算各组的尺寸频数、频率和频率密度，并填入表 8-6 中。

⑨ 按表列数据以频率密度为纵坐标，组距为横坐标就可以画出直方图，如图 8-31 所示。

3. 数据分析

由图 8-31 可知，该批工件的尺寸分散范围大部分居中，偏大、偏小者较少。

（1）样本尺寸分散范围中心 $\bar{x}$（算术平均值）。表示该样本的尺寸分散范围的中心，它主要决定于调整尺寸的大小和常值系统误差。

$$\bar{x} = \frac{1}{n}\sum_{i=1}^{n} x_i = \frac{60.016 \times 3 + 60.021 \times 7 + \cdots + 60.056 \times 1}{100} mm = 60.037 mm$$

（2）工件直径的公差带中心 $X_{工}$。表示工件图样上所要求的公差带中心。

$$X_工 = 60 + 0.01 + \left(\frac{0.06 - 0.01}{2}\right) \text{mm} = 60.035 \text{ mm}$$

$\bar{x}$ 与 $X_工$ 不重合,说明系统存在着常值系统误差,应检查系统,设法将 $\bar{x}$ 调整到与 $X_工$ 重合,只要把机床的径向进给量增大 0.002 mm,使 $\bar{x} = X_工$,就能消除常值系统误差。

(3)样本尺寸分散范围 $T_样$。表示已加工零件的尺寸偏差范围。

$T_样$ = 测量样本的最大直径 − 测量样本的最小直径 = (60.054 − 60.016) mm = 0.038 mm

(4)工件直径的公差带宽度 $T_工$。表示工件图样上所要求的公差带宽度。

$T_工$ = 图样要求的最大直径 − 图样要求的最小直径 = (60.006 − 60.001) mm = 0.005 mm

从图 8-31 中可看出,$T_样$ = 0.038 mm,小于 $T_工$(即 0.005 mm),即已加工好零件尺寸偏差小于图样上所要求的公差带宽度,且两边都有余地,不会出废品。

若 $T_样 = T_工$,即已加工零件的尺寸偏差范围恰好等于其零件图样上所要求的公差带宽度,这种情况下稍有不慎就会产生废品,应采取适当措施减小尺寸分散范围;若 $T_样 \geq T_工$,则必然有废品产生,此时应设法减小加工误差或选择其他加工方法。

8.2.3 正态分布曲线分析法

1. 正态分布曲线

大量的试验、统计数据和理论分析表明:当一批工件总数很多,加工的误差是由许多相互独立的随机因素引起的、而且这些误差因素中又都没有任何特殊的倾向,则其分布是服从正态分布的。这时的分布曲线称为正态分布曲线(即高斯曲线),如图 8-32 所示。其函数表达式为

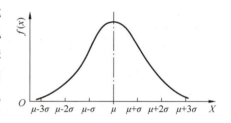

图 8-32 正态分布曲线

$$y = \frac{1}{\sigma\sqrt{2\pi}} e^{-\frac{1}{2}\left(\frac{x-\bar{x}}{\sigma}\right)^2}$$

$$\sigma = \sqrt{\frac{1}{n}\sum_{i=1}^{n}(x_i - \bar{x})^2}$$

式中,y 表示工件的分布密度(相当于直方图的频率密度);$\bar{x}$ 为工件尺寸的算术平均值,即工件平均尺寸、尺寸分散中心;σ 为正态分布随机变量标准差,即工序的标准偏差,表示尺寸分散程度;n 为工件样本的总数。

从正态分布图上可看出下列特征。

(1)曲线以 $x = \bar{x}$ 直线为左右对称,靠近 $\bar{x}$ 的工件尺寸出现概率较大,远离 $\bar{x}$ 的工件尺寸出现概率较小。

(2)对 $\bar{x}$ 的正偏差和负偏差,其概率相等。

(3)分布曲线与横坐标所围成的面积包括了全部零件数(即 100%),故其面积等于 1;其中在 $x - \bar{x} = \pm 3\sigma$(即 $\bar{x} \pm 3\sigma$)范围内的面积占了 99.73%(见表 8-8),即 99.73%的工件尺寸落在 ±3σ 范围内,仅有 0.27% 的工件尺寸在 ±3σ 范围之外,近可忽略不计。因此,取正态分布曲线的分布范围为 ±3σ。

(4)6σ 的概念(即 ±3σ),在研究加工误差时应用很广,是一个很重要的概念。6σ 的大小代表某加工方法在一定条件(如毛坯余量、切削用量、正常的机床、夹具、刀具等)下

所能达到的加工精度，所以在一般情况下，应该使所选择的加工方法的标准偏差 σ 与公差带宽度 T 之间具有如下关系

$$6\sigma \leqslant T$$

如果改变参数 $\bar{x}$，即 σ 保持不变，则曲线沿 x 轴平移而不改其形状，如图 8-33 所示。σ 的变化主要是常值系统误差引起的。如果 σ 值保持不变，当 σ 值减小时，则曲线形状陡峭；σ 增大时，曲线形状平坦，如图 8-34 所示。σ 是由随机性误差决定的，随机性误差越大则 σ 越大。

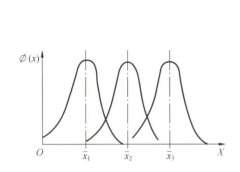

图 8-33 σ 相同时，$\bar{x}$ 对曲线位置的影响

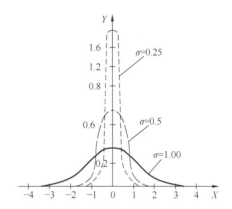

图 8-34 σ 值对分布曲线的影响

2. 非正态分布曲线

工件的实际分布，有时并不接近于正态分布。例如，将在两台机床上分别调整加工出的工件混在一起测定，得出图 8-35 所示的双峰曲线，实际上是两组正态分布曲线（如虚线所示）的叠加，即在随机性误差中混入了常值系统误差，每组有各自的分散中心和标准差。又如，在活塞销的贯穿磨削中，如果砂轮磨损较快而又没有补偿，工件的实际尺寸分布将成平顶分布，如图 8-36 所示，它实质上是正态分布曲线的分散中心在不断地移动，也即在随机性误差中混有变值系统误差。

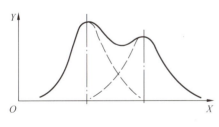

图 8-35 双峰分布曲线

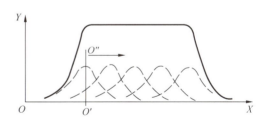

图 8-36 平顶分布曲线

8.2.4 分布图分析法的应用

1. 判别加工误差的性质

如前所述，假如加工过程中没有变值系统误差，那么其尺寸分布就服从正态分布，即实际分布与正态分布基本相符，这时就可进一步根据 $\bar{x}$ 是否与公差带中心重合来判断是否存在常值系统误差，如 $\bar{x}$ 与公差带中心不符合，说明存在常值系统误差。如实际分布与正态分布有较大出入，可根据直方图初步判断变值系统误差是什么类型。

2. 确定各种加工方法所能达到的精度

由于各种加工方法在随机性因素影响下所得的加工尺寸的分散规律符合正态分布，因而可以在多次统计的基础上，为每一种加工方法求得它的标准差 σ 值。然后，按分布范围等于 6σ 的规律，即可确定各种加工方法所能达到的精度。

3. 确定工艺能力及等级

工艺能力即工序处于稳定状态时，加工误差正常波动的幅度。由于加工误差超出分散范围的概率极小，可以认为不会发生分散范围以外的加工误差，因此可以用该工序的尺寸分散范围来表示工艺能力。当加工尺寸分布接近正态分布时，工艺能力为 6σ。工艺能力等级是以工艺能力系数来表示的，即工艺能满足加工精度要求的程度。当工艺处于稳定状态时，工艺能力系数 C_p 按下式计算

$$C_p = \frac{T}{6\sigma} \tag{8-19}$$

式中　T——工件尺寸公差。

根据工艺能力系统数 C_p 的大小，共分为 5 级，见表 8-7。一般情况下，工艺能力应不低于二级。

表 8-7　工艺能力等级

工艺能力系数	工序等级	说　明
$C_p > 1.67$	特级	工艺能力过高，可以允许有异常波动，不一定经济
$1.67 \geq C_p > 1.33$	一级	工艺能力过高，可以允许有一定的异常波动
$1.33 \geq C_p > 1.00$	二级	工艺能力勉强，必须密切注意
$1.00 \geq C_p > 0.67$	三级	工艺能力不足，可能出现少量不合格品
$C_p \leq 0.67$	四级	工艺能力差，必须加以改进

4. 估算疵品率

正态分布曲线与 x 轴之间所包含的面积代表一批零件的总数 100%，如果尺寸分散范围大于零件的公差 T 时，则将有疵品产生。如图 8-37(a)所示，在曲线下面至 C、D 两点间的面积(阴影部分)代表合格品的数量，而其余部分，则为疵品的数量。当加工外圆表面时，图的左边空白部分为不可修复的疵品，即为废品，而图的右边空白部分为可修复的疵品，即可返修为合格品。加工孔时，恰好相反。对于某一规定的 x 范围的曲线面积，如图 8-37(b)所示，可由下面的积分式求得

$$y = \frac{1}{\sigma\sqrt{2\pi}} \int_0^x e^{-\frac{x^2}{2\sigma^2}} dx$$

为了方便起见，设 $z = \frac{x}{\sigma}$，则

$$y = \frac{1}{\sqrt{2\pi}} \int_0^x e^{-\frac{z^2}{2}} dz$$

正态分布曲线的总面积为

$$2\Phi(\infty) = \frac{1}{\sqrt{2\pi}} \int_0^x e^{-\frac{z^2}{2}} dz = 1$$

第8章 机械加工质量分析

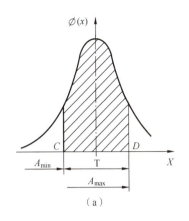
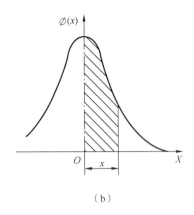

图 8-37 利用分布曲线估算疵品率

在一定的 z 值时，函数 y 的数值等于加工尺寸在 x 范围内的概率。各种不同的 z 值对应的 y 值见表 8-8。

5. 分布图分析法的缺点

用分布图分析加工误差主要有下列缺点。

（1）不能反映误差的变化趋势。加工中随机性误差和系统性误差同时存在，由于分析时没有考虑到工件加工的先后顺序，故很难把随机性误差与变值系统误差区分开来。

（2）由于必须等一批工件加工完毕后，才能得出分布情况，因此，不能在加工过程中及时提供控制精度的资料。

8.2.5 案例分析

例 在磨床上加工销轴，要求工件外径 $d = 12_{-0.043}^{-0.016}$ mm，$\bar{x} = 11.974$ mm，$\sigma = 0.005$ mm，其尺寸分布符合正态分布，试分析该工序的工艺能力和计算疵品率。

解：

（1）根据所计算的 $\bar{x}$ 和 6σ 作分布图，如图 8-38 所示。

（2）计算工艺能力系数 C_p：

$$C_p = \frac{T}{6\sigma} = \frac{|0.043 - 0.016|}{6 \times 0.005} = \frac{0.027}{0.03} = 0.9 < 1$$

工艺能力为三级，说明该工序工艺能力不足，因此不可避免要产生疵品。

（3）判断有无疵品，是否可以修复。

① 图样要求最小外径：

$d_{图\,min} = 12 - 0.043 = 11.957$ mm

② 图样要求最大外径：

$d_{图\,max} = 12 - 0.016 = 11.984$ mm

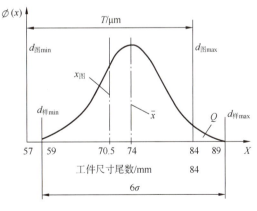

图 8-38 销轴直径尺寸分布曲线

③ 工件样本最小尺寸：$d_{样\,min} = \bar{x} - 3\sigma = 11.974 - 3 \times 0.005 = 11.959$ mm

$11.959 > 11.957$，即 $d_{样\,min} > d_{图\,min}$

所以，不会产生不可修复的废品。

④ 工件样本最大尺寸：$d_{样\max} = \bar{x} + 3\sigma = 11.974 + 3 \times 0.005 = 11.989$

$11.989 > 11.984$，即 $d_{样\max} > d_{图\max}$

故要产生可修复的不合格品（即图 8-38 中右部的斜线部分）。

（4）计算疵品率 Q：

$$Q = 0.5 - y$$

$$z = \frac{|x - \bar{x}|}{\sigma} = \frac{|11.984 - 11.974|}{0.005} = 2$$

查表 8-8，$z = 2$ 时，$y = 0.4772$

$$Q = 0.5 - 0.4772 = 0.0228 = 2.28\%$$

表 8-8　$\phi(z) = \dfrac{1}{\sqrt{2\pi}} \int_0^z e^{-\frac{z^2}{2}} dz$

z	∅(z)	z	∅(z)	z	∅(z)	z	∅(z)	z	∅(z)
0.00	0.0000	0.26	0.1026	0.52	0.1985	1.05	0.3531	2.60	0.4953
0.01	0.0040	0.27	0.1064	0.54	0.2054	1.10	0.3643	2.70	0.4965
0.02	0.0080	0.28	0.1103	0.56	0.2123	1.15	0.3749	2.80	0.4974
0.03	0.0120	0.29	0.1141	0.58	0.2190	1.20	0.3849	2.90	0.4981
0.04	0.0160	0.30	0.1179	0.60	0.2257	1.25	0.3944	3.00	0.49865
0.05	0.0199	—	—	—	—	—	—	—	—
0.06	0.0239	0.31	0.1217	0.62	0.2324	1.30	0.4032	3.20	0.49931
0.07	0.0279	0.32	0.1255	0.64	0.2389	1.35	0.4115	3.40	0.49966
0.08	0.0319	0.33	0.1293	0.66	0.2454	1.40	0.4192	3.60	0.499841
0.09	0.0359	0.34	0.1331	0.68	0.2517	1.45	0.4265	3.80	0.499928
0.10	0.0398	0.35	0.1368	0.70	0.2580	1.50	0.4332	4.00	0.499968
0.11	0.0438	0.36	0.1406	0.72	0.2642	1.55	0.4394	4.50	0.499997
0.12	0.0478	0.37	0.1443	0.74	0.2703	1.60	0.4452	5.00	0.49999997
0.13	0.0517	0.38	0.1480	0.76	0.2764	1.65	0.4505	—	—
0.14	0.0557	0.39	0.1517	0.78	0.2823	1.70	0.4554	—	—
0.15	0.0596	0.40	0.1554	0.80	0.2881	1.75	0.4599	—	—
0.16	0.0636	0.41	0.1591	0.82	0.2939	1.80	0.4641	—	—
0.17	0.0675	0.42	0.1628	0.84	0.2995	1.85	0.4678	—	—
0.18	0.0714	0.43	0.1664	0.86	0.3051	1.90	0.4713	—	—
0.19	0.0753	0.44	0.1700	0.88	0.3106	1.95	0.4744	—	—
0.20	0.0793	0.45	0.1736	0.90	0.3159	2.00	0.4772	—	—
0.21	0.0832	0.46	0.1772	0.92	0.3212	2.10	0.4821	—	—
0.22	0.0871	0.47	0.1808	0.94	0.3264	2.20	0.4861	—	—
0.23	0.0910	0.48	0.1844	0.96	0.3315	2.30	0.4893	—	—
0.24	0.0948	0.49	0.1879	0.98	0.3365	2.40	0.4918	—	—
0.25	0.0987	0.50	0.1915	1.00	0.3413	2.50	0.4938	—	—

(5)分析存在何种性质误差,误差值是多少。

① 图样尺寸公差带中心:$x_{图} = d_{图min} + (d_{图max} - d_{图min})/2$
$= 11.957 + (11.984 - 11.957)/2 = 11.9705 \text{ mm}$

② 两中心偏移量:$\bar{x} - x_{图} = 11.974 - 11.9705 = 0.0035 \text{ mm} = 3.5 \text{ μm}$

即系统存在常值系统误差,误差值为 3.5 μm。

重新调整机床,使分散中心 $\bar{x}$ 与公差带中心 $x_{图}$ 重合,则可减少疵品率。但机床工艺能力不足,加工精度不能完全保证其生产要求,应采取其他措施,以降低废品率。

8.3 机械加工表面质量

知识点

- 机械加工表面质量的概念;
- 影响加工表面粗糙度的因素及改善措施;
- 影响加工表面物理力学性能的因素。

技能点

- 合理的选择切削用量;
- 合理的选择刀具几何参数;
- 能采取合理的措施降低磨削加工表面粗糙度。

8.3.1 概述

1. 机械加工表面质量的含义

机器零件的加工质量不仅指加工精度,还包括加工表面质量。机械加工后的表面,总存在着一定的微观几何形状的偏差,表面层的物理力学性能也发生变化,因此,机械加工表面质量包括加工表面的几何特征和表面层物理力学性能两方面的内容。

经机械加工后的零件表面,存在着不同程度的粗糙波纹、冷硬、裂纹等表面缺陷,虽然只有极薄的一层(0.05~0.15 mm),但对机器零件的使用性能有着极大的影响。零件的磨损、腐蚀和疲劳破坏都是从零件表面开始的,特别是现代化工业生产使机器朝着精密化、高速化、多功能方向发展,工作在高温、高压、高速、高应力条件下的机械零件,表面层的任何缺陷都会加速零件的失效,因此,必须重视机械加工表面质量。

2. 加工表面的几何特征

加工表面的微观几何特征主要由表面粗糙度和表面波度两部分组成,如图 8-39 所示。

(1)表面粗糙度。表面粗糙度是指已加工表面的微观几何形状误差,是波距 $L < 1 \text{ mm}$ 的表面微小波纹;主要是由刀具的形状以及切削过程中塑性变形和振动等因素引起的。

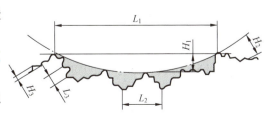

图 8-39 表面粗糙度和表面波度

（2）表面波度。表面波度是指波距 L 在 1～20 mm 之间的表面波纹；主要是由加工过程中工艺系统的低频振动引起的周期性形状误差。

通常情况下，当 L/H（波距/波高）＜50 时为表面粗糙度（如图 8-39 中的 L_3/H_3），$L/H=50$～1 000 时为表面波度（如图 8-39 中的 L_2/H_2），$L/H>1$ 000 时为形状误差（如图 8-39 中的 L_1/H_1）。

3. 加工表面层的物理力学性能

表面层的物理力学性能包括表面层的加工硬化、残余应力和表面层的金相组织变化。

8.3.2 影响加工表面粗糙度的因素及改善措施

1. 切削加工中影响表面粗糙度的因素

机械加工中，形成表面粗糙度的主要原因可归纳为三个方面：一是刀刃和工件相对运动轨迹所形成的残留面积，即几何因素；二是加工过程中工件表面产生的塑性变形、积屑瘤、鳞刺和振动等物理因素；三是与加工工艺相关的工艺因素。

（1）几何因素。在切削加工过程中，由于切削刃的形状和进给量的影响，在加工表面上残留下来的切削层残留面积就形成了表面粗糙度。

理论上，当切削深度较大，刀尖圆弧半径很小时［见图 8-40（a）］，可得

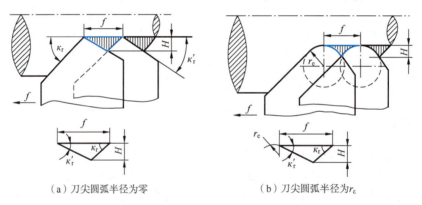

（a）刀尖圆弧半径为零　　　（b）刀尖圆弧半径为 r_ε

图 8-40　切削层残留面积

$$H=\frac{f}{\operatorname{ctan}\kappa_r+\operatorname{ctan}\kappa_r'} \tag{8-20a}$$

式中　H——残留面积高度，mm；

　　　f——进给量，mm/r；

　　　κ_r——刀具主偏角，（°）；

　　　κ_r'——刀具副偏角，（°）。

当切削深度和进给量较小，刀尖圆弧半径 r_ε 较大时，［见图 8-40（b）］，可得

$$H=\frac{f^2}{8r_\varepsilon} \tag{8-20b}$$

由式（8-20a）和式（8-20b）可见，进给量 f、刀具主偏角 K_r、副偏角 K_r' 越大，刀尖圆弧半径 r_ε 越小，则切削层残留面积就越大，表面粗糙度值就越大。

（2）物理因素。切削过程中由于刀具的刃口圆角及后刀面的挤压与摩擦使金属材料发生塑性变形，从而使理论残留面积挤歪或沟纹加深，促使表面粗糙度恶化。在加工塑性材

料而形成带切屑时，在前刀面上容易形成硬度很高的积屑瘤，它可以代替前刀面和切削刃进行切削，使刀具的几何角度、背吃刀量发生变化，其轮廓很不规则，因而使工件表面上出现深浅和宽窄不断变化的刀痕，有些积屑瘤嵌入工件表面，增加了表面粗糙度。

切削加工时的振动，也会使工件表面粗糙度增大。

（3）其他因素。与表面粗糙度有关的还有工艺因素、工艺系统的振动等。

2. 降低表面粗糙度值的工艺措施

（1）选择合理的切削用量。

① 切削速度 v_c。切削速度对表面粗糙度的影响比较复杂，一般情况下在低速或高速切削时，不会产生积屑瘤，故加工后表面粗糙度值较小。在加工塑性材料（如低碳钢、铝合金等）时，若以 20~50 m/min 的中速切削时，则容易出现积屑瘤和鳞刺，再加上切屑分离时的挤压变形和撕裂作用，使表面粗糙度值增大；切削速度 v_c 越高，切削过程中切屑和加工表面层的塑性变形的程度越小，加工后表面粗糙度值也就越小。

实验证明，产生积屑瘤的临界速度将随加工材料、切削液及刀具状况等条件的不同而不同。用较高的切削速度，既可使生产率提高又可使表面粗糙度值变小。所以不断地创造条件以提高切削速度，一直是提高工艺水平的重要方向。其中开发新刀具材料和采用先进刀具结构，常可使切削速度大为提高。

② 进给量 f。在粗加工和半精加工中，当 $f>0.15$ mm/r 时，进给量 f 越大则表面残留面积的越大，因而，适当地减少进给量 f 将使表面粗糙度值减少。

③ 背吃刀量 a_p。一般来说，背吃刀量 a_p 对加工表面粗糙度的影响不明显。但当 a_p 取值范围为 0.02~0.03 nm 时，由于刀刃不可能刃磨的绝对尖锐，而是具有一定的刃口半径，正常切削就不能维持，常出现挤压、打滑和周期性地切入加工表面，从而使表面粗糙度值增大。所以背吃刀量不能过小。

（2）选择合理的刀具几何参数。

① 增大刃倾角 λ_s 对降低表面粗糙度有利。因为 λ_s 增大，实际工作前角也随之增大，切削过程中的金属塑性变形程度随之下降，于是切削力 F 也明显下降，这会显著地减轻工艺系统的振动，从而使加工表面的粗糙度值减小。

② 减小刀具的主偏角 K_r 和副偏角 K_r'，及增大刀尖圆弧半径 r_ε，可减小切削残留面积，使其表面粗糙度值减小。

③ 增大刀具的前角 γ 使刀具易于切入工件，塑性变形小，有利于减小表面粗糙度值。但前角 γ 太大时，刀刃有嵌入工件的倾向，反而使表面变粗糙。

④ 当前角 γ 一定时，后角 α 越大，切削刃钝圆半径越小、刀刃越锋利；同时，还能减小后刀面与加工表面间的摩擦和挤压，有利于减小表面粗糙度值。但后角 α 太大则削弱了刀具的强度，切削时易产生振动，使表面粗糙度值增大。

（3）改善工件材料的性能。采用热处理工艺以改善工件材料的性能是减小其表面粗糙度值的有效措施。例如，工件材料金属组织的晶粒越均匀，粒度越细，加工时越能获得较小的表面粗糙度值。为此对工件进行正火或回火处理后再加工，能使加工表面粗糙度值明显减小。

（4）选样合适的切削液。切削液的冷却和润滑作用均对减小加工表面的粗糙度值有利，其中更直接的是润滑作用，当切削液中含有表面活性物质如硫、氯等化合物时，润滑性能增强，能使切削区金属材料的塑性变形程度下降，从而减小了加工表面的粗糙度值。

（5）选择合适的刀具材料。不同的刀具材料，由于化学成分的不同，在加工时刀面硬度及刀面粗糙度的保持性，刀具材料与被加工材料金属分子的亲和程度，以及刀具前后刀面与切屑和加工表面间的摩擦因数等均有所不同。

(6) 防止或减小工艺系统振动。工艺系统的低频振动，在加工表面时会产生表面波度，而工艺系统的高频振动将对加工的表面粗糙度产生影响。为降低加工表面粗糙度，则必须采取相应措施以防止加工过程中高频振动的产生。

3. 磨削加工中降低表面粗糙度值的工艺措施

磨削加工表面粗糙度的形成，与磨削过程中的几何因素、物理因素和工艺因素有关。从几何角度考虑，在单位加工面积上，由砂轮磨粒的切削形成的刻痕数越多、越浅，则表面粗糙度值越小。或者说，通过单位加工面积的磨粒数越多，表面粗糙度值越小。由上述可知，降低磨削加工表面粗糙度可采取如下措施：

(1) 选择合适的磨削用量。

① 提高砂轮速度 v_c。砂轮速度 v_c 越高，通过单位加工面积的磨粒数越多，表面粗糙度值越小。

② 降低工件速度 $v_工$。工件速度 $v_工$ 越低，砂轮相对工件的进给量 f 越小，则磨削后的表面粗糙度值越小。

③ 选择较小的磨削深度 a_p。由于磨削深度 a_p 对加工表面粗糙度有较大的影响，在精密磨削加工的最后几次走刀总是采用极小的磨削深度。实际上这种极小的磨削深度不是靠磨头进给获得，而是靠工艺系统在前几次进给走刀中磨削力作用下的弹性变形逐渐恢复实现的，在这种情况下的磨削常称为无进给磨削或光磨。光磨次数越多，获得的表面粗糙度值就越小，一般为 5~10 次，直到无火花产生为止。

(2) 砂轮。

① 选择适当粒度的砂轮。砂轮粒度对加工表面粗糙度有影响，砂轮越细磨削表面粗糙度值越小。但若砂轮太细，只能采用很小的磨削深度（a_p = 0.002 5 mm 以下），还需长时间的光磨，否则砂轮易被堵塞，造成工件烧伤。因此，一般磨削所采用的砂轮粒度号都不超过 80#，常采用 40# ~ 60#。

② 精修砂轮工作表面。当在磨削加工的最后几次走刀之前，对砂轮进行一次精细修整，使每个磨粒产生多个等高的微刃，从而使工件的表面粗糙度值降低。

此外，在磨削加工过程中，切削液的成分和洁净程度、工艺系统的抗振性能等对加工表面粗糙度的影响也很大，不容忽视。

8.3.3 影响加工表面层物理力学性能的因素

机械加工过程中，由于工件受到切削力、切削热的作用，其表面与基材性能有很大不同，物理力学性能方面发生较大的变化。

1. 表面层的冷作硬化

在切削或磨削加工过程中，若加工表面层产生塑性变形，使晶体间产生剪切滑移，晶格被扭曲、拉长，甚至破碎和纤维化，引起表面层的强度和硬度提高的现象，称为加工硬化(也称冷作硬化)。

衡量冷作硬化的指标有表面层显微硬度 HV、硬化层深度 h_0 和硬化程度 N。

硬化程度 N 的公式为

$$N = \frac{HV - HV_0}{HV_0} \times 100\% \qquad (8-21)$$

式中　HV——加工后表面层的显微硬度；
　　　HV_0——材料原来的显微硬度。

(1) 影响表面层冷作硬化的因素：

① 切削力。表面层的硬化程度取决于产生塑性变形的切削力、变形速度及变形时的温度。切削力越大，塑性变形越大，产生的硬化程度也越大。塑性变形速度越快，塑性变形越不充分，产生的硬化程度也就相应减小。塑性变形时的温度越高，则硬化程度减小。

② 刀具。刀具的刃口圆角和后刀面的磨损对表面层的冷作硬化有很大影响，刃口圆角和后刀面的磨损量越大，冷作硬化层的硬度和深度也越大。

③ 切削用量。在切削用量中，影响较大的是切削速度 v_c 和进给量 f。当 v_c 增大时，则表面层的硬化程度和深度都有所减小。这是由于一方面切削速度增大会使温度增高，软化作用越大，有助于冷作硬化降低；另一方面由于切削速度的增大，刀具与工件接触时间短，使工件的塑性变形程度减小。当进给量 f 增大时，则切削力增大，塑性变形程度也增大，因此表面层的冷作硬化现象严重。但当 f 过小时，由于刀具的刃口圆角在加工表面上的挤压次数增多，因此表面层的冷作硬化也会增大。

④ 被加工材料。被加工材料的硬度越低和塑性越大，则切削加工后其表层的冷作硬化现象越严重。

(2) 减少表面层冷作硬化的措施：

① 合理选择刀具的几何参数，采用较大的前角和后角，并在刃磨时尽量减小其切削刃口圆角半径。

② 使用刀具时，应合理限制其后刀面的磨损程度。

③ 合理选择切削用量，采用较高的切削速度、较小的进给量和较小的被吃刀量。

④ 加工时采用有效的切削液。

2. 表面层的金相组织变化

(1) 表面层金相组织变化的原因及磨削烧伤。机械加工时，切削所消耗的能量绝大部分转化为热能而使加工表面出现温度升高。当温度超过工件材料金相组织的相变临界点时，就会发生金相组织变化。大大降低零件使用性能，这种变化包括晶粒大小、形状、析出物和再结晶等。金相组织的变化主要通过显微组织观察来确定。

一般切削加工，温度还不会上升到如此程度，故金相组织产生变化的现象较少。但磨削加工因磨削速度高，产生的磨削热比一般切削加工大几十倍，这些热量大部分由切屑带走，小一部分传入砂轮，若冷却效果不好，则很大一部分将传入工件表面，当温度超过相变临界点时，则工件表层金相组织发生变化，使表层硬度和强度下降，产生残余应力，甚至出现显微裂纹，这种现象称为磨削烧伤。它严重影响零件的使用性能。

磨削加工是一种典型的易出现金相组织变化的加工方法。根据磨削烧伤时温度的不同，可分为以下三种金相组织变化。

① 回火烧伤。磨削淬火钢时，如工件表面温度未超过相变温度 A_{c3}（中碳钢为 720 ℃），但超过马氏体转变温度（中碳钢为 300 ℃），则工件表面的马氏体组织将转变为硬度较低的回火屈氏体或索氏体，这称为回火烧伤。

② 淬火烧伤。磨削淬火钢时，若工件表面温度超过相变温度 A_{c3}，在切削液的急冷作用下，工件表面最外层金属转变为二次淬火马氏体组织。其硬度比原来的回火马氏体高，但是很薄，只有几微米厚，而其下面因冷却速度较慢仍为硬度较低的回火屈氏体或索氏

体，这种现象称为淬火烧伤。

③ 退火烧伤。若无切削液进行干磨时，超过相变温度 A_{c3}，由于工件表层在空气中冷却速度较慢，则表层被退火，硬度急剧下降，这种现象称为退火烧伤。

磨削烧伤时，表面会出现黄、褐、紫、青等烧伤色。这是工件表面在瞬时高温下产生的氧化膜颜色，不同烧伤色的表面烧伤程度不同。较深的烧伤层，虽然在加工后期采用无进给磨削可除掉烧伤色，但烧伤层并未除掉，成为将来使用中的隐患。

(2) 磨削烧伤的改善措施：

① 合理选择磨削用量。减小磨削深度可以减少工件表面的温度，故有利于减轻烧伤。增加工件速度和进给量，由于热源作用时间减少，使金相组织来不及变化，因而能减轻烧伤，但会使表面粗糙度值增大。一般采用提高砂轮速度和选用较宽砂轮的方法来减轻烧伤。

② 合理选择砂轮并及时修整。砂轮的粒度越细、硬度越高时自砺性越差，磨削温度也越高。砂轮组织太紧密时磨屑容易堵塞砂轮，出现烧伤。砂轮磨粒钝化时，大多数磨粒只在加工表面挤压和摩擦而不起磨削作用，使磨削温度增高，故应及时修整砂轮。

③ 改善冷却方法。采用切削液可带走磨削区的热量，避免烧伤。常用的冷却方法效果较差，由于砂轮高速旋转时，圆周方向产生强大气流，使切削液很难进入磨削区，因此不能有效地降温。为改善冷却方法，可采用如图 8-41 所示的内冷却砂轮。切削液从中心通入，靠离心力作用，通过砂轮内部的空隙从砂轮四周的边缘甩出，因此切削液可直接进入磨削区，冷却效果甚好。但必须采用特制的多孔砂轮，并要求切削液经过仔细过滤以免堵塞砂轮。

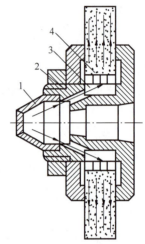

图 8-41 内冷却砂轮结构
1—锥形盖；2—切削液通孔；
3—砂轮中心腔；
4—有径向小孔的薄壁套

3. 表面层的残余应力

在加工过程中，由于塑性变形、金相组织的变化和温度造成的体积变化的影响，表面层会产生残余应力。残余压应力可提高工件表面的耐磨性和受拉应力时的疲劳强度，残余拉应力的作用正好相反。若拉应力值超过工件材料的疲劳强度极限时，则使工件表面产生裂纹，加速工件的损坏。引起残余应力的原因有以下三个方面。

(1) 冷态塑性变形引起的残余应力。在切削力作用下，已加工表面受到强烈的冷塑性变形，其中以刀具后刀面对已加工表面的挤压和摩擦产生的塑性变形最为突出，此时基体金属受到影响而处于弹性变形状态。切削力除去后，基体金属趋向恢复，但受到已产生塑性变形的表面层的限制，恢复不到原状，因而在表面层产生残余压应力，里层基体产生残余拉应力。

(2) 热态塑性变形引起的残余应力。工件加工表面在切削热作用下产生热膨胀，此时基体金属温度较低，因此表层金属产生热压应力。当切削过程结束时，表面温度下降较快，故收缩变形大于里层，由于表层变形受到基体金属的限制，故而产生残余拉应力。切削温度越高，热塑性变形越大，残余拉应力也越大，有时甚至产生裂纹。磨削时产生的热塑性变形比较明显。

(3) 金相组织变化引起的残余应力。切削时产生的高温会引起表面层的金相组织变化。

不同的金相组织有不同的密度,表面层金相组织变化的结果造成了体积的变化。表面层体积膨胀时,因为受到基体的限制,产生了压应力;反之,则产生拉应力。

目前对残余应力的判断大多是定性的,它对零件使用性能的影响大小取决于它的方向、大小和分布状况。

8.4 机械加工中的振动

知识点

- 振动的基本概念;
- 强迫振动及其产生原因;
- 自激振动及其产生原因。

技能点

- 降低强迫振动的措施;
- 控制自激振动的措施。

8.4.1 振动概述

1. 振动对机械加工过程的影响

机械加工过程中,工艺系统常常会发生振动,即在工件和刀刃之间,除了切削运动外,还会出现一种周期性的相对运动,亦即振动。产生振动时,工艺系统的正常切削过程便受到干扰和破坏,从而使零件加工表面出现振纹,降低了零件的加工精度和表面质量,频率低时产生波度,频率高时产生微观不平度。强烈的振动会使切削过程无法进行,甚至造成刀具崩刃。为此,常被迫降低切削用量,致使机床、刀具的工作性能得不到充分的发挥,限制了生产率的提高。振动还会使机床精度和刀具耐用度下降。严重的振动还会产生噪声,影响工人健康。

2. 振动的分类

振动按其产生的原因分三种:自由振动、强迫振动和自激振动。强迫振动约占30%,自激振动约占65%,自由振动所占比重则很小。自由振动往往是由于切削力的突然变化或其他外界力的冲击等原因所引起的。这种振动一般可以迅速衰减,因此对机械加工过程的影响较小。而强迫振动和自激振动都是不能自然衰减而且危害较大的振动。下面就这两种振动形式进行简单分析。

8.4.2 强迫振动

1. 强迫振动及产生原因

强迫振动,是由工艺系统内部或外界周期性变化的激振力(即振源)作用下引起和维持的振动。引起强迫振动的激振力,主要来自以下几方面。

(1)外部振源。由邻近设备(如冲床、刨床等)工作时的强烈振动通过地基传来,使工艺系统产生相同或整倍数频率的受迫振动。

(2) 机床上高速回转零件的质量不平衡。机床上高速回转的零件较多，如电动机转子、带轮、主轴、卡盘、工件、磨床的砂轮等，由于不平衡而产生激振力 F（即离心惯性力）。

(3) 切削过程本身的不均匀性。切削过程的间歇性，如铣削、拉削及车削带有键槽的断续表面等，由于间歇切削而引起切削力的周期性变化，从而激起振动。

(4) 机床传动系统中的误差。机床传动系统中的齿轮，由于制造和装配误差而产生周期性的激振力。此外，皮带接缝、轴承滚动体尺寸差和液压传动中油液脉动等各种因素均可能引起工艺系统受迫振动。

2. 减少强迫振动的途径

(1) 减小激振力。对转速在 600 r/min 以上的零件必须经过平衡，特别是高速旋转的零件，如砂轮，因其本身砂粒的分布不均匀和工作时表面磨损不均匀等原因，容易造成主轴的振动，因此对于新换的砂轮必须进行修整前和修整后的两次平衡。提高齿轮的制造精度和装配精度，特别是提高齿轮的工作平稳性精度，从而减少因周期性的冲击而引起的振动，并可减少噪声；提高滚动轴承的制造和装配精度，以减少因滚动轴承的缺陷而引起的振动；选用长短一致、厚薄均匀的传动带等。

(2) 调节振动频率。避免激振力的频率与系统的固有频率接近，防止共振。采取更换电动机的转速或改变主轴的转速来避开共振区。

(3) 提高系统刚度。提高机床或系统刚度，增加系统阻尼，以消耗激振能量；提高接触面精度，以降低结合表面粗糙度，消除间隙、提高接触刚度。

(4) 采取消振和隔振措施。机床的电机与床身采用柔性连接以隔离电机本身的振动；把液压部分与机床分开；采用液压缓冲装置以减少部件换向时的冲击；采用厚橡皮、木材等材料将机床与地基隔离，用防振沟隔开设备基础和地面的联系，以防止周围的振源通过地面和基础传给机床等。

8.4.3 自激振动

1. 自激振动及产生原因

当系统受某些偶然的干扰力作用引起自由振动时，由振动系统本身产生的交变力使得切削力产生同期性的变化，并由这个周期性变化的动态力反过来加强和维持系统的振动，称为自激振动。通常又称为颤振。自激振动的特点如下：

(1) 自激振动是一种不衰减的振动。振动过程本身能引起周期性变化的力，此力又从非交变特性的能源中周期性地获得能量的补充，以维持这个振动。

(2) 自激振动频率等于或接近系统的固有频率，即由系统本身的参数决定。

(3) 自激振动振幅大小取决于每一振动周期内系统获得的能量与消耗能量的比值。当获得的能量大于消耗的能量时，则振幅将不断增加，反之振幅将不断减小，一直到两者能量相等为止。当获得的能量不能补偿消耗的能量时，自激振动也随之消失。

2. 减少和消除自激振动的途径

(1) 合理选择切削用量。图 8-42 是车削时切削速度 v_c 与振幅 A 的关系曲线，v_c 为 20～60 m/min 时，A 增大很快，而 v_c 高于或低于此范围时，振动逐渐减弱。图 8-43 所示是进给量 f 与振幅 A 的关系曲线，f 较小时 A 较大。随着 f 的增大 A 反而减小。图 8-44 所示是背吃刀量 a_p 与振幅 A 的关系曲线，a_p 越大 A 也越大。

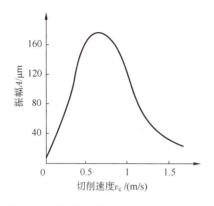
图 8-42　切削速度 v_c 与振幅 A 的关系

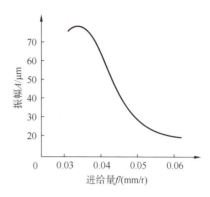
图 8-43　进给量 f 与振幅 A 的关系

（2）合理选择刀具几何角度。适当增大前角 γ_0、主偏角 K_r，能减小切削力 F_p 从而减小振动。后角 a_0 可尽量取小，但在精加工中，由于 a_0 较小，切削刃不容易切入工件，且 a_0 过小时，刀具后面与加工表面间的摩擦可能过大，这样反而容易引起自激振动。通常在车刀的主后面上磨出一段负倒棱，能起到很好的消振作用，这种刀具称为消振棱车刀，如图 8-45 所示。

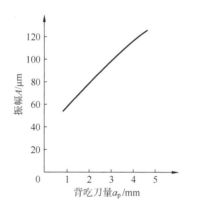
图 8-44　背吃刀量 a_p 与振幅 A 的关系

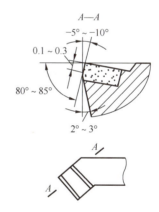
图 8-45　消振棱车刀

（3）提高工艺系统的抗振能力。工艺系统本身的抗振能力是影响自激振动的主要因素之一。应设法提高工艺系统的接触刚度，如对接触面进行刮研，减小主轴系统的轴承间隙，对滚动轴承施加一定的顶紧力，提高顶尖孔的研磨质量等。加工细长轴时，使用中心架或跟刀架，尽量缩短镗杆和刀具的悬伸量，用死顶尖代替活顶尖，采用弹性刀杆等都能收到较好的减振效果。

（4）采用减振装置。当采用上述措施仍然达不到消振的目的时，可考虑使用减振装置。减振装置通常都是附加在工艺系统中，用来吸收或消耗振动时的能量，达到减振的目的。它对抑制强迫振动和自激振动同样有效，是提高工艺系统抗振性的一个重要途径，但它并不能提高工艺系统的刚度。减振装置主要有阻尼器和吸振器两种类型。

① 阻尼器的原理及应用。阻尼器是利用固体或液体的阻尼来消除振动的能量，实现减振。图 8-46 为利用多层弹簧片相互摩擦，消除振动能量的干摩擦阻尼器。阻尼器的减震

效果与其运动速度的快慢、行程的大小有关。运动越快，行程越长，则减振效果越好。故阻尼器应装在振动体相对运动最大的地方。

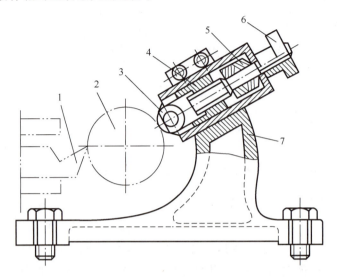

图 8-46　干摩擦阻尼器

1—车刀；2—工件；3—滚轮；4—质量块；5—多层弹簧片；6—旋钮；7—支架

② 吸振器的原理及应用。吸振器又分为动力式吸振器和冲击式吸振器两种。

动力式吸振器是利用弹性元件把一个附加质量块连接到系统上，利用附加质量的动力作用，使弹性元件加在系统的力与系统的激振力相互抵消，以此来减弱振动。图 8-47 所示为用于镗刀杆的动力吸振器。这种吸振器用微孔橡皮衬垫做弹性元件，并有附加阻尼作用，因而能得到较好的消振作用。

冲击式吸振器是由一个与振动系统刚性连接的壳体和一个在壳体内自由冲击的质量块组成。当系统振动时，由于自由质量的往复运动而冲击壳体，消耗了振动能量，故可减小振动。图 8-48 所示为螺栓式冲击吸振器。当刀具振动时自由质量 1 也振动，但由于自由质量与刀具是弹性连接，振动相位相差 180°。当刀具向下挠曲时，自由质量 1 克服弹簧 2 的弹力向上移动，这时自由质量与刀杆之间形成间隙。当刀具向上运动时，自由质量以一定速度向下运动，产生冲击而消耗能量。

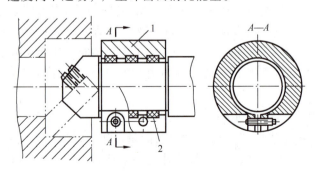

图 8-47　用于镗刀杆的动力吸振器

1—附加质量；2—微孔橡胶

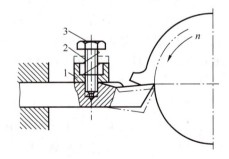

图 8-48　螺栓式冲击式吸振器

1—自由质量；2—弹簧；3—螺栓

思考与训练

8-1 机械加工精度和机械加工表面质量分别包括哪些内容?

8-2 什么叫加工误差?它与加工精度、公差有何区别?

8-3 什么是主轴回转误差?它可分解成哪三种基本形式?其产生原因是什么?对加工误差有何影响?

8-4 何为误差敏感方向?车床与的磨床误差敏感方向有何不同?

8-5 磨床导轨在水平面内会产生直线度误差,如图 8-49 所示。试分析:

(1)当导轨向后凸出时,工件会产生什么形状的加工误差?

(2)当导轨向前凸出时,工件会产生什么形状的加工误差?

8-6 受哪些力的作用,工艺系统会产生变形并影响加工精度?

8-7 图 8-50 为车削加工时切削力变化引起的加工误差(误差复映)。试分析:

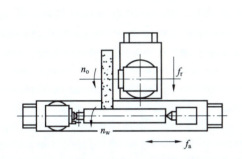

图 8-49 题 8-5 附图

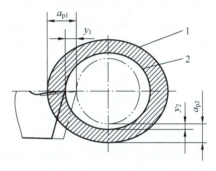

图 8-50 题 8-7 附图

(1)误差复映产生的原因。

(2)解决方法。

8-8 细长轴加工时常采用中心架或跟刀架,两者的作用、特点和区别是什么?

8-9 图 8-51 所示为细长轴加工,试分析 A、B、C 三个截面哪个变形大、哪个变形小?为什么?

8-10 内圆磨削时假设砂轮主轴刚性较差,会产生弯曲变形,如图 8-52 所示,试分析磨削后工件 a、b 两处直径尺寸哪个误差大,哪个误差小?为什么?

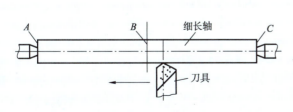

图 8-51 题 8-9 附图

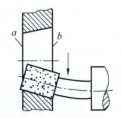

图 8-52 题 8-10 附图

8-11 图 8-53 为薄壁管件镗孔,当三爪自定心卡盘松开后,工件内孔会产生微量变形。试分析工件 a、b 点处哪点误差大、哪点误差小?为什么?

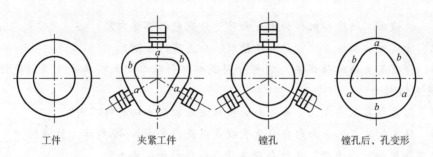

图 8-53 题 8-11 附图

8-12 车削加工时,工件的热变形对加工精度有何影响?如何减小热变形的影响?

8-13 根据统计规律,加工误差分为哪两种类型?各有什么特点?试举例说明。

8-14 磨削一批轴径为 $\phi 60^{+0.06}_{+0.01}$ mm 的工件,抽取 100 个工件样本进行测量,其最大值为 60.054 mm,最小值为 60.016 mm,经过统计计算,作出直方图,如图 8-54 所示。已知样本尺寸分散范围中心 $\bar{x} = 60.037$ mm;试分析计算:

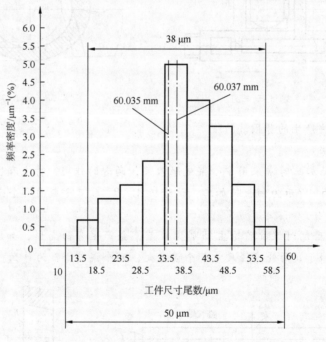

图 8-54 题 8-14 附图

(1) 组数和组距分别是多少?
(2) 第一组、第二组中心值是多少?
(3) 工件直径的公差带范围是多少?

(4) 样本尺寸的分散范围是多少? 是大于还是小于工件直径的公差带?

(5) 工件直径的公差带中心是多少?

(6) 该批工件是何种形式的误差,误差值是多少?

8-15 车削一批小轴,其外圆尺寸为$\varnothing 20_{-0.1}^{0}$ mm。根据测量结果,尺寸分布曲线符合正态分布,已求得标准差值$\sigma = 0.025$,尺寸分散中心大于公差带中心,其偏移量为 0.03 mm。试分析并计算:

(1) 该批工件属于何种性质的误差,误差值是多少?

(2) 有无疵品? 疵品是否可以修复?

(3) 工艺能力系数是多少? 是否满足生产要求?

8-16 车削一铸铁零件的外圆表面,若进给量$f = 0.5$ mm/r,车刀刀尖的圆弧半径$r_\varepsilon = 4$ mm,问能达到的加工表面粗糙度值。

8-17 产生磨削烧伤的原因是什么? 试阐述减少磨削烧伤的工艺措施。

8-18 引起表面残余应力的原因是什么?

8-19 强迫振动和自激振动各有何特点? 控制措施各有哪些?

8-20 图8-55所示为消振棱车刀,试说明它起何作用,为什么?

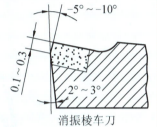

图 8-55 题 8-20 附图

第9章 机械装配基础知识

知识图谱

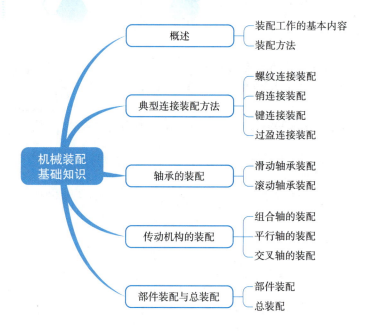

9.1 概　述

知识点

- 装配工作的基本知识。

技能点

- 几种基本装配方法的掌握；
- 常见连接件的装配；
- 轴承的装配方法。

机械产品是由若干个零件和部件组成，按照规定的技术要求，将若干个零件组装为部件或将若干个零部件组装为产品的过程称为装配。装配质量的高低对机械产品的技术性能有着直接影响，所以机械装配在整个机械制造过程也显得尤为重要。

9.1.1 装配工作的基本内容

1. 装配类型

零件是组成产品的基本单元，机械中由若干零件组成的一个相对独立的有机整体，称为部件。部件中由若干零件组成的，结构上与装配有一定独立性的部分，称为组件。

由零件组合成组件的过程，称为组件装配；由组件和零件组合成部件的过程，称为部件装配；由部件、组件、零件组合成整机的过程，称为总装配。

2. 装配基本内容

（1）清洗。任何微小的脏物、杂质都会影响产品的装配质量，为去除零件表面的污垢杂质，零件装配前要进行严格的清洗。零件一般用煤油、汽油、碱液及各种化学清洗液进行清洗，清洗方法有擦洗、浸洗、喷洗和超声波清洗等。清洗时应根据工件的清洗要求、工件的材料、生产批量的大小以及油污、杂质的性质和黏附情况，正确选择清洗方法、清洗液和清洗时的温度、压力、时间等参数。

（2）连接。将两个或两个以上的零件结合在一起的工作称为连接。连接可分为可拆卸连接和不可拆卸连接两种。可拆卸连接的特点是相互连接的零件拆卸时不损坏任何零件，且拆卸后能重新装配在一起，常见的有螺纹连接、键连接和销连接等。不可拆连接的特点是被连接的零件在使用过程中是不拆卸的，否则会损坏零件，常见的有焊接、铆接和过盈连接等。

（3）校正、调整与配作。在装配过程中，特别是在单件、小批量生产中，为保证部件装配和总装配的精度，常需进行校正、调整和配作工作。

校正是指产品中相关零部件相互位置的找正、找平，并通过各种调整方法以达到装配精度。调整是指相关零部件相互位置的调节，以保证其位置精度及运动副间隙。配作是指装配过程中附加的一些钳工和机械加工工作，如配钻、配铰、配刮、配磨等。配钻用于螺纹连接，配铰用于定位销孔加工，而配刮、配磨用于运动副的接合表面。配作和校正、调整工作是结合进行的。在装配过程中，为消除加工和装配时产生的累积误差，只有在利用校正工艺进行测量和调整之后，才能进行配作。

（4）平衡。对于转速高、运转平稳性要求高的机器，为了防止在使用过程中因旋转件质量不平衡产生的离心惯性力引起振动，影响机器的工作精度，装配时必须对有关旋转零件进行平衡，必要时还要对整机进行平衡。

平衡的方法有静平衡和动平衡两种。静平衡用于盘类零件和转速较低的零件，动平衡用于较长的圆柱形零件和转速较高的零件。静平衡试验可在简支梁结构的平衡座上进行，动平衡试验在动平衡试验机上进行。

（5）验收实验。产品装配好后，应根据其质量验收标准进行全面的验收试验，检验其精度是否达到设计要求，性能是否满足产品的使用要求，各项验收指标合格后才可涂装、包装、出厂。各类机械产品不同，其验收标准也不同，验收试验的方法也就不同。

9.1.2 装配方法

1. 装配精度

机械产品的装配精度是指产品装配后实际几何参数、工作性能与理想几何参数、工作性能的符合程度。机械产品的装配精度一般包括尺寸精度、相互位置精度、相对运动精度和接触精度。

尺寸精度是指相关零、部件间的距离精度和配合精度。距离精度是指零部件间的轴向间隙、轴向距离和轴线距离等。配合精度是指配合面间应达到的间隙或过盈要求。

相互位置精度是指相关零部件间的平行度、垂直度、同轴度及各种跳动等。

相对运动精度是指产品中有相对运动的零部件在运动方向和相对速度上的精度。运动方向精度主要是指相对运动部件之间的平行度、垂直度等。运动速度精度是指内传动链中,始末两端传动元件之间相对运动关系与理论值的符合程度。

接触精度是指两配合表面、接触表面和连接表面间达到规定接触面积大小和接触点的分布情况与规定值的符合程度。

2. 装配方法

机械产品的精度要求最终是靠装配实现的。生产中装配方法一般归纳起来有 4 种:互换法、选配法、修配法和调整法。

(1) 互换法。互换法是通过控制零件加工质量来保证装配精度的一种方法。根据互换程度的不同,可分为完全互换法和不完全互换法。完全互换法是在同类零件中,任取一个零件,不经任何挑选或修配就能进行装配,且达到装配精度要求。其特点是装配操作简单,对工人水平要求较低,生产率高,但对零件加工精度要求较高,生产成本增加。不完全法中将有少数零件装配精度达不到精度要求,有利于零件的经济加工,使绝大多数产品保证装配精度。

(2) 选配法。选配法是将零件的制造公差适当放宽,装配时挑选相应尺寸的零件,以保证装配精度。选配法可分为直接选配法和分组选配法。直接选配法是由装配工直接从一批零件中,凭装配经验选择合适的零件进行装配,若不能满足精度要求再更换另一个零件。其特点是操作简单,但装配精度取决于装配工的技术水平,装配效率不高。

分组选配法是在零件加工后,通过测量将零件按实际尺寸大小分成若干组,按对应组进行装配,仅组内零件具有互换性。其特点是装配质量高,同时零件制造公差可适当放宽,降低生产成本,在一些高精度、大批量的零件生产中常常用到。

如图 9-1(a) 所示为活塞与活塞销的连接情况。根据装配技术要求,活塞销孔与活塞销外径在冷态装配时应有 0.002 5 ~ 0.007 5 mm 的过盈量,与此相应的配合公差仅为 0.005 mm。若活塞与活塞销采用完全互换法装配,且销孔与活塞直径公差按"等公差"分配时,则它们的公差只有 0.002 5 mm。若配合采用基轴制原则,则活塞销外径尺寸为 $d = \phi 28_{-0.0025}^{0}$ mm,活塞孔尺寸为 $D = \phi 28_{-0.0075}^{-0.0050}$ mm。显然,制造这样精度的活塞销和活塞销孔是很困难的。生产中采用的办法是先将上述公差值都增大 4 倍,即 $d = \phi 28_{-0.010}^{0}$ mm,$D = \phi 28_{-0.0150}^{-0.0050}$ mm;然后采用高效无心磨床和金刚石镗床去分别加工活塞外圆和活塞销孔,再用精密测量仪进行测量,并按尺寸大小分成4组,涂上不同的颜色,以便进行分组装配。具体分组情况见表9-1。

采用分组选配法时应注意以下几点:

① 为了保证分组后各组的配合精度和配合性质符合原设计要求,配合件的公差应当相等,公差增大的方向要相同,增大的倍数要等于以后的分组数,如图9-1(b)所示。

② 分组数不宜多,多了会增加零件的测量和分组工作量,使零件的贮存、运输及装配工作复杂化。

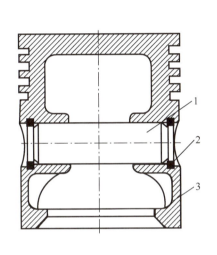

(a)活塞与活塞销简图

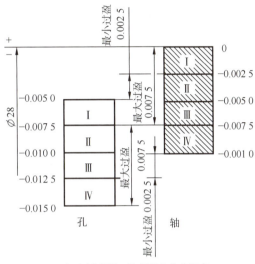

(b)活塞销、孔直径公差分配表

图 9-1 活塞与活塞销连接

1—活塞销;2—挡圈;3—活塞

表 9-1 活塞销与活塞销孔直径分组　　　　　　　　　　单位:mm

组别	颜色标志	活塞销直径 d	活塞销孔直径 D	配合情况	
—	—	$\phi 28_{-0.010\,0}^{0}$	$\phi 28_{-0.015\,0}^{-0.005\,0}$	最小过盈量	最大过盈量
I	红色	$\phi 28_{-0.002\,5}^{0}$	$\phi 28_{-0.007\,5}^{-0.005\,0}$	0.002 5	0.007 5
II	白色	$\phi 28_{-0.005\,0}^{-0.002\,5}$	$\phi 28_{-0.010\,0}^{-0.007\,5}$		
III	黄色	$\phi 28_{-0.007\,5}^{-0.005\,0}$	$\phi 28_{-0.012\,5}^{-0.010\,0}$		
IV	绿色	$\phi 28_{-0.010\,0}^{-0.007\,5}$	$\phi 28_{-0.015\,0}^{-0.012\,5}$		

③ 分组后各组内相配合零件的数量要相符,形成配套。否则会出现某些尺寸零件的积压浪费现象。

分组选配法适合于配合精度要求很高和相关零件一般只有2、3个的大批量生产中。例如，滚动轴承的装配等。

（3）<u>修配法</u>。装配过程中修去某配合件上的预留修配量，使配合零件达到规定的装配精度，这种装配方法称为修配法。其特点是能获得较高的装配精度，可适当放宽零件的加工精度，但增加了修配工序，不利于机械化、自动化生产。

（4）<u>调整法</u>。装配过程中，通过调整一个或几个零件的位置，消除零件的累积误差，从而达到装配要求的方法称为调整法。其特点是能获得比较理想的装配精度，但产品结构上增加了一个调整零件。如图9-2所示通过调整垫片来控制装配间隙Δ。

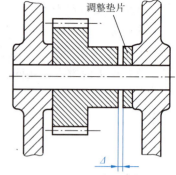

图9-2　调整法控制间隙

9.2　典型连接装配方法

知识点

螺纹、销和键连接的技术要求。

技能点

- 螺纹连接装配方法；
- 销连接装配方法；
- 键连接装配方法。

典型的连接装配方法主要包括，螺纹连接装配、销连接装配、键连接装配和过盈连接装配等主要内容。

9.2.1　螺纹连接装配

1. 螺纹连接的技术要求

（1）<u>保证一定的拧紧力矩</u>。为达到螺纹连接可靠性和紧固的目的，螺纹连接装配时应有一定的拧紧力矩，使得螺纹牙间产生足够的预紧力。拧紧力矩必须适当，过大的拧紧力矩会造成螺杆断裂、螺纹滑牙和机件变形，过小的拧紧力矩会因连接紧固性不足造成设备及人身事故。对有特殊控制螺纹力矩预紧力要求的应采用测力矩扳手，如图9-3所示。

（2）<u>螺纹有一定的自锁性</u>。螺纹连接在受静载荷和工作温度变化不大时，一般不会自行松脱，但是在冲击、振动或交变载荷以及工作温度变化很大时，为避免连接松动，应有可靠的防松装置。

（3）<u>保证螺纹连接的配合精度</u>。螺纹配合精度由螺纹公差带和旋合长度两个因素确定，分为精密、中等和粗糙三种。

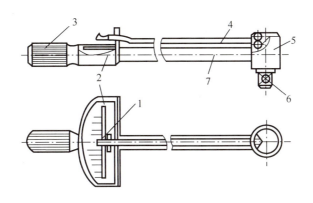

图9-3 测力矩扳手

1—指针尖；2—刻度盘；3—手柄；4—长指针；5—柱体；6—钢球；7—弹性扳手柄

2. 双头螺柱的装配

(1) 保证双头螺柱与机体螺纹的配合有足够的紧固性。双头螺柱在装配时其紧固端应采用过渡配合，保证配合后中径有一定的过盈量，如图9-4所示。

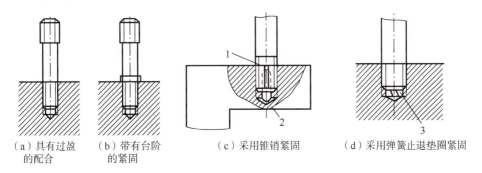

(a) 具有过盈的配合　(b) 带有台阶的紧固　(c) 采用锥销紧固　(d) 采用弹簧止退垫圈紧固

图9-4 双头螺柱的紧固形式

1—锯槽；2—锥销；3—弹簧垫圈

(2) 双头螺柱的轴心线必须与机体表面垂直。装配时可用直角角尺进行检验，若发现较小的偏斜时，可用丝锥校正螺孔后再装配，或将装入的双头螺柱校正至垂直。偏斜较大时，不得强行校正，以免影响连接的可靠性。

(3) 装入双头螺柱的同时必须使用润滑剂，避免旋入时产生咬合现象，便于以后拆卸。

(4) 注意常用双头螺柱的拧紧方法。

3. 螺母、螺钉的装配

(1) 螺杆不产生弯曲变形，螺钉的头部、螺母底面应该与连接件接触良好。

(2) 被连接件应受压均匀，互相紧密贴合，连接牢固。

(3) 拧紧成组螺母或螺钉时，为使被连接件及螺杆受力均匀一致，不产生变形，应注意被连接件形状和螺母、螺钉的分布情况。注意拧紧顺序：先中间、后两边，分层次，对称，至少分两次逐步拧紧，如图9-5所示。

(4) 螺栓、螺母、螺钉表面要清洁，与它们相贴合的表面要光洁、平整。

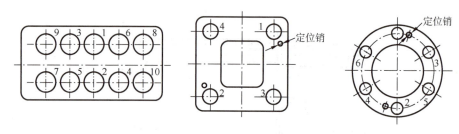

图 9-5 螺纹拧紧顺序举例

9.2.2 销连接装配

1. 圆柱销的装配

圆柱销一般依靠少量过盈量固定在销孔中，用以固定零件、传递动力或做定位元件。用圆柱销定位时，为了保证连接质量，装配前被连接件的两孔应同时钻铰，并使孔壁表面粗糙度值达到 $Ra1.6\ \mu m$。装配时应在销子表面涂机油，用铜棒垫在销子端面上，把销子打入孔中。圆柱销不宜多次装拆，否则会降低定位精度和连接的紧固程度。

2. 圆锥销的装配

圆锥销的装配圆锥销具有 1∶50 的锥度，定位准确，可多次拆装而不影响定位精度。在横向力作用下可保证自锁，一般多用作定位，常用于要求多次装拆的场合。圆锥销以小端直径和长度代表其规格。钻孔时按小端直径选用钻头。装配时，被连接的两孔应同时钻铰，用试装法控制孔径，孔径大小以圆锥销自由的插入全长的 80%~85% 为宜；装配时用手锤敲入，销钉头部应与被连接件表面齐平或露出不超过倒角值。应当注意，无论是圆柱销还是圆锥销，往盲孔中装配时，销上必须钻一通气小孔或在侧面开一道微小的通气小槽，供放气时使用。

3. 开口销的装配

开口销打入孔中后，将小端开口扳开，防止振动时脱出。

9.2.3 键连接装配

1. 平键连接的装配

（1）清除键和键槽毛刺，以防影响配合的可靠性。

（2）对于重要的键连接，装配前应检查键的直线度误差、键槽对轴心线的对称度及平行度误差等。

（3）用键头与键槽试配，保证其配合性质，然后锉配键长和键头，留 0.1 mm 左右间隙。

（4）在配合面上加机油，用平口钳将键压入键槽内，使键与槽底接触良好（见图 9-6），也可直接用铜棒将键敲入键槽中。

（5）试配套件（如齿轮、带轮等）时，应注意键与键槽的非配合面应留有间隙，以便轴与套件达到同轴度要求。

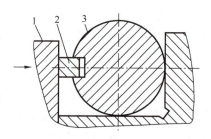

图 9-6 平键压入键槽的方法
1—平口钳；2—平键；3—工件

2. 楔键连接的装配

楔键又称紧键，有普通楔键和钩头楔键之分，其上表面斜度一般为1∶100。普通楔键（见图9-7）装配时要使键的上、下工作表面和轴槽、轮毂槽的底部贴紧，要用涂色法检查，接触率应大于65%，而两侧面应有间隙。楔键的斜度应与轮毂槽的斜度一致，以防套件歪斜。符合要求后，再在配合面加涂润滑油，将其轻敲入键槽，直至套件的轴向、周向都固定可靠为止。

钩头楔键的装配步骤与普通楔键相同，不同之处在于钩头楔键装配时，应保证钩头与零件端面之间留有一定间隙，以利于调整和拆卸（见图9-8）。

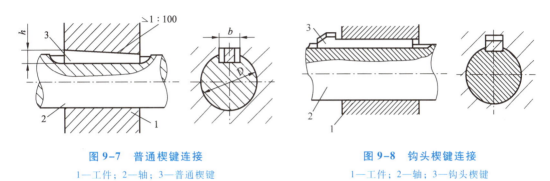

图 9-7　普通楔键连接　　　　　　　　　　图 9-8　钩头楔键连接
1—工件；2—轴；3—普通楔键　　　　　　1—工件；2—轴；3—钩头楔键

3. 花键连接的装配

花键配合的定心方式有大径定心、小径定心和键侧定心三种方式，如图9-9所示。

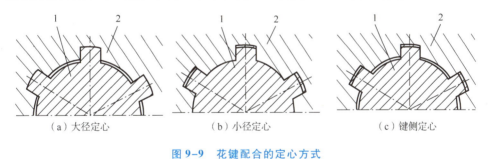

（a）大径定心　　　　　（b）小径定心　　　　　（c）键侧定心

图 9-9　花键配合的定心方式
1—花键；2—套件

静连接花键的装配一定要保证装配后有少量过盈。装配时用铜棒轻敲入内，但不得过紧，以防拉伤配合表面。配合时，如果过盈量较大，可将套件加热到80～120 ℃再进行装配；动连接花键的装配一定要保证精确的间隙配合，套件在花键轴上能滑动自如，无阻滞，但又不能感觉有所松动。

9.2.4　过盈连接装配

过盈连接的装配方法很多，依据结构形式、过盈大小、材料、批量等因素有锤击法、螺旋压力机装配、气动杠杆压力机装配、油压机装配等方法，还有热胀配合法（红套）和冷缩法。例如，小过盈量的小型连接件和薄壁衬套用干冰冷却至-78 ℃和内燃机主副连杆衬套装配，采用冷却到-195 ℃的液氮，时间短，效率高。

9.3 轴承的装配

📖 知识点

滑动轴承和滚动轴承装配的技术要求。

🔧 技能点

- 滑动轴承装配方法；
- 滚动轴承装配方法。

9.3.1 滑动轴承装配

滑动轴承装配的技术要求主要是：轴颈（轴瓦）和轴承孔之间保证所需的间隙和良好接触，使轴在轴承中运转平稳。

1. 整体式滑动轴承的装配

（1）将符合要求的轴套和轴承孔去毛刺，并清理干净之后，在轴套外径或轴承孔内涂润滑油。

（2）根据轴承套尺寸和轴承孔配合过盈量的大小，采用敲入法或压入法，将轴套压入轴承座孔内，并进行固定。如图9-10所示为轴套的定位方式。

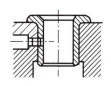 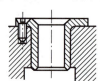 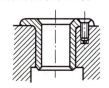 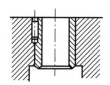

图 9-10　轴套的定位方式

（3）压入轴套后，内孔易发生变形，要采用铰削和刮削的方法，修整轴套内孔形状误差，以保证轴套与轴颈维持规定的间隙。

2. 剖分式滑动轴承的装配

剖分式滑动轴承的装配顺序如图9-11所示。上、下轴瓦与轴承座、轴承盖装配时，

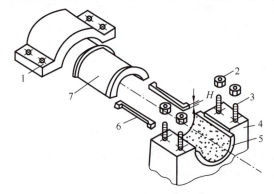

图 9-11　剖分式滑动轴承装配顺序

1—轴承盖；2—螺母；3—双头螺柱；4—轴承座；5—下轴瓦；6—垫片；7—上轴瓦

应使轴瓦和座孔接触良好，同时主轴瓦的台肩紧靠轴承座孔的两端面。轴瓦在机体中，轴向靠台肩固定，圆周方向也不允许有位移，周向固定通常用定位销来止动。为提高配合精度，轴承孔要配刮，剖分式轴瓦一般多用与其相配的轴来研点。

9.3.2 滚动轴承装配

滚动轴承的内圈与轴的配合为基孔制，外圈与轴承座孔的配合为基轴制，其装配方法应视轴承尺寸大小和过盈量来选择，配合的松紧程度由轴和轴承孔的基本偏差来保证。

滚动轴承上标有代号的端面应装在可见的部位，以便更换修理；在装拆滚动轴承时，压力应直接加在待配合的套圈端面上，不能通过滚动体传递压力；为保证滚动轴承工作时有一定的热胀余地，在同轴的两个轴承中，必须有一个轴承的外圈（或内圈）可以在轴向移动，否则在轴和轴承产生附加应力时，轴承会卡住；在装配和拆卸过程中，应严格保持清洁，防止杂物进入轴承。

1. 圆柱孔滚动轴承的装配

（1）若轴承内圈与轴颈是较紧配合，轴承外圈和轴承座孔配合较松时，可先将轴承装在轴上，装配套筒为铜或软钢，压紧力作用在轴承的内圈端面，然后再把轴连同轴承一起装入座孔中，调整游隙，如图9-12（a）所示。

（2）若轴承外圈与轴承座孔是较紧配合，轴承内圈与轴颈配合较松，应将轴承先压入轴承座孔中，再把轴装入轴承。压装时，力应该直接作用在轴承外圈端面上，如图9-12（b）所示。

（3）若轴承内圈与轴颈、外圈与座孔的松紧程度相同时，用装配套筒的端面同时压紧轴承内、外圈端面的圆环，把轴承压入轴上和座孔中，再调整游隙，如图9-12（c）所示。

（4）对于圆锥滚子轴承，因其内、外圈可以分离，装配时，可分别把内圈装入轴上，外圈装入轴承座孔中，装配是按过盈量来选择装配方法和工具，然后再调整游隙。

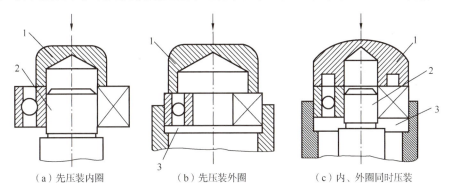

（a）先压装内圈　　（b）先压装外圈　　（c）内、外圈同时压装

图9-12　轴承座圈的装配顺序

1—轴承安装套；2—轴颈；3—轴承座孔

2. 圆锥孔滚动轴承的装配

圆锥孔滚动轴承的装配，如图9-13所示，内圈带有一定的锥度，可直接装在有锥度的轴颈上，或装在紧定套和退卸套的锥面上。

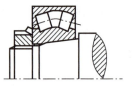 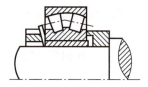 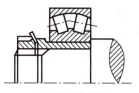

（a）装在圆锥轴颈上　　　　（b）装在紧定套上　　　　（c）装在退卸套上

图 9-13　圆锥孔滚动轴承的装配

3. 推力球轴承的装配

在装配推力球轴承时，要分清紧圈和松圈，松圈内孔比紧圈大，使紧圈靠在与轴相对静止的表面上，松圈靠在静止零件（或箱体）的端面上，如图 9-14 所示，左端的紧圈靠在圆螺母的端面上，右端紧圈靠在轴肩的端面上，否则，会使滚动体丧失作用，同时会加速配合零件的磨损。

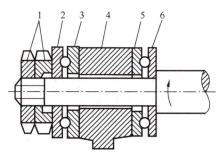

图 9-14　推力球轴承的装配

1—螺母；2、6—紧圈；3、5—松圈；4—箱体

9.4　传动机构的装配

知识点

各种轴系装配的技术要求。

技能点

- 组合轴的装配方法；
- 平行轴的装配方法；
- 垂直轴、交叉轴的装配方法。

传动机构的形式很多，其功用都是将动力（或运动）从一根轴传递到另一根轴。如果传递动力（或运动）的零件都安装在一个箱体内，则轴与轴之间的精度要求都由箱体的机械加工保证。

9.4.1　组合轴的装配

以装配凸缘式联轴器为例来说明，如图 9-15 所示，在装配时必须达到两轴同心。装配方法如图 9-16 所示。

第9章 机械装配基础知识

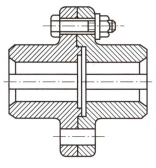

图 9-15 凸缘式联轴器

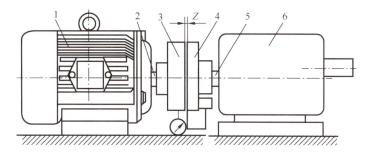

图 9-16 凸缘式联轴器的装配

1—电动机；2—电机轴；3、4—半联轴器（凸缘盘）；5—齿轮轴；6—齿轮箱

（1）在两轴上分别装平键和半联轴器 3、4，先固定齿轮箱，以齿轮箱轴线为基准。

（2）将百分表固定在凸缘盘 4 上，并使百分表的测头顶在凸缘盘 3 的外圆上，找正凸缘盘 3 和 4 的同轴度。同时相应调整电动机的高、低和左、右的位置。

（3）移动电动机，使凸缘盘 3 的凸台少许插进凸缘盘 4 的凹槽内。

（4）然后转动齿轮箱轴，同时用厚薄规测量两个凸缘盘端面间隙 Z，如果上、下前后间隙一致，则移动电动机使两凸缘盘端面紧靠，把电动机固定，最后用螺栓紧固两凸缘盘端面紧靠，把电动机固定，最后用螺栓紧固两凸缘盘。

由于联轴器种类很多，上述仅仅是一种联轴器的装配方法，对不同形式的联轴器，应该注意它的特殊性，但其最终目的是要保证两轴同心。

9.4.2 平行轴的装配

1. 装配要求

平行轴传动的结构形式很多，但装配时的技术要求是基本相同的，主要有以下几点：

（1）必须保证两轴互相平行，使零件在全宽上接触均匀，能正常工作。

（2）保证两轴中心距在规定的技术要求范围内。如一对啮合齿轮的中心距会影响齿侧间隙的大小，中心距大，齿侧间隙也大，齿轮传动时会产生冲击，使磨损加快；中心距偏小，齿侧间隙也小，会使齿轮"咬住"。对于带传动，中心距的大小直接影响胶带的张紧力。中心距大时，带张紧力大，所能传递的动力也大，但张紧力过大，不仅会加速带损坏，还会使轴承和轴颈在运转时发热，磨损加剧；中心距过小时，则张紧力小，会影响传递正常的扭矩。

（3）两啮合件（或对应件）的轴向位置要正确。否则，要影响机器正常工作。如果两啮合齿轮的轴向位置不正确，在齿宽上只有一部分接触，会使齿轮产生局部磨损，缩短齿轮的使用寿命。

2. 装配方法

（1）控制两轴的平行度。一般用百分尺或游标卡尺对两轴两端的中心距进行检查。当两轴距离较大不能用百分尺或游标卡尺测量时，可用直尺检查两零件的位置是否正确，来控制两轴的平行，如图 9-17 所示。

（2）控制两轴线中心距。中心距可用游标卡尺或百分尺测量。如果是一对啮合的正齿轮，可用涂色法检查，通过检查齿面的啮合情况来判断中心距正确与否，如图 9-18 所示。

若是带轮，则可检查带的松紧程度。对于链轮传动的两轴中心距可通过检查链条的下坠程度来判断。

（3）控制零件的轴向位置。零件的轴向位置是否正确可用涂色法或用直尺来检查。当两零件轴向位置确定后，必须将它们固定。固定方法有垫套筒、垫圈或用紧定螺钉紧固等。

9.4.3 垂直轴、交叉轴的装配

1. 装配要求

圆锥齿轮传动的装配要求是必须使两轴线的交角正确，且位于同一平面内。蜗杆-蜗轮传动的装配要求是必须保证两轴线交叉、两轴线中心距正确。装配时还应做到啮合件啮合正确、接触点分布均匀、两啮合件的齿侧间隙合适、传动装置运转轻便等。

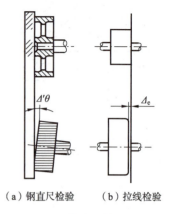

（a）钢直尺检验　　（b）拉线检验

图 9-17　检查两轴平行度

2. 装配方法

装配时可用单项检查法和综合性检查法，现在大多数是采用综合性检查。

（1）综合性检查。一般采用涂色法。用检查啮合件的接触部位和接触面积，来判断两啮合件的交叉角和接触点的正确性，一般接触点在60%以上最为理想。如图9-18为直齿圆柱齿轮涂色检验时的各种情况。

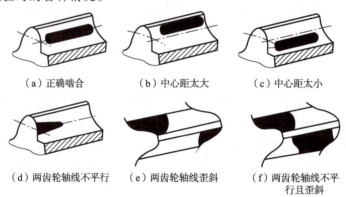

（a）正确啮合　　（b）中心距太大　　（c）中心距太小

（d）两齿轮轴线不平行　　（e）两齿轮轴线歪斜　　（f）两齿轮轴线不平行且歪斜

图 9-18　用检查啮合印痕来判断中心距是否正确

（2）单项检查。就是对各项要求分别检查，例如，对皮带轮的径向和端面跳动的误差检验如图9-19所示。

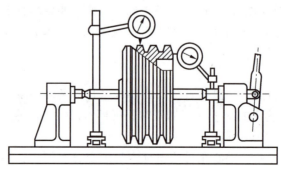

图 9-19　带轮径向和端面跳动误差检验

9.5 部件装配与总装配

> 📖 **知识点**
>
> 部件装配与总装的基础要求。

> 📝 **技能点**
>
> 部件装配与总装的基本过程。

9.5.1 部件装配

机器由若干部件、组件和零件组成。部件的装配通常是在装配车间的各个工段(或小组)进行的,部件装配是总装配的基础,这一工序进行得好与坏,直接影响到总装和产品的质量。

部件装配中产生的缺点,有一部分会在总装配时发现。这样就需返工,造成总装配时间增加。但也有可能部件装配的缺点到使用时才发现,影响产品质量,甚至造成事故,所以必须要保证部件装配质量。

部件装配的过程包括以下 4 个阶段:

(1)装配前按图样检查零件的加工情况,进行补充加工。

(2)组合件的装配和零件的相互试配。可用选配法或修配法来消除各种配合缺陷,互相试配的零件,当缺陷消除后,仍要加以分开且做好标记,因为它们不是属于同一个组件,以便重新装配时不会调错。

(3)部件的装配及调整。按一定的次序将所有的组件及零件连接起来,同时对某些零件或组件通过调整正确地加以定位且达到对部件所提出的技术要求。

(4)部件的试验。根据部件的专门用途进行工作试验。如齿轮箱要进行空载试验及负荷试验,有密封性要求的部件要进行水压(或气压)试验,高速转动部件还要进行动平衡试验等。只有通过试验确定合格的部件,才能进入总装配。

9.5.2 总装配

总装配就是把预先装好的部件、组合件和各个零件装成机器。总装前,必须了解所装机器的用途、构造、工作原理以及与此有关的技术要求。然后确定它的装配程序和必须检查的项目,进行总装配。最后对总装好的机器进行检查、调整、试验,直至机器合格。

在总装配时应注意以下事项:

(1)执行装配工艺规程所规定的操作步骤,采用工艺规程所规定的使用工具。

(2)任何机器的装配,都应按从里到外,从下到上,以不影响下道装配为原则的次序进行。

(3)要认真细心地进行装配,在操作中不能损伤零件的精度和光洁度,对重要的、复杂的部分要反复检查,以免搞错或多装、漏装零件。

(4) 在任何情况下，应保证污物不进入机器的部件、组件或零件内。

(5) 机器总装后，要在滑动和旋转部分清洁并加润滑油，以防运转时有拉毛、咬伤和烧毁的危险。

(6) 最后要严格按照技术要求，逐项进行检查。

装配好的机器必须加以调整和试验。调整的目的在于查明机器各部分的相互作用及各个机构工作的协调性。试验的目的是确定机器工作的正确性和可靠性。试验通常有空载试验和负载试验。

机器的空载试验是检查机器各部分动作是否正常，并使摩擦表面开始初磨。开始时，应用较慢的速度来转动。试验时应密切注意机器的传动情况，各部分摩擦表面的情况，润滑系统是否正常，轴承的工作情况和温升、漏油现象等。特别要注意轴承的工作情况和温度，温度过高时应立即停车检查，消除故障后再进行空载试验。

机器的负载试验是由机器的结构、用途以及对机器的使用要求决定的。机器在载荷下试验时，可以发现由于零件制造的质量不好、装配或调整的质量不佳所造成的毛病以及测定机器的性能参数。试验合格后应对机器进行清洗，上防锈油、涂漆。

在机器总装配过程中，应同时考虑到与各类电气、气压、液压元器件之间的装配关系。因为有些电气及液压控制元件和控制线路是装配在各个部件内部的，而且有些线路往往经过这个部件而控制另外的部件，所以必须协调进度，避免返工。

思考与训练

9-1 机械装配工作的基本内容有哪几项？

9-2 机械装配方法可分为哪几种？各适用哪些场合？

9-3 简述螺纹连接装配的技术要求。

9-4 简述平行轴的装配要求。

9-5 叙述滚动轴承的装配要点。

第10章 特种制造技术

知识图谱

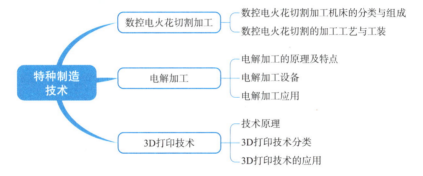

知识点

电火花加工、电解加工以及3D打印原理。

技能点

3D打印设备操作。

10.1 数控电火花线切割加工

电火花线切割加工是电火花加工的一个分支,是一种直接利用电能和热能进行加工的工艺方法,它用一根移动着的导线(电极丝)作为工具电极对工件进行切割,故称线切割加工。在线切割加工中,工件和电极丝的相对运动是由数字控制实现的,故又称为数控电火花线切割加工,简称线切割加工。

10.1.1 数控电火花线切割加工机床的分类与组成

1. 数控电火花线切割加工机床的分类

(1)按走丝速度分:可分为慢速走丝方式和高速走丝方式线切割机床。

(2)按加工特点分:可分为大、中、小型以及普通直壁切割型与锥度切割型线切割机床。

（3）按脉冲电源形式分：可分为 RC 电源、晶体管电源、分组脉冲电源及自适应控制电源线切割机床。

数控电火花线切割加工机床的型号示例。

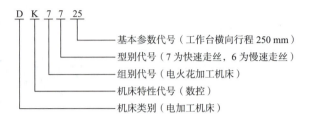

2. 数控电火花线切割加工机床的基本组成

数控电火花线切割加工机床可分为机床主机和控制台两大部分。

（1）控制台。控制台中装有控制系统和自动编程系统，能在控制台中进行自动编程和对机床坐标工作台的运动进行数字控制。

（2）机床主机。机床主机主要包括坐标工作台、运丝机构、丝架、冷却系统和床身五个部分。图 10-1 为快走丝线切割机床主机示意图。

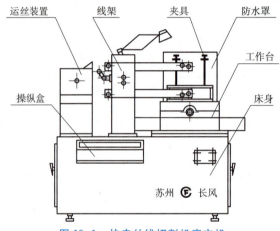

图 10-1　快走丝线切割机床主机

① 坐标工作台：它用来装夹被加工的工件，其运动分别由两个步进电机控制。

② 运丝机构：它用来控制电极丝与工件之间产生相对运动。

③ 丝架：它与运丝机构一起构成电极丝的运动系统。它的功能主要是对电极丝起支撑作用，并使电极丝工作部分与工作台平面保持一定的几何角度，以满足各种工件（如带锥工件）加工的需要。

④ 冷却系统：它用来提供有一定绝缘性能的工作介质——工作液，同时可对工件和电极丝进行冷却。

10.1.2　数控电火花线切割的加工工艺与工装

1. 数控电火花线切割的加工工艺

线切割的加工工艺主要是电加工参数和机械参数的合理选择。电加工参数包括脉冲宽度和频率、放电间隙、峰值电流等。机械参数包括进给速度和走丝速度等。应综合考虑各参数对加工的影响，合理地选择工艺参数，在保证工件加工质量的前提下，提高生产率，降低生产成本。

(1) 电加工参数的选择。正确选择脉冲电源加工参数，可以提高加工工艺指标和加工的稳定性。粗加工时，应选用较大的加工电流和大的脉冲能量，可获得较高的材料去除率（即加工生产率）；而精加工时，应选用较小的加工电流和小的单个脉冲能量，可获得加工工件较低的表面粗糙度。

加工电流指通过加工区的电流平均值，单个脉冲能量大小，主要由脉冲宽度、峰值电流、加工幅值电压决定。脉冲宽度是指脉冲放电时脉冲电流持续的时间，峰值电流指放电加工时脉冲电流峰值，加工幅值电压指放电加工时脉冲电压的峰值。

下列电规准实例可供使用时参考：

① 精加工：脉冲宽度选择最小挡，电压幅值选择低挡，幅值电压为 105 V 左右，接通一到二个功率管，调节变频电位器，加工电流控制在 0.8～1.2 A，加工表面粗糙度 $Ra \leqslant 2.5\ \mu m$。

② 最大材料去除率加工：脉冲宽度选择四～五挡，电压幅值选取"高"值，幅值电压为 100 V 左右，功率管全部接通，调节变频电位器，加工电流控制在 44.5 A，可获得 100 mm^2/min 左右的去除率（加工生产率）。（材料厚度在 40～60 mm）。

③ 大厚度工件加工（>300 mm）：幅值电压打至"高"挡，脉冲宽度选五～六挡，功率管开 4～5 个，加工电流控制在 2.5～3 A，材料去除率 >30 mm^2/min。

④ 较大厚度工件加工（60～100 mm）：幅值电压打至高挡，脉冲宽度选取五挡，功率管开 4 个左右，加工电流调至 2.5～3 A，材料去除率 50～60 mm^2/min。

⑤ 薄工件加工：幅值电压选低挡，脉冲宽度选第一或第二挡，功率管开 2～3 个，加工电流调至 1 A 左右。

注意：改变加工的电规准，必须关断脉冲电源输出，（调整间隔电位器 RP1 除外），在加工过程中一般不应改变加工电规准，否则会造成加工表面粗糙度不一样。

(2) 机械参数的选择。对于普通的快走丝线切割机床，其走丝速度一般都是固定不变的。进给速度的调整主要是电极丝与工件之间的间隙调整。切割加工时进给速度和电蚀速度要协调好，不要欠跟踪或跟踪过紧。进给速度的调整主要靠调节变频进给量，在某一具体加工条件下，只存在一个相应的最佳进给量，此时钼丝的进给速度恰好等于工件实际可能的最大蚀除速度。欠跟踪时使加工经常处于开路状态，无形中降低了生产率，且电流不稳定，容易造成断丝，过紧跟踪时容易造成短路，也会降价材料去除率。一般调节变频进给，使加工电流为短路电流的 85% 左右（电流表指针略有晃动即可）。就可保证为最佳工作状态，即此时变频进给速度最合理、加工最稳定、切割速度最高。表 10-1 为根据进给状态调整变频的方法。

表 10-1　根据进给状态调整变频的方法

实频状态	进给状态	加工面状况	切割速度	电极丝	变频调整
过跟踪	慢而稳	焦褐色	低	略焦，老化快	应减慢进给速度
欠跟踪	忽慢忽快不均匀	不光洁易出深痕	较快	易烧丝，丝上有白斑伤痕	应加快进给速度
欠佳跟踪	慢而稳	略焦褐，有条纹	低	焦色	应稍增加进给速度
最佳跟踪	很稳	发白，光洁	快	发白，老化慢	不需再调整

2. 电火花线切割加工工艺装备的应用

工件装夹的形式对加工精度有直接影响。一般是在通用夹具上采用压板螺钉固定工件。为了适应各种形状工件加工的需要，还可使用磁性夹具或专用夹具。

1）常用夹具的名称、用途及使用方法。

① 压板夹具。它主要用于固定平板状的工件，对于稍大的工件要成对使用。夹具上如有定位基准面，则加工前应预先用划针或百分表将夹具定位基准面与工作台对应的导轨校正平行，这样在加工批量工件时较方便，因为切割型腔的划线一般是以模板的某一面为基准。夹具成对使用时两件基准面的高度一定要相等，否则切割出的型腔与工件端面不垂直，造成废品。在夹具上加工出 V 形的基准，则可用以夹持轴类工件。

② 磁性夹具。采用磁性工作台或磁性表座夹持工件，主要适应于夹持钢质工件，因它靠磁力吸住工件，故不需要压板和螺钉，操作快速方便，定位后不会因压紧而变动，如图 10-2 所示。

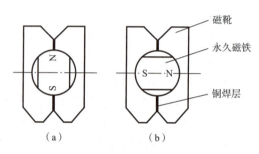

图 10-2 磁性夹具

2）工件装夹的一般要求。

① 工件的基准面应清洁无毛刺。经热处理的工件，在穿丝孔内及扩孔的台阶处，要清除热处理残物及氧化皮。

② 夹具应具有必要的精度，将其稳固地固定在工作台上，拧紧螺丝时用力要均匀。

③ 工件装夹的位置应有利于工件找正，并与机床的行程相适应，工作台移动时工件不得与丝架相碰。

④ 对工件的夹紧力要均匀，不得使工件变形或翘起。

⑤ 大批零件加工时，最好采用专用夹具，以提高生产效率。

⑥ 细小、精密、薄壁的工件应固定在不易变形的辅助夹具上。

3. 支撑装夹方式

主要有悬臂支撑方式、两端支撑方式、桥式支撑方式、板式支撑方式和复式支撑方式等。

4. 工件的调整

工件装夹时，还必须配合找正进行调整，使工件的定位基准面与机床的工作台面或工作台进给方向保持平行，以保证所切割的表面与基准面之间的相对位置精度。常用的找正方法有以下两种。

（1）百分表找正法。如图 10-3 所示，用磁力表架将百分表固定在丝架上，往复移动工作台，按百分表上指示值调整工件位置，直至百分表指针偏摆范围达到所要求的精度。

(2)划线找正法。如图 10-4 所示,利用固定在丝架上的划针对正工件上划出的基准线,往复移动工作台,目测划针与基准线间的偏离情况,调整工件位置,此法适应于精度要求不高的工件加工。

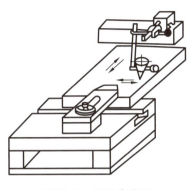

图 10-3 百分表找正

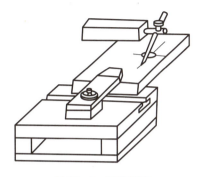

图 10-4 划线找正

5. 电极丝位置的调整

线切割加工前,应将电极丝调整到切割的起始坐标位置上,其调整方法有以下三种。

(1)目测法。如图 10-5 所示,利用穿丝孔处划出的十字基准线,分别沿划线方向观察电极丝与基准线的相对位置,根据两者的偏离情况移动工作台,当电极丝中心分别与纵、横方向基准线重合时,工作台纵、横方向刻度盘上的读数就确定了电极丝的中心位置。

(2)火花法。如图 10-6 所示,开启高频及运丝筒(注意:电压幅值、脉冲宽度和峰值电流均要打到最小,且不要开冷却液),移动工作台使工件的基准面靠近电极丝,在出现火花的瞬时,记下工作台的相对坐标值,再根据放电间隙计算电极丝中心坐标。此法虽简单易行,但定位精度较差。

(3)自动找正。一般的线切割机床,都具有自动找边、自动找中心的功能,找正精度较高。操作方法因机床而异。

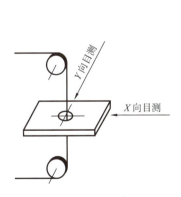

图 10-5 目测法调整电极丝位置

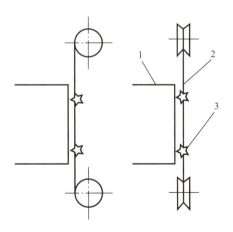

图 10-6 花法调整电极丝位置

1—工件;2—电极丝;3—火花

10.2 电解加工

10.2.1 电解加工的原理及特点

1. 基本原理

电解加工是利用金属在电解液中的"电化学阳极溶解"来将工件成型的。如图10-7所示,在工件(阳极)与工具(阴极)之间接上直流电源,使工具阴极与工件阳极间保持较小的加工间隙(0.1~0.8 mm),间隙中通过高速流动的电解液。这时,工件阳极开始溶解。开始时,两极之间的间隙大小不等,间隙小处电流密度大,阳极金属去除速度快;而间隙大处电流密度小,去除速度慢。

随着工件表面金属材料的不断溶解,工具阴极不断地向工件进给,溶解的电解产物不断地被电解液冲走,工件表面也就逐渐被加工成接近于工具电极的形状,直至将工具的形状复制到工件上。

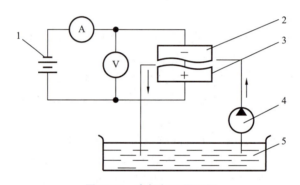

图10-7 电解加工原理图

1—直流电源;2—工具电极;3—工件;4—电解液泵;5—电解液

2. 特点

电解加工与其他加工方法相比较,它具有下列特点。

(1)能加工各种硬度和强度的材料。只要是金属,不管其硬度和强度多大,都可加工。

(2)生产率高,约为电火花加工的5~10倍,在某些情况下,比切削加工的生产率还高,且加工生产率不直接受加工精度和表面粗糙度的限制。

(3)表面质量好,电解加工不产生残余应力和变质层,又没有飞边、刀痕和毛刺。在正常情况下,表面粗糙度 Ra 可达 0.2~1.25 μm。

(4)阴极工具在理论上不损耗,基本上可长期使用。

电解加工当前存在的主要问题是加工精度难以严格控制,尺寸精度一般只能达到 0.15~0.30 mm。此外,电解液对设备有腐蚀作用,电解液的处理也较困难。

10.2.2 电解加工设备

电解加工的基本设备包括直流电源、机床及电解液系统三大部分。

1. 直流电源

电解加工常用的直流电源为硅整流电源和晶闸管整流电源，其主要特点及应用见表 10-2。

表 10-2 直流电源的特点及应用

分 类	特 点	应用场合
硅整流电源	1. 可靠性、稳定性好； 2. 调节灵敏度较低； 3. 稳压精度不高	国内生产现场占一定比例
晶闸管电源	1. 灵敏度高，稳压精度高； 2. 效率高，节省金属材料； 3. 稳定性、可靠性较差	国外生产中普遍采用，也占相当比例

2. 机床

电解加工机床的任务是安装夹具、工件和阴极工具，并实现其相对运动，传送电和电解液。电解加工过程中虽没有机械切削力，但电解液对机床主轴和工作台的作用力是很大的，因此要求机床要有足够的刚性；要保证进给系统的稳定性，如果进给速度不稳定，阴极相对工件的各个截面的电解时间就不同，影响加工精度；电解加工机床经常与具有腐蚀性的工作液接触，因此机床要有好的防腐措施和安全措施。

3. 电解液系统

在电解加工过程中，电解液不仅作为导电介质传递电流，而且在电场的作用下进行化学反应，使阳极溶解能顺利而有效地进行，这一点与电火花加工的工作液的作用是不同的。同时电解液也担负着及时把加工间隙内产生的电解产物和热量带走的任务，起到更新和冷却的作用。

电解液可分为中性盐溶液、酸性盐溶液和碱性盐溶液三大类。其中中性盐溶液的腐蚀性较小，使用时较为安全，故应用最广。常用的电解液有 NaCl、$NaNO_3$、$NaClO_3$ 三种。

NaCl 电解液价廉易得，对大多数金属而言，其电流效率均很高，加工过程中损耗小并可在低浓度下使用，应用很广；其缺点是电解能力强，散腐蚀能力强，使得离阴极工具较远的工件表面也被电解，成型精度难于控制，复制精度差；对机床设备腐蚀性大，故适用于加工速度快而精度要求不高的工件加工。

$NaNO_3$ 电解液在浓度低于 30% 时，对设备、机床腐蚀性很小，使用安全。但生产效率低，需较大电源功率，故适用于成型精度要求较高的工件加工。

$NaClO_3$ 电解液的散蚀能力小，故加工精度高，对机床、设备等的腐蚀很小，广泛地应用于高精度零件的成型加工。然而，$NaClO_3$ 是一种强氧化剂，虽不自燃，但遇热分解的氧气能助燃，因此使用时要注意防火安全。

10.2.3 电解加工应用

目前，电解加工主要应用在深孔加工、叶片（型面）加工、锻模（型腔）加工、管件内孔抛光、各种型孔的倒圆和去毛刺、整体叶轮的加工等方面。

图 10-8 是用电解加工整体叶轮，叶轮上的叶片是采用套料法逐个加工的。加工完一个叶片，退出阴极，经分度后再加工下一个叶片。

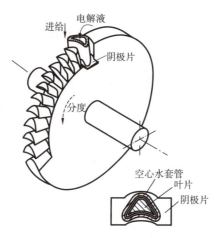

图 10-8 电解加工整体叶轮

10.3 3D 打印技术

10.3.1 技术原理

3D 打印机又称一种累积制造技术，即快速成形技术的一种机器，它是以一种文件为基础，运用特殊蜡材、粉末状或等可黏合材料，通过打印一层层的黏合材料来制造三维的物体。现阶段三维打印机被用来制造产品。逐层打印的方式来构造物体的技术。3D 打印机的原理是把数据和原料放进机器中，机器再把产品一层层造出来。

3D 打印机堆叠薄层的形式有多种多样。3D 打印机与传统打印机最大的区别在于它使用的"墨水"是实实在在的原材料，堆叠薄层的形式有多种多样，可用于打印的介质种类多样，从繁多的塑料到金属、陶瓷以及橡胶类物质。有些打印机还能结合不同介质，令打印出来的物体一头坚硬而另一头柔软。

（1）"喷墨"方式：即使用打印机喷头将一层极薄的液态塑料物质喷涂在铸模托盘上，然后将其置于紫外线下进行处理。之后铸模托盘下降极小的距离，以供下一层堆叠上来。

（2）"熔积成型"的技术：整个流程是在喷头内熔化塑料，然后通过沉积塑料纤维的方式才形成薄层。

（3）"激光烧结"技术：以粉末微粒作为打印介质。粉末微粒被喷洒在铸模托盘上形成一层极薄的粉末层，熔铸成指定形状，然后由喷出的液态黏合剂进行固化。

（4）利用真空中的电子流熔化粉末微粒技术：当遇到包含孔洞及悬臂这样的复杂结构时，介质中就需要加入或其他物质以提供支撑或用来占据空间。这部分粉末不会被熔铸，最后只需用水或气流冲洗掉支撑物便可形成孔隙。

设计软件和打印机之间协作的标准文件格式是 STL 文件格式。一个文件使用三角面来近似模拟物体的表面。三角面越小其生成的表面分辨率越高。是一种通过扫描产生的三维文件的扫描器，其生成的 VRML 或者 WRL 文件经常被用作全彩打印的输入文件。

10.3.2 3D 打印技术分类

1. 熔融沉积快速成型(Fused Deposition Modeling,FDM)

熔融沉积又叫熔丝沉积,它是将丝状热熔性材料加热融化,通过带有一个微细喷嘴的喷头挤喷出来。热熔材料融化后从喷嘴喷出,沉积在制作面板或者前一层已固化的材料上,温度低于固化温度后开始固化,通过材料的层层堆积形成最终成品。

在技术中,FDM 的机械结构最简单,也最容易,制造、维护成本和材料成本也最低,因此也是在家用的桌面级 3D 中使用得最多的技术,而工业级 FDM 机器,主要以 Stratasys 公司产品为代表。

FDM 技术的桌面级主要以 ABS 和 PLA 为材料,ABS 强度较高,但是有毒性,制作时臭味严重,必须拥有良好通风环境,此外热收缩性较大,影响成品精度;PLA 是一种生物可分解塑料,无毒性,环保,制作时几乎无味,成品形变也较小,所以国外主流桌面级 3D 打印机均以转为使用 PLA 作为材料。

FDM 技术的优势在于制造简单,成本低廉,但是桌面级的 FDM 打印机,由于出料结构简单,难以精确控制出料形态与成型效果,同时温度对于 FDM 成型效果影响非常大,而桌面级 FDM 3D 打印机通常都缺乏恒温设备,因此基于 FDM 的桌面级 3D 打印机的成品精度通常为 0.2~0.3 mm,少数高端机型能够支持 0.1 mm,但是受温度影响非常大,成品效果依然不够稳定。此外,大部分 FDM 机型制作的产品边缘都有分层沉积产生的"台阶效应",较难达到所见即所得的 3D 打印效果,所以在对精度要求较高的快速成型领域较少采用 FDM。

2. 光固化成型(Stereolithigraphy Apparatus,SLA)

光固化技术是最早发展起来的快速成型技术,也是研究最深入、技术最成熟、应用最广泛的快速成型技术之一。光固化技术,主要使用光敏树脂为材料,通过紫外光或者光源照射凝固成型,逐层固化,最终得到完整的产品。

光固化技术优势在于成型速度快、原型精度高,非常适合制作精度要求高,结构复杂的原型。使用光固化技术的工业级 3D 打印机,最著名的是 Objet,该 3D 打印机提供超过 123 种感光材料,是目前支持材料最多的 3D 打印设备。

光固化快速成型应该是中精度最高,表面也最光滑的。Objet 系列最低材料层厚可以达到 16 μm(0.016 mm)。但是光固化快速成型技术也有两个不足,首先光敏树脂原料有一定毒性,操作人员使用时需要注意防护,其次光固化成型的原型在外观方面非常好,但是强度方面尚不能与真正的制成品相比,一般主要用于原型设计验证方面,然后通过一系列后续处理工序将快速原型转化为工业级产品。此外,SLA 技术的设备成本、维护成本和材料成本都远远高于 FDM,因此,基于光固化技术的 3D 打印机主要应用在专业领域,桌面领域已有两个桌面级别 SLA 技术 3D 打印机项目启动,一个是 Form1,一个是 B9,相信不久的将来会有更多低成本的 SLA 桌面 3D 打印机面世。

3. 三维粉末黏接(Three Dimensional Printing and Gluing,3DP)

3DP 技术由美国麻省理工大学开发成功,原料使用粉末材料,如陶瓷粉末、金属粉末、塑料粉末等。3DP 技术工作原理是,先铺一层粉末,然后使用喷嘴将黏合剂喷在需要成型的区域,让材料粉末黏接,形成零件截面,然后不断重复铺粉、喷涂、黏接的过程,层层叠加，获得最终打印出来的零件。

3DP 技术的优势在于成型速度快、无须支撑结构，而且能够输出彩色打印产品，这是其他技术都比较难以实现的。3DP 技术的典型设备，是 3DS 旗下 Zcorp 的 Zprinter 系列，也是 3D 照相馆使用的设备，Zprinter 的 z650 打印出来的产品最大可以输出 39 万色，色彩方面非常丰富，也是在色彩外观方面，打印产品最接近于成品的 3D 打印技术。

但是 3DP 技术也有不足，首先粉末黏接的直接成品强度并不高，只能作为测试原型，其次由于粉末黏接的工作原理，成品表面不如 SLA 光洁，精细度也有劣势，所以一般为了产生拥有足够强度的产品，还需要一系列的后续处理工序。此外，由于制造相关材料粉末的技术比较复杂，成本较高，所以 3DP 技术主要应用在专业领域，桌面级别仅有一个 PWDR 项目在启动，但仍然处于 0.1 状态，尚需观察后续进展。

4. 选择性激光烧结（Selecting Laser Sintering，SLS）

该工艺由美国德克萨斯大学提出，于 1992 年开发了商业成型机。SLS 利用粉末材料在激光照射下烧结的原理，由计算机控制层层堆结成型。SLS 技术同样是使用层叠堆积成型，所不同的是，它首先铺一层粉末材料，将材料预热到接近熔化点，再使用激光在该层截面上，使粉末温度升至熔化点，然后烧结形成粘接，接着不断重复铺粉、烧结的过程，直至完成整个成型。

激光烧结技术可以使用非常多的粉末材料，并制成相应材质的成品，激光烧结的成品精度好、强度高，但是最主要的优势还是在于金属成品的制作。激光烧结可以直接烧结金属零件，也可以间接烧结金属零件，最终成品的强度远远优于其他 3D 打印技术。SLS 家族最知名的是德国 EOS 的 M 系列。

激光烧结技术虽然优势非常明显，但是也同样存在缺陷，首先粉末烧结的表面粗糙，需要后期处理；其次使用大功率激光器，除了本身的设备成本，还需要很多辅助保护工艺，整体技术难度较大，制造和维护成本非常高，普通用户无法承受，所以应用范围主要集中在高端制造领域，而尚未有桌面级 SLS 3D 打印机开发的消息，要进入普通民用领域，可能还需要一段时间。

10.3.3 3D 打印技术应用领域

（1）汽车行业现阶段。3D 打印技术在汽车行业的应用主要为汽车设计、原型制造和模具开发，主要体现在以下几个方面：a. 功能性测试样件的生产以及生产过程中应用模具的开发制造，可明显提高产品开发设计的速度；b. 维修环节的零部件直接制造；c. 个性化和概念化汽车部件的直接制造。

（2）航空航天。a. 无人飞行器的结构件加工；b. 特殊的加工、组装工具；c. 涡轮叶片、挡风窗体框架、旋流器等零部件的加工。

（3）医疗行业。a. 人体移植器官制造，如假牙、骨骼、肢体等；b. 辅助治疗中使用的医疗装置，如齿形矫正器和助听器等；c. 手术和其他治疗过程中使用的辅助装置；d. 人体功能性器官制造，3D 生物打印技术利用干细胞为材料，按 3D 成型技术进行制造，一旦细胞正确着位，便可以生长成器官，打印出的新生组织会形成血管和内部结构。

（4）建筑设计。3D 打印技术先期可构建精确建筑模型来进行效果展示与相关测试，具有传统方法无可比拟的逼真效果。

（5）机械制造适用于单件、小批量及外形特殊复杂零件的制造，具有制造成本低、周期短的优点。

（6）产品设计。运用3D打印技术能够快速、直接、精确地将设计思想转化为具有一定功能的实物模型（原型机），不但缩短了开发周期，而且降低了开发费用。

（7）模具制造。传统的模具制造方法，存在着模具生产时间长、成本高的问题。运用3D打印技术，是缩短模具制造的开发周期、提高生产率的有效途径。

思考与训练

10-1 什么是线切割加工？

10-2 什么是电解加工？

10-3 3D打印机的工作原理是什么？3D打印技术有哪些类型？

参考文献

[1] 吕天玉. 公差配合与测量技术 [M]. 大连：大连理工大学出版社，2008.
[2] 余承辉. 机械制造基础 [M]. 上海：上海科学技术出版社，2009.
[3] 骆莉. 机械制造工艺基础 [M]. 武汉：华中科技大学出版社，2006.
[4] 周世权. 机械制造工艺基础 [M]. 武汉：华中科技大学出版社，2005.
[5] 陈根琴. 金属切削加工方法与设备 [M]. 北京：人民邮电出版社，2008.
[6] 郑光华. 机械制造实践 [M]. 合肥：中国科学技术大学出版社，2006.
[7] 杜可可. 机械制造技术基础 [M]. 北京：人民邮电出版社，2008.
[8] 贾磁力. 机械制造基础实训教程 [M]. 北京：机械工业出版社，2003.
[9] 马保吉. 机械制造基础工程训练 [M]. 西安：西北工业大学出版社，2006.
[10] 赵玉奇. 机械制造基础与实训 [M]. 北京：机械工业出版社，2003.
[11] 李伯民，赵波. 现代磨削技术 [M]. 北京：机械工业出版社，2003.
[12] 邱风. 铣刨磨实用加工技术 [M]. 哈尔滨：哈尔滨工业大学出版社，2008.
[13] 王英杰. 金属工艺学 [M]. 北京：机械工业出版社，2008.
[14] 李铁成，孟逵. 机械工程基础 [M]. 北京：高等教育出版社，2009.
[15] 王明耀，张兆隆. 机械制造技术 [M]. 北京：高等教育出版社，2009.
[16] 孙美霞. 机械制造基础 [M]. 北京：国防科技大学出版社，2010.
[17] 周义. 钳工技能 [M]. 北京：航空工业出版社，2008.
[18] 田景亮，刘丽华. 车床维修教程 [M]. 北京：化学工业出版社，2008.
[19] 朱仁盛. 机械拆装工艺与技术训练 [M]. 北京：电子工业出版社，2009.
[20] 杜传坤，方琛玮. 钳工工艺学 [M]. 北京：电子工业出版社，2007.
[21] 骆行. 钳工工艺与技能训练 [M]. 成都：电子科技大学出版社，2007.
[22] 倪森寿. 机械制造工艺与装备 [M]. 北京：化学工业出版社，2010.
[23] 魏康民. 机械加工技术 [M]. 西安：西安电子科技大学出版社，2007.